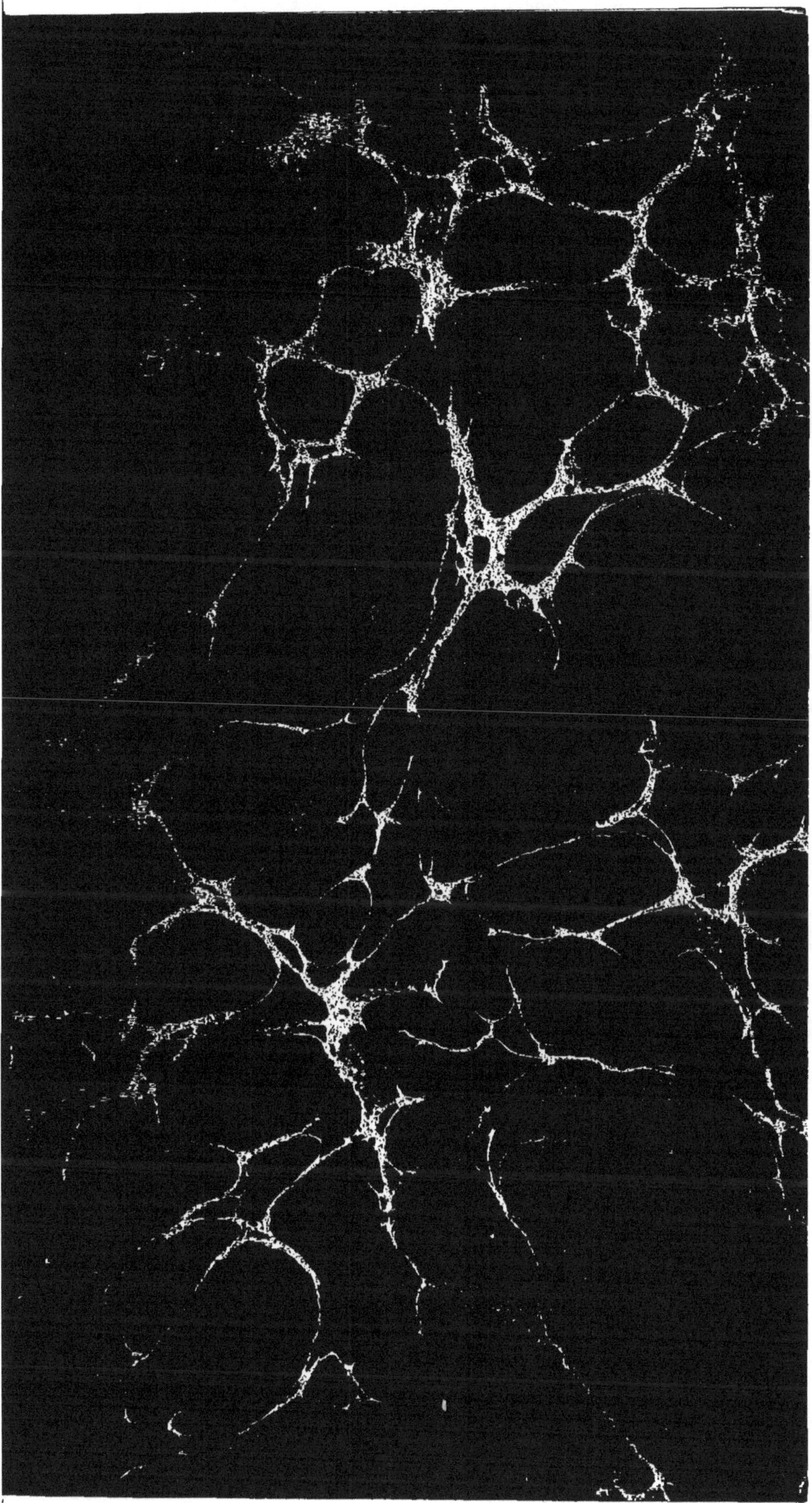

LE

JARDINIER FRUITIER

OUVRAGE DU MÊME AUTEUR

Pour paraître le 1er octobre 1863 :

LA TAILLE DU ROSIER, conduite, greffe et culture, expliquées à l'aide de nombreuses figures dessinées par l'auteur. 1 vol. in-12.

LE

JARDINIER FRUITIER

PRINCIPES SIMPLIFIÉS DE LA

TAILLE DES ARBRES FRUITIERS

EXPLIQUÉS

A L'AIDE DE NOMBREUSES FIGURES DESSINÉES PAR L'AUTEUR,

et augmentés d'une

ÉTUDE SUR LES BONS FRUITS

PAR

EUGÈNE FORNEY,

Chevalier de la Légion d'honneur,
Professeur d'arboriculture à l'amphithéâtre de l'École de médecine de Paris,
Membre professeur de l'Association philotechnique,
Membre de la Société centrale d'horticulture et Membre correspondant
des Sociétés d'horticulture d'Autun, etc.

DEUXIÈME SÉRIE.

FRUITS A NOYAU, VIGNE, ETC.

PARIS

CHEZ ARNHEITER, Place Saint-Germain des Prés, 5.

CHEZ CH.-A. FORNEY, Rue Saint-Fiacre, 13.

CHEZ L'AUTEUR, PLACE ROYALE, 9,

1863

LE

JARDINIER FRUITIER.

DEUXIÈME SÉRIE.

LE PÊCHER.

La beauté et la qualité des fruits du pêcher, l'élégance de son feuillage, le rendent sans contredit le plus bel ornement de nos espaliers. Arbre exotique et de luxe, il exige l'abri et des soins attentifs pour fructifier convenablement; mais sa belle et abondante production rémunère largement des soins qui lui sont donnés. Sa culture a pris de nos jours une extension considérable, principalement aux environs des grandes villes. Tout le monde connaît la réputation des espaliers de Montreuil, Lyon, Corbeil, etc.

Le pêcher est originaire de la Perse, ou, pour mieux dire, des parties moyennes de l'Asie. Il croît naturellement en Chine ; c'est dans ce pays l'arbre révéré, l'arbre d'immortalité, l'arbre du bien et du mal. Sous le règne de l'empereur Claude, il fut introduit en Italie par l'Égypte et Rhodes, les Phocéens le plantèrent dans les Gaules. Columelle raconte que, de son temps, la pêche gauloise était la plus grosse. Il est remarquable que plus ce fruit s'est éloigné de son lieu d'origine, plus sa qualité et sa grosseur se sont améliorées. Petite et peu savoureuse en Perse, elle acquiert tout son mérite dans nos climats tempérés ; la pêche du centre de la France a seule cette fraîcheur et cette suavité qui la rendent si exquise.

Introduit dans l'Amérique du Nord vers 1680, le pêcher y trouva un climat tellement propice, que, sans soins et sans abris, sa végétation devint luxuriante, son feuillage et ses fruits prirent un développement plus que double de ceux de nos contrées, et sa fructification y est tellement abondante, que des plaines entières sont couvertes de pêchers cultivés dans le seul but d'en tirer de l'eau-de-vie. Dans le New-Jersey, des vergers de vingt mille pêchers ne sont pas rares.

Certains auteurs modernes assurent que le pêcher fut introduit en France à la suite des croisades ; cet arbre aurait donc disparu des Gaules après l'invasion des barbares et par suite des ravages qui en marquèrent la marche. Ce fait est peu probable ; il n'appartient qu'aux grands bouleversements naturels de faire disparaître une espèce végétale d'une contrée où elle est implantée.

En France, grâce à un climat privilégié, les coteaux du midi se couvrent de pêchers aux fruits colorés et pleins de suc. Il n'en est pas ainsi du centre et du nord ; les pêches, cultivées en plein vent, y sont petites, verdâtres, amères et peu estimées. On n'en connaissait pas d'autres avant l'invention de l'espalier sous Louis XIII. Laframboisière, médecin de ce roi, écrivait, en 1613, « que la meilleure pêche est celle de Corbeil, qui a la chair sèche et adhérente au noyau. »

Les premiers arbres cultivés en espalier étaient : le poirier, l'abricotier et la vigne ; le pêcher en était exclu, faute de savoir diriger sa végétation, « parce qu'il est difficile à conserver et se dégarnit facilement par le bas. » (*Jardinier françois,* 1651.) Laquintinye n'obtenait que de médiocres résultats de la culture du pêcher ; il admettait cent vingt pêches comme produit exceptionnel d'un arbre.

A cette époque, quelques cultivateurs de Montreuil commencèrent à cultiver le pêcher en espalier ; travaillant pour vivre, la nécessité d'obtenir des fruits leur fit bientôt tirer un bon parti de cette culture. Les premiers, ils surent traiter convenablement les productions fruitières du pêcher. On raconte que Laquintinye, peu au fait de cette culture, fit venir de Montreuil le nommé Pepin, membre d'une famille de cultivateurs renommés depuis longtemps par leur habileté dans la taille du pêcher. Mais les principes de ces deux hommes étant opposés, ils ne purent s'entendre; aussi Pepin retourna-t-il bientôt chez lui y cultiver son bien.

Quoique les résultats obtenus par les cultivateurs de Montreuil fussent des plus remarquables, leur pratique fut longtemps à se répandre ailleurs que chez eux. Malgré les écrits de Schabol et de Combes, l'opinion générale était à cette époque que la culture du pêcher en espalier ne pouvait réussir qu'à Montreuil; aussi était-elle inconnue ou négligée partout ailleurs.

Vers la fin du règne de Louis XIV, un ancien mousquetaire, nommé Girardot, ruiné au service, se retira au Malassis, petit fief lui appartenant et situé à Bagnolet, village près de Montreuil; il fit diviser ce fief de dix arpents en soixante-dix-sept jardins clos de murs, lesquels furent garnis de pêchers. Girardot en perfectionna la culture; il garantit le premier ses pêchers au moyen d'auvents en paillassons. Grâce à ses soins, ses jardins bien cultivés, placés dans un bon sol et à bonne exposition, lui donnèrent un revenu de 36,000 livres.

Chaque année, Girardot allait à Versailles présenter un panier de pêches à Louis XIV. Ce roi, grand amateur de jardins, vint visiter ses pêchers; aussi son enclos était-il le rendez-vous des bourgeois opulents; il n'était pas rare de compter à sa porte, dans la semaine, jusqu'à soixante carrosses à la fois.

Legrand d'Aussy, auteur de la *Vie privée des Français*, qui avait connu le fils de Girardot, raconte qu'une année où les pêches avaient manqué partout, Girardot vendit pour une fête donnée par la ville de Paris, trois mille pêches un écu pièce, et, dans une autre circonstance, quatre-vingts cerises, 80 livres!

Les cultivateurs voisins de Girardot, encouragés par ses

succès, donnèrent plus de soins à leur méthode, qui, du reste, était et est encore imparfaite dans la plupart des jardins, au point de vue de la forme. Hors quelques jardins habilement conduits, les arbres y sont en général soumis à la forme en éventail, plus ou moins bien établie. Cela est fâcheux, car une forme régulière est le moyen le plus puissant d'assurer et régulariser la fructification. On peut facilement s'en assurer à l'aspect des magnifiques espaliers de Lepère (de Montreuil), et Bizet (de Lyon).

C'est une erreur de croire que les perfectionnements apportés à la culture du pêcher sont dûs seulement aux habitants de Montreuil. La forme carrée fut imaginée, vers 1760, par Lepelletier, ancien fourrier de la cour, retiré à Frepillon, village situé dans la vallée de Montmorency. Cet habile praticien y créa des jardins qui, jusqu'au commencement de notre siècle, firent l'admiration des amateurs.

Les pêchers y étaient établis d'une manière si parfaite, qu'un visiteur ayant eu la curiosité de compter les fruits placés de chaque côté d'un arbre, ils se trouvèrent en nombre égal, par le seul effet de la parfaite régularité de toutes les branches. Lepelletier nous a laissé des dessins soigneusement gravés de ses espaliers (1); ils paraissent être la figure exacte de ceux si habilement conduits de nos jours par Lepère et Bizet.

On doit à Lepelletier le plus grand perfectionnement apporté à l'art de la taille : *la nécessité de donner aux parties de l'arbre une forme régulière et géométrique*. On peut dire qu'il est le créateur de l'art moderne de la taille. En consultant son ouvrage, on voit qu'il a porté la culture du pêcher à un point de perfection tel, que nos meilleurs arboriculteurs n'ont pu jusqu'ici faire mieux qu'appliquer ses principes, qui firent une révolution dans la culture du pêcher. Ils pénétrèrent au commencement de ce siècle chez quelques cultivateurs de Montreuil. Un d'eux, surtout, établit sous la forme carrée des

(1) *Essai sur la taille des arbres fruitiers*, par une Société d'amateurs. Paris 1770. Très-rare.

arbres d'une grande perfection, et rendit de grands services à l'arboriculture par ses cours pratiques. Grâce surtout à M. Lepère, il n'est pas maintenant en France de contrées qui n'offrent de beaux exemples de cette culture.

Mais Lepelletier, n'osant rompre avec la routine, s'était contenté de perfectionner l'ancienne forme en éventail, usitée jusqu'alors. Sans détruire ses vices, il l'avait rendue d'une exécution plus lente et plus difficile, en voulant la rendre plus parfaite. Sa forme carrée réunissait les inconvénients d'être lente à établir aux vices de la forme en éventail, dont le principal est de donner aux branches une direction différente. Il en est advenu que si on voit dans nos jardins quelques pêchers carrés parfaitement conduits, combien d'arboriculteurs échouent, qui auraient pu tirer un excellent parti d'une forme plus rationnelle. Cette forme vicieuse a contribué surtout à répandre cette erreur que le pêcher est d'une conduite fort difficile.

Les défauts de la forme carrée firent chercher des formes plus convenables, quelques-unes plus simples, d'autres plus compliquées, parfois réduites et soumises à des pratiques épuisantes. Seule, la palmette double se recommande par sa simplicité et sa perfection.

Si, au point de vue de la forme, la pratique de Montreuil demande des perfectionnements, il n'en est pas de même de la conduite des productions fruitières. Cette conduite est simple et basée sur le mode de végéter particulier au pêcher; aussi, les résultats sont-ils parfaits au point de vue de la fructification. Si, de nos jours, on a tenté de faire revivre d'anciens systèmes, tels que le pincement exagéré, l'expérience les a repoussés, car ils basent la fructification sur l'épuisement des productions fruitières, productions qu'il s'agit avant tout de maintenir d'une vigueur convenable pour qu'elles puissent se conserver durables et productives.

SUJETS CONVENABLES AU PÊCHER.

Le pêcher se greffe sur lui-même, sur l'amandier, le prunier et le myrobolan. Quelques variétés se reproduisent plus ou moins exactement de noyau, la malte entre autres; mais le sujet non greffé est seulement usité pour le plein-vent, le semis ne donnant le plus souvent que des fruits se rapprochant du type primitif non amélioré.

Le pêcher greffé sur lui-même est préférable pour les sols non calcaires, particulièrement pour les sols granitiques et schisteux de l'ouest et du midi de la France. Dans les sols calcaires et sablonneux, on lui reproche (pour notre part, nous n'en avons jamais fait l'expérience) d'être d'une végétation tardive et peu satisfaisante, d'être sujet à la gomme et de se dégarnir facilement. Ce sujet est peu usité dans le nord et dans l'est.

L'amandier est le sujet le plus convenable pour les sols calcaires, les sols sablonneux qui ont de la profondeur et qui sont plutôt secs qu'humides. C'est le seul sujet usité aux environs de Paris; il ne réussit pas dans une terre argileuse, humide ou privée de calcaire, surtout si cette terre repose sur un sous-sol imperméable. Les racines fortes et charnues de l'amandier, s'enfonçant profondément, seraient dans ce cas exposées à la pourriture. L'amandier forme des arbres vigoureux, fertiles et durables; il se plaît surtout dans un sol rapporté, formé en partie de décombres et plâtras de démolitions.

Le prunier saint-julien est un sujet excellent pour les sols peu profonds et surtout pour ceux argileux et humides. Le pêcher sur prunier est un peu moins vigoureux que celui sur amandier; il est fertile et les fruits sont colorés et excellents. Seulement, les variétés tardives sur prunier ont le grave inconvénient de laisser tomber leurs fruits avant la maturité. Ceci provient de l'inégalité d'époque de végétation entre le pêcher et le prunier; celui-ci cesse de végéter et perd son feuillage, quand le pêcher est encore en pleine végétation. Il arrive alors que les racines du prunier ne fournissent plus, à l'automne, une quantité suffisante de séve au pêcher encore en pleine végétation.

Dans quelques pépinières, on greffe avec succès le prunier sur le myrobolan, espèce de prunier à racines chevelues. Cette pratique se répand de plus en plus; mais nous n'avons pas, pour notre part, de données certaines sur la durée de pareils arbres. Nous ne connaissons pas d'arbres âgés greffés sur ce sujet, qui, du reste, paraît être préférable au prunier.

Il y a soixante-dix ans, on a conseillé l'emploi du prunellier comme sujet du pêcher; cette greffe curieuse donne des sujets peu durables : on le comprend facilement à cause de la différence considérable de force entre les deux espèces.

Murs. — Les murs de 3^{m},50 de hauteur sont les plus convenables pour le pêcher. A Montreuil, ils sont un peu moins élevés, les cultivateurs ayant reconnu que le surplus du produit obtenu sur un mur élevé ne remboursait pas l'augmentation de dépense. Il est vrai qu'à Montreuil les arbres ont en général moins d'étendue que dans les jardins bourgeois.

Exposition. — Le levant est l'exposition la plus convenable au pêcher; il est à l'abri des pluies froides du printemps; la fleur se conserve, noue facilement, et le fruit est sain et coloré. Les arbres y sont durables et productifs. Les abris ne sont pas indispensables à cette exposition, et les cultivateurs de Montreuil n'en mettent pas généralement.

Le couchant est une exposition moins bonne pour le pêcher; il y est exposé aux pluies froides du printemps; la fleur coule; l'arbre y est sujet à la gomme, à la cloque et aux insectes. Les abris sont indispensables à cette exposition.

Le midi convient peu au pêcher, excepté pour les variétés précoces ou tardives; il est bon pour les sols froids et humides; au midi, l'excès de chaleur brûle le feuillage et l'écorce, et souvent, par suite de coups de soleil, tout ou partie de l'arbre se dessèche et périt subitement.

Le nord est contraire au pêcher; il s'y couvre de mauvaises brindilles non aoûtées et dénudées à la base; il est sujet à y périr de la gomme. Cependant, à mi-nord, dans un sol sec et aéré et avec quelques heures de soleil le matin, le pêcher peut encore donner en variétés hâtives des produits convenables. La grosse mignonne est à préférer dans ce cas.

Dans un jardin bourgeois, il faut réserver le levant pour le pêcher, et planter quelques variétés précoces ou tardives au midi, mais en petit nombre.

Le pêcher n'aime pas une terre labourée; il est bon que le sol soit converti en allée jusqu'au mur.

VÉGÉTATION DU PÊCHER.

Le pêcher a un mode de végéter tout particulier; il est indispensable de l'étudier, pour être à même de diriger et maintenir sa végétation.

Cet arbre ne végète et ne fructifie que sur le bois né l'année précédente, le bois plus âgé est dénudé et ne sert plus que de support au jeune bois qui s'est développé sur lui. Chaque année le vieux bois s'accumule, ce qui fait que la végétation ne se trouve plus qu'à l'extrémité des branches dénudées.

Cette dénudation du vieux bois provient de ce que les yeux du pêcher ne se développent pas l'année qui suit leur formation; ils s'annulent et laissent la branche dénudée. Il en est de même des boutons à fleur.

Cependant nous avons reconnu que si les yeux bien constitués du pêcher perdent la faculté de végéter, s'ils ne se développent pas l'année qui suit leur formation, il n'en est pas de même si ce sont des yeux ou sous-yeux latents, c'est-à-dire des yeux qui sont restés à l'état d'embryons et ne ressortent pas de la surface de l'écorce; ces yeux latents conservent seuls leur vitalité, peuvent se développer plus tard et donner des bourgeons, mais ils ne sont pas communs sur le pêcher, et ne se rencontrent guère qu'à la base des branches et de la tige; il faut un puissant refoulement de séve pour les faire développer. Ce cas se présente quand la séve ne peut plus circuler dans des branches épuisées.

Pour les jeunes parties de l'arbre qui constituent les branches et les productions fruitières, il ne s'y trouve le plus souvent que des yeux bien constitués et apparents; si ces yeux ne se développent pas l'année qui suit leur formation, ils périssent et laissent la branche dénudée. Vainement, plus tard, cherchera-t-on à faire sortir des bourgeons du vieux bois; la branche reste dénudée, à moins qu'il ne soit resté par hasard un œil latent ayant conservé sa vitalité ; mais le cas est rare, aussi doit-on faire son possible pour que la branche se conserve garnie de productions.

165

Supposons un pêcher abandonné à lui-même (*fig.* 165); les branches se dénudent peu à peu en vieillissant, puisqu'il n'y a de végétation que sur le jeune bois, lequel se trouve naturellement à l'extrémité du vieux bois accumulé chaque année. Peu à peu l'arbre se dégarnit à la base, la séve ne peut plus circuler dans ces parties dénudées et les parties terminales finissent par s'épuiser.

Toutes les pratiques qui constituent la taille du pêcher, ont pour but principal de *combattre cette tendance de la séve à se porter aux extrémités des branches*, *en abandonnant les productions inférieures*. On y arrive en concentrant la séve et en remplaçant les parties âgées par de nouvelles productions.

Le pêcher végète vigoureusement les premières années, aussi est-il promptement formé, et fructifie-t-il de même s'il est conduit avec intelligence. Un pêcher de semis fleurit dès la troisième année; il est ensuite continuellement chargé de fleurs. Plus la végétation du pêcher est affaiblie, plus ses fleurs sont abondantes. Il arrive même que certaines branches épuisées ne sont couvertes que de fleurs, aux dépens des yeux à bois. On doit constamment combattre cet excès de floraison, qui finit par ruiner l'arbre, surtout s'il est abandonné à lui-même, à moins qu'il ne trouve un sol convenable qui lui permette de combattre ce vice de constitution par une vigoureuse végétation, ou bien quand ses productions sont constamment rajeunies par une taille convenable. Dans ce dernier cas, on voit des pêchers en espalier arriver à un âge fort avancé, tout en restant vigoureux et fertiles.

Pour combattre cet épuisement des parties inférieures du pêcher, on doit se débarrasser, chaque année, le plus possible, du vieux bois devenu inutile, et par cela nuisible. On a reconnu qu'il faut pour cela *laisser peu de branches, afin de leur donner un espace suffisant pour que les productions fruitières qu'elles supportent sur toute leur longueur puissent être palissées convenablement en arête de poisson.*

Obtenir ces branches saines, droites, égales et vigoureuses, pour que les productions fruitières qu'elles supportent se conservent vigoureuses et productives.

Les branches du pêcher ne doivent jamais être remplacées, à moins qu'elles ne soient ruinées. Les productions fruitières doivent être au contraire renouvelées chaque année.

On remplace chaque année les productions qui ont fructifié par des bourgeons développés à leur base.

Ceci constitue l'opération dite du remplacement qui, bien comprise, permet de garnir chaque année toute la surface du pêcher avec de nouvelles productions.

Nous avons dit que, sur les fruits à noyau, l'œil à bois était distinct du bouton à fleur, et que celui-ci était axillaire, c'est-à-dire accolé à l'œil à bois. Si le bouton à fleur est isolé, c'est que l'œil à bois est avorté. Cependant l'œil à bois est parfois remplacé par un bouton à fleur ; mais, dans ce cas, l'œil à bois n'a jamais existé, car une fois constitué, il ne peut se transformer en bouton à fleur; de même un bouton à fleur une fois constitué, ne peut se tronsformer en œil à bois.

Plus les parties du pêcher sont vigoureuses, plus les fleurs deviennent rares et plus elles s'éloignent vers l'extrémité des bourgeons; plus les parties sont faibles, plus les fleurs sont nombreuses et se rapprochent de la base des bourgeons. Il arrive même que les fleurs n'existent pas, s'il y a excès de vigueur; et qu'il n'y a que des fleurs, s'il y a excès d'épuisement; dans ce cas les yeux à bois disparaissent et sont remplacés par des boutons à fleur.

Le pêcher possède un avantage qui lui est particulier ; *Quelle que soit la longueur d'un rameau taillé ou non taillé, presque tous les yeux qui se trouvent sur cette longueur se développent en bourgeons.*

On a abusé de cette faculté en faisant des tailles d'une longueur exagérée; quelques-uns ont même laissé sans être taillés les rameaux qui doivent former les branches. C'est avec ce procédé que Sieule, jardinier à Vaux-Praslin, a pu former en peu d'années des arbres de vingt mètres d'étendue; mais ces arbres ont peu duré. On comprend qu'une taille faite à une longueur convenable peut seule concentrer la séve et former des productions fruitières durables, vigoureuses et productives.

Le pêcher est, de tous les arbres, celui dont la végétation se prête le plus docilement aux soins de l'arboriculteur; c'est une erreur de croire que sa conduite est fort difficile. Au contraire, on n'a pas à craindre, comme pour le poirier, de faire partir à bois les boutons à fleur; on a toujours des fleurs en excès, et cela dès la jeunesse de l'arbre; de plus, on n'a pas à craindre, comme pour le poirier, de voir la fructification retardée pendant de longues années par une taille plus ou moins courte. Il est vrai que le pêcher mal conduit donne des résultats déplorables, tandis que le poirier pourra encore, dans ces conditions, donner quelques produits; mais ils ne peuvent être mis en comparaison avec ceux obtenus d'arbres convenablement traités.

ÉTUDE DES PARTIES DE L'ARBRE.

L'œil du pêcher en se développant produit le rameau, la brindille et la lambourde. Le dard proprement dit n'existe pas sur cette espèce, puisqu'elle n'est pas épineuse à l'état sauvage Sur le pêcher, l'œil et le bouton à fleur se rencontrent sur toutes les parties de l'arbre nées l'année précédente.

Excepté sur les tout jeunes arbres et sur quelques gourmands non aoûtés couverts seulement d'yeux à bois, les rameaux sont presque toujours garnis d'yeux à bois et de boutons à fleur; aussi peuvent-ils également former la charpente de l'arbre et donner des fruits. Il n'y a donc pas de distinction réelle pour le pêcher entre les productions à bois et les productions fruitières, toutes pouvant donner du fruit et former la charpente de l'arbre.

Mais, afin de faciliter la conduite de l'arbre, on est convenu de donner le nom de rameau à bois aux rameaux vigoureux qui sont naturellement plus avantageux pour former la charpente de l'arbre, et le nom de rameau à fruits à ceux que leur moyenne vigueur dispose à une fructification convenable. Cette distinction est basée sur ce fait, que *plus un rameau est vigoureux, plus les fleurs sont éloignées de sa base.* On est forcé de tailler trop long les rameaux vigoureux pour conserver les fleurs, et, par suite de cette taille longue, le remplacement du rameau se fait mal, vu la difficulté d'obtenir des rameaux de remplacement vigoureux à la base d'un rameau taillé trop long.

Les différentes productions du pêcher sont (*fig.* 166) le rameau à bois A, né sur le bois de l'année précédente; il se nomme gourmand B, s'il est né sur le vieux bois et plus particulièrement à la base de la tige et des branches.

Les productions fruitières sont : le rameau à fruits C, garni sur la plus grande partie de sa longueur d'yeux à bois et de boutons à fleur ; on le nomme ramille quand il se développe sur le rameau de l'année et en même temps que lui. La brindille E, production plus faible que le rameau, est garnie sur sa longueur de boutons simples, avec un seul œil à bois placé à

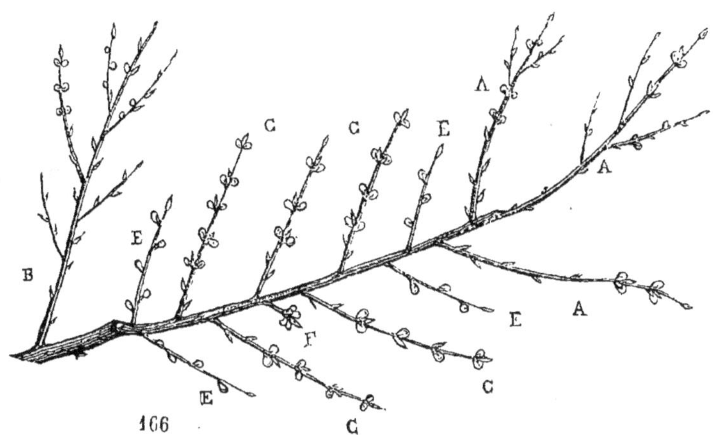

166

l'extrémité ; la lambourde F, production courte et ridée, est garnie d'un bouquet de boutons et d'un œil à bois à l'extrémité.

Toutes ces productions prennent le nom de bourgeon quand elles sont encore à l'état herbacé, non complétement développées et garnies de feuilles.

OEIL A BOIS. — BOUTON A FLEUR.

Les yeux et les boutons se trouvent à l'aisselle des feuilles. En juin, l'œil à peine formé a l'aspect d'un point vert; en juillet, on remarque que cet œil est accompagné de deux sous-yeux, qui sont des yeux à bois sur les parties vigoureuses et des boutons à fleur sur les parties de moyenne vigueur. A cette époque, ces boutons à fleur sont déjà constitués; on peut le constater avec une loupe ; à la chute des feuilles l'œil est pointu et écailleux, le bouton est arrondi.

Première série. — Yeux a bois. — *Œil simple* (*fig.* 167). — L'œil simple se trouve particulièrement à la base et à l'extrémité des rameaux à bois et à fruits et des gourmands ; il est excellent pour former la charpente de l'arbre et donne des rameaux vigoureux, surtout si la coupe est faite sur lui; ses deux sous-yeux sont avortés.

Œil triple (*fig.* 168). — Cet œil se trouve le long et à l'extrémité des rameaux à bois et des gourmands vigoureux, et rarement à la base. L'œil principal et les deux sous-yeux se développent avec force et forment le plus souvent trois rameaux qui ont le défaut de partir du même empatement. Il ne faut conserver qu'un seul des bourgeons qui se développent de ces yeux; celui du milieu est préférable si on veut obtenir un rameau à bois; si on désire une production fruitière, on conserve, au contraire, un bourgeon sorti des sous-yeux, lequel est généralement d'une vigueur moyenne. On choisit naturel-

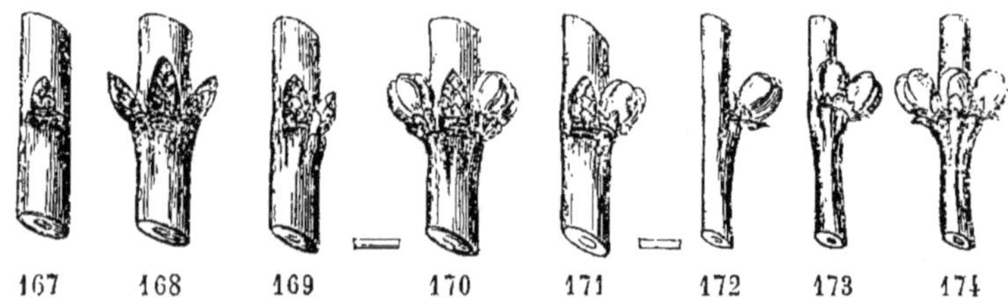

167 168 169 170 171 172 173 174

lement le bourgeon qui se trouve dans la meilleure direction. Quelques personnes retranchent les yeux supplémentaires de l'œil triple au moment de la taille. Il est plus sage d'attendre que les bourgeons qu'ils produisent aient atteint une longueur de quelques centimètres; on a l'avantage de pouvoir choisir le plus convenable, et d'être assuré de son développement.

Œil double (*fig.* 169). — Un des sous-yeux est bien conformé; l'autre est avorté; on agit de même que pour l'œil triple.

Deuxième série. — Yeux accompagnés de boutons a fleur. —*Œil accompagné de deux boutons à fleur* (*fig.* 170).—L'œil à bois est au milieu; les deux sous-yeux sont remplacés par des boutons à fleur; c'est l'œil le mieux constitué; il produit à la fois et le bois et le fruit. On ne le rencontre que sur les parties de l'arbre les mieux constituées, et principalement sur le rameau à fruits. Si les deux fleurs fructifient, on retranche un des fruits, une pêche pour devenir parfaite devant être isolée.

Œil accompagné d'un bouton à fleur (*fig.* 171). — C'est le même que le précédent, mais un des boutons est avorté. Cet œil se trouve sur les rameaux à fruits un peu affaiblis ; il est aussi bon que le précédent ; on le rencontre plus rarement.

TROISIÈME SÉRIE. — BOUTONS A FLEUR NON ACCOMPAGNÉS D'YEUX A BOIS. — Ces boutons se trouvent sur les productions faibles, sur celles épuisées, sur les arbres ruinés, mal conduits ou à mauvaise exposition, et plus particulièrement sur les brindilles ; l'œil à bois est remplacé par un bouton à fleur ; les sous-yeux sont avortés ou remplacés par des boutons à fleur ; alors le bouton est simple, double ou triple.

Bouton isolé (*fig.* 172). —Fructification incertaine, le bouton n'étant pas accompagné d'un œil à bois qui, nous l'avons dit, fournit un bourgeon qui attire la séve et garantit le fruit par son feuillage. Cependant il arrive souvent que ce bouton simple donne de fort beaux fruits, surtout quand il est placé à peu de distance d'un bourgeon, et que ce bourgeon est au-dessus.

On observe parfois ce fait curieux qu'une brindille ruinée n'est couverte que de boutons à fleur, et, quoiqu'elle soit dénudée de feuilles, elle n'en donne pas moins des fruits magnifiques ; mais le plus souvent ces fruits se flétrissent et tombent de bonne heure.

Le plus grave inconvénient des productions fruitières qui sont chargées de boutons à fleur, sans yeux à bois, c'est qu'après la récolte du fruit, elles n'ont plus de végétation, se dessèchent et laissent la branche dénudée. Si la brindille a des boutons à fleur sur toute sa longueur et un seul œil à bois à l'extrémité, elle restera dénudée sur toute sa longueur, sans qu'il y ait espoir de la remplacer.

Boutons à fleur doubles (*fig.* 173). — Ce sont des boutons latéraux dont l'œil central est avorté. Ces boutons ont les mêmes inconvénients que le bouton isolé.

Boutons à fleur triples (*fig.* 174). — L'œil à bois du milieu est remplacé par un bonton à fleur. Mêmes inconvénients que les précédents.

On voit aussi les boutons à fleur s'accumuler en bouquets, soit sur la lambourde, soit à l'extrémité de certains rameaux ; ils proviennent du peu de croissance de la production (*fig.* 175).

175

Si ces boutons doubles, triples ou en bouquets, produisent des fruits doubles, triples ou en bouquets, on doit ne conserver qu'un fruit, en supprimant les autres quand ils sont à peu près de la grosseur d'une noisette à une noix.

En résumé, l'œil à bois simple est excellent pour former une branche ou une production fruitière ; l'œil double ou triple est aussi fort bon, mais à la condition de ne conserver qu'un bourgeon ; l'œil accompagné d'un ou deux boutons à fleurs est bon également pour former une branche ou une production fruitière ; enfin les boutons simples, doubles ou triples, non accolés à un œil à bois, ont une fructification peu assurée, s'ils ne se trouvent proche d'un œil à bois ; ils ont l'inconvénient de laisser la production dénudée. Pour les boutons en bouquets, ils donnent de fort beaux fruits et parfaitement assurés, parce qu'ils se trouvent proche d'un œil à bois terminal.

LE RAMEAU A BOIS.

Le rameau à bois sert à former la charpente de l'arbre ; sa longueur est de 40 centimètres à 2 mètres et plus.

Le vrai rameau à bois, c'est-à-dire celui qui n'a que des yeux à bois, se trouve seulement sur les tout jeunes arbres. Sur les arbres plus âgés, le rameau à bois est également rameau à fruits, puisqu'il est couvert de boutons à fleur. Il peut former une branche ou une production fruitière, car, en réalité, il n'y a que le plus ou moins de vigueur qui fait la différence du rameau à fruits et du rameau à bois.

Dans la pratique, on donne le nom de rameau à fruits à un rameau de vigueur moyenne, d'une longueur de 40 centimètres environ, garni de fleurs assez rapprochées de sa base pour que l'on puisse tailler court et obtenir son remplacement d'une manière convenable.

Rameau à bois (*fig*. 176). — Le rameau est peu convenable comme production fruitière, et prend le nom de rameau à bois si, par excès de vigueur, les fleurs se trouvent à plus de 20 centimètres de sa base. Le rameau à fruits est de la grosseur d'une plume à écrire; le rameau à bois dépasse cette grosseur.

176 177

Par suite de la vigueur du rameau à bois, les yeux qui se trouvent à l'aisselle de ses feuilles, et plus particulièrement ceux de l'extrémité, se développent dans le courant de l'été en ramilles anticipées. Rarement les yeux du rameau à fruits se développent ainsi. Ces différences font facilement distinguer le rameau à bois du rameau à fruits.

Pour que le rameau à bois puisse servir à former la charpente de l'arbre, il faut qu'il soit convenablement placé. Ceux de l'extrémité sont dans ce cas, car ils forment ou continuent les branches. Si le rameau à bois se trouve à la place que doit occuper un rameau à fruits, il faut gêner son développement en le pinçant au moment ou il dépasse la longueur moyenne d'un rameau à fruits, à 35 centimètres environ.

Nous avons dit que les yeux du rameau à bois se développent pour la plus grande partie en ramilles anticipées. Plus le rameau a de vigueur, plus ces ramilles sont fortes et nombreuses. Il arrive souvent qu'un rameau à bois vigoureux fait développer à la fin de l'été une touffe de ramilles à son extrémité; cette touffe forme hérisson, détourne la séve et offre un aspect désagréable. On taille en vert cette touffe sur une bonne ramille, puis on palisse cette ramille dans le sens du rameau, afin de le continuer (*fig.* 177). On ne doit jamais pincer les rameaux destinés à former les branches, on provoquerait la formation de ce hérisson.

Les rameaux qui doivent former la charpente de l'arbre seront palissés en ligne droite et dans une direction convenable; seulement, pendant la croissance du rameau, il faut laisser libre son extrémité, sur une longueur de 30 centimètres, pour favoriser son développement; palisser jusqu'à l'extrémité, arrête fortement la croissance du rameau.

Nous renvoyons au chapitre *Branche*, pour le traitement du rameau à bois, et à celui *Rameau à fruits*, pour sa transformation en production fruitière. Dans ce chapitre, nous parlerons du traitement de la ramille anticipée.

Le *gourmand* est un rameau à bois qui se développe sur le vieux bois, et le plus souvent avec une vigueur extrême. Les arbres bien conduits n'ont pas de gourmands, car ceux-ci ne se développent que quand la séve est gênée dans sa circulation, soit par une taille trop courte, soit par défaut de circulation dans les branches, causé par une trop forte inclinaison, ou une maladie de l'écorce.

On arrête le développement du gourmand en le pinçant à 35 centimètres; mais cela ne suffit pas, il faut détruire la cause qui produit ce gourmand, soit en ouvrant de nouveaux canaux à la séve, soit en rétablissant la circulation dans les branches, en les relevant plus verticalement.

Si on se contentait de pincer les gourmands, sans détruire les causes qui les ont produits, on ne ferait qu'en multiplier le nombre et transformer en gourmands de bonnes productions fruitières, la séve se reportant avec violence vers ces productions, faute de pouvoir se porter naturellement vers l'extrémité des branches.

Le traitement du gourmand consiste à affaiblir sa végétation, en le palissant de bonne heure et l'inclinant le plus possible, en le pinçant sévèrement et plusieurs fois de suite, mais pas trop court, pour ne pas faire partir en gourmands les rameaux voisins. S'il a pris trop de force, on le taille en vert, en été, sur une des ramilles; à la taille d'hiver, il faut se garder de rabattre complétement ces gourmands rez la branche, cette forte plaie produirait la gomme. On en laisse une longueur de 10 centimètres environ; il s'y développe des rameaux que l'on transforme en productions fruitières, en les pinçant sévèrement. L'année suivante, on peut retrancher ce chicot sans danger, si on le juge convenable, la séve ayant formé un autre cours.

On a conseillé de tordre violemment le gourmand, pour réduire sa végétation. Quelques-uns renchérissent, ils le clouent contre le mur. Tout arboriculteur, jaloux de conserver ses espaliers, se refusera à employer ces procédés barbares; il sait que de pareilles plaies seraient bientôt couvertes de gomme.

PRODUCTIONS FRUITIÈRES DU PÊCHER.

Les productions fruitières du pêcher sont au nombre de trois : le rameau à fruits, la brindille et la lambourde. Elles alternent circulairement le long de la branche sur l'arbre non taillé; sur l'arbre taillé et en espalier, on ne conserve que celles qui sont placées le long de la branche, en dessus et en dessous, en arête de poisson. Le pêcher donnant son fruit sur le bois né l'année précédente, ce bois se dénude après la fructification et ne sert plus que de support au jeune bois qui s'est développé sur lui. Il faut donc provoquer et régulariser ce remplacement, puis suprimer le vieux bois inutile; mais on ne peut faire ce remplacement sans qu'il ne reste une portion du vieux bois servant de support au nouveau qui s'est développé sur lui. On nomme *courson* ce bout de vieux bois conservé. On doit toujours chercher à supprimer ou raccourcir ce courson, en taillant de préférence sur le jeune bois le plus rapproché de la branche.

On donne souvent le nom de petite branche à fruits à la production fruitière du pêcher. Nous ne pouvons accepter ce nom fautif puisque la branche est la partie de l'arbre qui sert de support aux productions fruitières.

La taille de la production fruitière a pour but d'en obtenir un ou deux fruits, et de faire développer à la base de celle-ci, près de la branche, des bourgeons de remplacement convenables. On arrive à ce résultat *en taillant sur deux yeux à bois et deux fleurs* (*les fleurs doubles comptant pour une*), *et faisant la coupe sur un œil à bois.*

178

Exemple (*fig.* 178). Avant de tailler une production fruitière, on choisit premièrement les deux yeux à bois les plus rapprochés de la base, puis les deux premières fleurs. On taille sur la deuxième de ces fleurs si elle est accolée à un œil à bois. Si elle n'a pas d'œil à bois, on cherche plus haut le premier œil à bois, et on taille au-dessus. Cependant il existe des productions qui n'ont qu'un seul œil à bois, lequel se trouve placé à l'extrémité; on est alors forcé de laisser la production entière; la brindille se trouve dans ce cas.

Si une production fruitière de deux ans et plus est divisée en deux ou trois rameaux, dards ou lambourdes, il faut conserver deux de ces productions, si les yeux à bois les plus rapprochés de la branche se trouvent sur l'une, et les fleurs les plus rapprochées se trouvent sur l'autre. Cette taille double est nommée taille en crochet (*fig.* 179).

On ne conserve sur une production fruitière, au moment de l'ébourgeonnement, que les deux bourgeons de remplacement de la base, ceux qui accompagnent le fruit et le bourgeon terminal; les autres bourgeons doivent être supprimés.

Nous allons résumer les principes de la conduite d'une production fruitière :

1° *Les productions fruitières sont placées le long de la branche, en dessus et en dessous; elles doivent être espacées entre elles, de façon à pouvoir être palissées convenablement à 15 centimètres en moyenne.* Si ces productions fruitières sont trop éloignées, la branche est dénudée; si elles sont trop rapprochées, les bourgeons font confusion et ne peuvent se palisser. C'est le coup d'œil qui indique si une production peut être retranchée pour donner de l'espace à ses voisines, sans former de vide.

Il est convenable, sur une branche jeune et vigoureuse, de remettre après leur fructification la suppression des rameaux

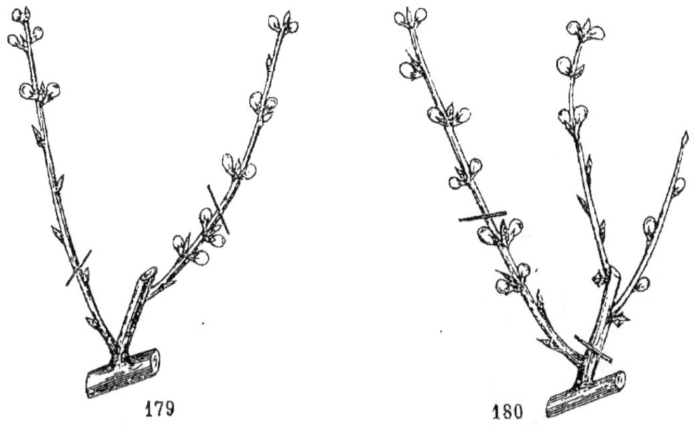

179 180

trop nombreux; ils sont alors taillés *en toute perte,* c'est-à-dire que l'on ne s'occupe pas de leurs bourgeons de remplacement.

2° *Obtenir et maintenir le plus possible la production près de la branche, en la taillant court pour favoriser son remplacement.*

3° *Renouveler chaque année la production fruitière avec un nouveau bourgeon le plus rapproché de la base.* On en laisse deux, s'il est possible, à l'époque de leur développement, pour être plus sûr d'en trouver un convenable à la taille (*fig.* 180).

4° *Ne conserver à la taille que le jeune bois né l'année précédente, et supprimer le plus de vieux bois possible.* Nous avons dit que le jeune bois était le seul qui fructifiât.

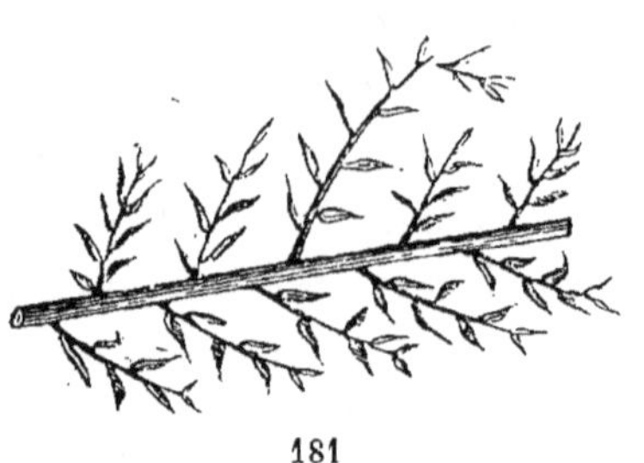

181

5° *Tailler sur deux yeux à bois et deux boutons à fleur (les doubles comptant pour une), et toujours faire la coupe sur un œil à bois.*

6° *Sacrifier, s'il est besoin, le fruit à la conservation de la production fruitière.* Il ne faut pas pour un fruit sacrifier les fructifications futures et risquer de dénuder la branche.

7° *Éviter les productions fruitières trop faibles ou trop fortes.* Trop faibles, elles dépérissent, finissent par se dessécher, et la branche se dénude. Trop fortes, les fleurs sont trop éloignées de la branche; on est forcé de tailler trop long, et le remplacement se fait mal.

182

8° *Pincer, à partir de juin, à 35 centimètres environ tout rameau à fruits trop vigoureux qui tend à se transformer en rameau à bois.* 40 centimètres étant la moyenne de la longueur d'un rameau à fruits convenable, il faut arrêter par le pincement ceux qui, trop vigoureux, tendent à dépasser cette longueur (*fig.* 181); on pince plus court ceux qui accompagnent le fruit, quand ils ne doivent pas servir au remplacement.

9° *Ébourgeonner, c'est-à-dire supprimer pendant la végé-*

tation les bourgeons inutiles. Ceux qui seront conservés sont les deux de la base qui servent au remplacement, ceux qui accompagnent le fruit et ceux qui sont proches de ce fruit, s'il n'est pas accolé à un bourgeon. (*Fig.* 182, A, bourgeons inutiles qui doivent être supprimés.)

10° *Retrancher le plus tôt possible, au-dessus des deux bourgeons de remplacement de la base, la production fruitière devenue inutile, puisque la fleur ou le fruit n'a pas tenu, ou vient d'être récolté* (*fig.* 190).

11° *Ne conserver qu'un fruit par production fruitière.* Ce nombre paraît faible, mais si chaque production avait un fruit l'arbre serait surchargé ; l'expérience a démontré qu'un fruit par trois productions fruitières est tout ce qu'un arbre peut supporter sans s'épuiser, surtout si l'on veut obtenir de beaux fruits. Cependant si l'arbre n'a que peu de fruits et s'ils sont par groupes isolés, on peut en laisser à la rigueur deux sur une production.

12° *Les fruits ne seront jamais conservés doubles*, c'est-à-dire accolés ensemble. Une belle pêche isolée vaut mieux que deux petites pêches groupées.

LE RAMEAU A FRUITS.

Le rameau à fruits est de vigueur moyenne; il se développe le long des branches et est garni de boutons à fleur et d'yeux à bois sur presque toute sa longueur. Sa longueur est de 40 centimètres en moyenne; sa grosseur est celle d'une plume à écrire. S'il dépasse ce développement, il devient rameau à bois.

Le rameau a des yeux à bois alternés sur toute sa longueur et accompagnés d'un ou deux boutons à fleur ; mais les yeux de la base ne sont pas accompagnés de boutons à fleur, et plus le rameau est vigoureux, plus les fleurs sont éloignées : ces yeux à bois de la base donnent les bourgeons de remplacement.

Le rameau de vigueur moyenne, bien garni de boutons à

fleurs et d'yeux à bois, est la meilleure des productions fruitières; il fructifie convenablement, se renouvelle facilement et n'est pas sujet à dépérir et à laisser la branche dénudée ou infertile, comme le font les autres productions plus faibles ou plus fortes. La fructification est plus assurée, chaque fruit étant accolé à un bourgeon qui attire la séve et la garantit par son feuillage.

CONDUITE DU RAMEAU A FRUITS. — *Fig.* 183, œil qui donne le rameau à fruits ; *fig.* 184, rameau à fruits, première végétation ; *fig.* 185, première taille d'hiver ; *fig.* 186, fructification, ébourgeonnement et palissage d'été ; *fig.* 187, deuxième taille d'hiver, premier remplacement ; *fig.* 188, troisième taille d'hiver, deuxième remplacement ; *fig.* 189, renouvellement d'une vieille production.

Le but principal de la taille d'une production fruitière n'est pas d'en obtenir immédiatement un fruit, mais de faire naître chaque année un nouveau rameau qui puisse renouveler la production et donner une nouvelle fructification. Il faut donc sacrifier le fruit au bourgeon de remplacement. En effet, si, pour une pêche, on vient à sacrifier ce bourgeon, on laisse la branche dénudée, et on perd les fructifications à venir pour un seul fruit.

Cette conduite de la production fruitière constitue l'*art du remplacement :* remplacement nécessaire puisqu'un rameau ne fructifie pas deux fois.

On ne doit donc conserver sur une production que les yeux et boutons à fleur nécessaires pour en assurer le remplacement, et donner dans l'année une fructification convenable. En laissant sur la production fruitière un œil à bois et un bouton à fleur, on obtiendrait ce résultat, puisque la production serait garnie d'une pêche dans l'année et d'un rameau de remplacement pour l'année suivante. Mais bien des causes détruisent les yeux et les boutons pendant le cours de la végétation ; en ne conservant qu'un œil et qu'un bouton, il ne resterait souvent que la branche dénudée ; il faut donc conserver sur une production fruitière deux yeux et deux boutons ; un plus grand nombre serait inutile et même nuisible puisque la production serait affaiblie par excès de longueur et de fructification.

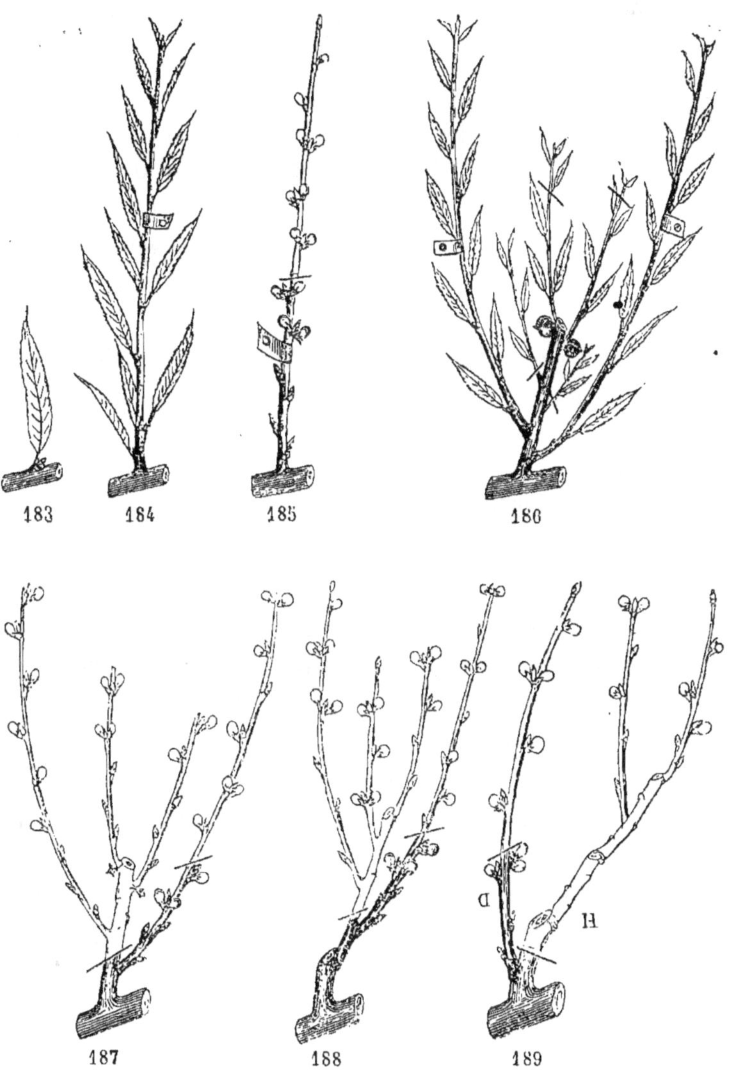

183 184 185 186

187 188 189

Cependant certaines productions ne présentent pas à leur base deux yeux et deux boutons convenablement rapprochés : parfois, sur de forts rameaux, les fleurs sont trop éloignées, et, sur les brindilles faibles, les yeux à bois sont rares et ne se rencontrent qu'à l'extrémité. Il faut donc, dans ce cas, les aller chercher où ils se trouvent, même à l'extrémité ; on est alors forcé de conserver les yeux et boutons intermédiaires, ceux-ci se trouvent en surplus et donnent des productions inutiles qui seront supprimées en temps convenable.

Premier exemple. — Un rameau vigoureux a des yeux à bois jusqu'à 20 centimètres de hauteur où se trouvent les premières fleurs ; les deux yeux de la base donnent les rameaux de remplacement ; les yeux suivants, qui se trouvent jusqu'aux fleurs, sont inutiles et doivent être supprimés à l'état de bourgeons.

Deuxième exemple. — Une brindille est garnie de boutons à fleurs sur toute la longueur, et d'un seul œil à bois à l'extrémité, on est forcé, pour conserver cet œil, de laisser la production entière. On ne conservera, dans ce cas, que les deux derniers boutons à fleurs de l'extrémité, les autres seront supprimés.

La taille d'une production se fait toujours sur un œil à bois, lequel en se développant attire la séve vers l'extrémité de cette production ; si on taillait sur une fleur non accompagnée d'un œil à bois sa fructification serait incertaine, à moins qu'il n'y ait plus bas un œil à bois fort rapproché.

Œil qui donne le rameau à fruits (*fig.* 183).— Cet œil doit se trouver placé en dessus et en dessous de la branche. L'œil placé sur le devant de la branche est inutile, le bourgeon qui en sort doit être supprimé, ainsi que celui placé derrière contre le mur, à moins que ces bourgeons ne soient indispensables pour garnir la branche ; dans ce cas on devra toujours préférer le bourgeon de derrière. On le recourbe pour qu'il puisse couvrir la partie dénudée.

Rameau à fruits, première végétation (*fig.* 184). — Le bourgeon qui forme le rameau à fruits doit végéter librement jusqu'à mi-juin. Il n'en sera que plus sain et convenable. Palissé plus tôt, sous prétexte de propreté, il s'affaiblit beaucoup ;

de plus, il exige un double palissage, ayant été palissé trop court primitivement. Ce rameau doit être palissé, incliné dans le même sens que la branche. Si, par excès de vigueur, il tend à se transformer en rameau à bois, on le pince au moment où il dépasse la longueur moyenne d'un rameau à fruits, 35 centimètres environ. Si, pour arrêter momentanément son accroissement, on pince plus court et plus tôt, on éprouve l'inconvénient grave de faire développer tous les yeux en ramilles anticipées, qui forment un fouillis inutile, et de mettre à bois les productions fruitières voisines par le refoulement de la séve.

Première taille d'hiver (*fig.* 185). — A la première taille d'hiver, on s'occupe d'abord du remplacement. On choisit les deux yeux les plus rapprochés de la base, qui doivent donner les bourgeons de remplacement, puis ensuite les deux premières fleurs au-dessus (les fleurs doubles comptant pour une). Ces deux yeux et ces deux fleurs conservés, on supprime le reste de la production.

Ainsi cette taille se résume à *tailler sur deux yeux à bois et sur deux fleurs.*

Ces deux fleurs sont généralement accolées à un œil à bois. On taille au-dessus de la seconde fleur; mais si l'œil se trouve plus éloigné, si les fleurs ne sont pas accompagnées d'un œil à bois, il faut aller tailler sur le premier œil à bois placé plus haut; on est obligé de conserver dans ce cas un plus grand nombre de fleurs, car la coupe doit toujours être faite sur un œil à bois. Après la taille, la partie taillée doit être palissée, inclinée dans le sens de la branche et rapprochée d'elle en arête de poisson.

Première fructification, ébourgeonnement et palissage d'été (*fig.* 186). — Au printemps, les fleurs s'épanouissent, les bourgeons se développent; fin mai, on retranche les pêches doubles et celles qui sont avortées, en ne laissant que deux pêches au plus sur chaque production, une seule si celles-ci sont bien garnies; et, dans ce cas, on enlève toutes les pêches des productions faibles pour favoriser leur développement.

A la même époque, on retranche les bourgeons inutiles; ceux qu'il faut conserver sont les deux de la base, qui doivent servir au remplacement, ceux qui accompagnent le fruit et ceux qui se trouvent proche ou au-dessus d'un fruit non accolé à un bourgeon.

L'ébourgeonnement ne doit être fait ni trop tôt ni trop tard, et seulement quand le bourgeon est à mi-développement. Ébourgeonner trop tôt, c'est-à-dire quand les bourgeons commencent à se développer, on ne peut être sûr que ceux qu'on a conservés pour le remplacement seront bien constitués. De plus, ceux-ci, restés seuls, se développent quelquefois avec trop de vigueur. Ébourgeonner trop tard, au moment du palissage, c'est-à-dire quand les bourgeons ont atteint la plus grande partie de leur longueur, ne peut qu'augmenter les difficultés de la conduite du pêcher, ces rameaux inutiles formant confusion, et nuisant, en prenant trop de force, au parfait développement des rameaux de remplacement.

Il vaut mieux faire peu à peu l'ébourgeonnement : on produit un trouble moins grand que si les bourgeons inutiles étaient jetés à terre en une seule fois.

Palissage. — Vers la fin de juin, les bourgeons conservés sont palissés. Il est préférable, si on est à même de surveiller les arbres, de faire l'opération en trois fois. On fait un premier palissage des rameaux à bois qui doivent former la charpente de l'arbre, et des rameaux à fruits trop vigoureux qui tendent à se transformer en rameaux à bois. Le second palissage est celui des bourgeons de remplacement et de ceux qui accompagnent les fruits. Le troisième est celui des rameaux faibles, laissés libres plus longtemps pour qu'ils puissent se fortifier.

Bourgeons qui accompagnent le fruit.— Ces bourgeons attirent la séve vers le fruit et l'ombragent par leur feuillage ; ils servent au remplacement, s'il n'existe pas de bourgeons de remplacement à la base de la production.

Il faut éviter de palisser les bourgeons qui accompagnent le fruit, à moins qu'ils n'aient une mauvaise direction en avant;

on s'évite ainsi la peine de trop multiplier les attaches. On pince à 15 centimètres les bourgeons qui accompagnent le fruit, et ils se soutiennent le plus souvent sans attaches.

Si on palisse à la loque, on retire le clou mis à la taille d'hiver, puis on palisse en inclinant les deux bourgeons de remplacement; les autres ne sont palissés que dans le cas où ils ne se soutiendraient pas, afin d'éviter de cribler le mur de clous inutiles.

Les rameaux qui accompagnent le fruit sont pincés plus ou moins court et de bonne heure, selon que les rameaux de remplacement sont plus ou moins vigoureux. Si les rameaux de remplacement sont faibles, on pince court et sévèrement ceux qui accompagnent le fruit pour refouler la séve vers les rameaux de remplacement. Si ces derniers prennent trop de vigueur, il est bon de laisser s'emporter les rameaux qui accompagnent les fruits; n'étant pas pincés, ils attirent la séve et modèrent ainsi la végétation des rameaux de remplacement.

190

Taille sur les deux bourgeons de remplacement de la production fruitière, dont la fleur ou le fruit n'a pas tenu, ou dont le fruit a été récolté (*fig.* 190). — On rabat toujours et de suite, sur les deux bourgeons de remplacement de la base, les productions fruitières dont les fleurs ont été détruites, celles dont le fruit est tombé encore vert, et celles dont les fruits viennent d'être récoltés. La partie de la production qui se trouve au-dessus des yeux de remplacement n'était conservée que pour en obtenir un fruit; la conserver après que celui-ci a disparu, charge le pêcher d'une partie inutile. On doit donc la retrancher de suite sur les deux bourgeons de remplacement. Ce retranchement se nomme taille en vert, et se fait tout le temps de la végétation.

Cette suppression de la partie inutile a l'avantage de favoriser les deux bourgeons de remplacement ; ils reçoivent alors plus de séve, d'air et de lumière ; ils sont mieux aoûtés, mieux constitués et se palissent plus facilement ; aussi leur floraison est-elle plus assurée l'année suivante. On agit d'après ce principe, qu'il est toujours avantageux de se débarrasser le plus tôt possible de toute partie inutile.

Deuxième taille d'hiver, remplacement (*fig.* 187). — Le rameau taillé l'année précédente a fructifié ; il ne sert plus cette année que de support aux bourgeons qui se sont développés sur lui, puisqu'il ne peut fructifier deux fois. Ces bourgeons serviront à le remplacer. Un seul doit servir à ce remplacement, mais il peut être mal constitué ou détruit ; aussi en laisse-t-on deux pour pouvoir choisir. Ces bourgeons de remplacement seront les deux les plus rapprochés de la branche. S'ils se développaient sur cette branche, ils n'en vaudraient que mieux, puisque cela permettrait de supprimer entièrement la vieille production, mais ce cas se présente assez rarement.

La deuxième taille d'hiver consiste à rabattre la production fruitière sur un des deux rameaux de remplacement (quelquefois il ne s'en trouve qu'un), en choisissant de préférence le mieux constitué et le plus rapproché de la branche. Ce rameau est taillé sur deux yeux à bois et deux boutons à fleur (les doubles comptent pour une), la coupe étant faite sur un œil à bois. Ce rameau est alors supporté par un bout plus ou moins long du vieux rameau, nommé *courson*. Il faut se débarrasser le plus possible de tout ou partie de ce courson, car il s'allonge peu à peu, augmenté chaque année des portions du vieux bois conservé ; la séve circule difficilement dans ce vieux bois dénudé, et les bourgeons de l'extrémité finissent par s'épuiser.

Troisième taille (*fig.* 188). — On retranche les parties inutiles sur le premier rameau de remplacement de la base, qui est ensuite taillé sur deux yeux et deux boutons à fleur.

Production âgée (*fig*. 189).—Afin de dissimuler la longueur du courson H, on le couche contre la branche. Pour le supprimer, on s'empresse de profiter d'un bourgeon D fort ou faible qui se serait développé par hasard à sa base et près de la branche, ou encore mieux sur celle-ci, en retranchant le vieux courson sur le bourgeon. Malheureusement les bourgeons inattendus sont rares, aussi faut-il en profiter.

On retranchera avec soin le pédoncule, ou queue du fruit, qui reste attaché au courson; il se dessèche et forme souvent un point chancreux et gommeux désagréable.

La conduite de la production fruitière se résume donc à ceci : remplacer chaque année le rameau qui vient de fructifier par un jeune rameau sorti de sa base. Pour atteindre ce résultat, il faut obtenir un rameau à fruits d'une vigueur moyenne, et tailler ce rameau né l'année précédente, sur deux yeux à bois et deux boutons à fleur les plus rapprochés de la base. Enfin, on doit rapprocher le plus possible la production de la branche, et ne laisser qu'un fruit, pour qu'il soit beau; deux, au plus, si l'arbre est peu chargé.

RAMEAUX A FRUITS MAL CONSTITUÉS.

Règle générale, un rameau sain et d'une vigueur moyenne se comporte comme celui que nous venons de décrire; mais s'il y a défaut ou excès de vigueur, sa conduite se modifie. Ne l'oublions pas, il vaut toujours mieux l'excès que le défaut de vigueur.

A la première vue, une production affaiblie séduit par son abondante floraison, tandis que la production trop vigoureuse a des fleurs rares et plus éloignées de la base; mais si on songe qu'une production fruitière doit durer autant que l'arbre, et que si elle est affaiblie, elle ne sera que de courte durée, on lui préférera toujours une production vigoureuse. On ne risque avec celle-ci que la fructification de l'année, léger inconvénient s'il y a sur l'arbre d'autres productions fruitières. Nous avons dit que toutes les productions ne doivent pas porter fruit, l'arbre serait dans ce cas trop chargé. Il a été reconnu qu'un fruit par trois productions fruitières est tout ce qu'un arbre peut supporter sans s'épuiser; on peut donc sans regret laisser momentanément quelques productions sans fructifier.

Traitement (pendant la végétation) d'un rameau à fruits trop vigoureux, qui tend à se transformer en rameau à bois. — Les yeux placés à l'extrémité et sur les parties supérieures de la branche se développent avec vigueur; ils produisent des rameaux à bois qui sont inutiles, puisqu'ils se trouvent sur une partie de branche qui doit être garnie par une production fruitière. Il faut donc gêner ces rameaux dans leur développement, en les pinçant quand ils ont atteint 35 centimètres de longueur en moyenne (*fig.* 191); les pincer trop court aurait l'inconvénient grave de refouler la séve vers les autres productions et de les faire partir à bois; de plus, le pincement court fait partir avec violence les yeux du rameau en ramilles anticipées. Alors, si le rameau a été pincé court, les yeux de la base qui doivent servir au remplacement partent également en ramilles anticipées, généralement dégarnies d'yeux à la base, et par conséquent peu convenables au remplacement de la production fruitière.

191 192

Les yeux de l'extrémité du rameau pincé se développent souvent en ramilles anticipées, ce qui forme un hérisson désagréable (*fig.* 192). On rabat ces ramilles sur la première du bas, que l'on redresse et palisse en évitant de la pincer; elle continue le rameau sans lui donner trop de vigueur. Il faut éviter de rabattre trop tôt ces ramilles anticipées, pour que ce rabatage n'en fasse pas naître d'autres. L'époque convenable est à partir de la mi-juillet.

A la taille, le rameau trop vigoureux a l'inconvénient grave d'être dénudé de fleurs à la base, qui n'est garnie que d'yeux à bois, les fleurs se trouvant trop éloignées; il faut pour les atteindre tailler très-long. Cette taille longue rend fort difficile le remplacement de la production; la séve se portant à l'extrémité abandonne la base, ce qui forme un courson très-long, dénudé, et très-difficile à supprimer plus tard, puisqu'il n'y a plus de végétation contre la branche.

Il vaut mieux, dans ce cas, sacrifier le fruit au parfait remplacement de la production. On taille en avril sur les deux premiers yeux à bois de la base, afin d'obtenir des rameaux de remplacement convenablement placés, et former ainsi une bonne production fruitière pour les années suivantes. Nous l'avons dit, le remplacement doit passer avant la fructification.

193 194

Si on désire conserver les fleurs d'un rameau vigoureux, parce qu'il se trouve sur un arbre peu chargé de fleurs, ou sur une variété très-vigoureuse (le téton de Vénus), il faut tailler sur les deux premières fleurs (*fig.* 193), puis coucher fortement le rameau le long de la branche.

Au printemps, tous les yeux se développent en bourgeons, mais la séve se porte de préférence à l'extrémité et abandonne les bourgeons inférieurs qui doivent servir au remplacement. Pour éviter cet inconvénient, on supprime de bonne heure (en mai), quand ils ont atteint quelques centimètres, les bourgeons qui se trouvent entre les deux bourgeons de la base et le fruit (*fig.* 194), puis on pince sévèrement à quelques feuilles les bourgeons qui accompagnent le fruit.

Avec cette conduite sévère, on peut assurer le remplacement de la production, mais il ne faut pas toujours y compter ; aussi est-il souvent plus avantageux de sacrifier le fruit en taillant sur deux yeux.

En résumé, *toute production fruitière mal constituée, à fleurs trop éloignées de la base, celles dont les fleurs ont coulé, dont le fruit n'a pas tenu, ou vient d'être récolté, seront taillées immédiatement sur les deux bourgeons de la base qui doivent servir au remplacement.*

Taille en crochet. — Il se trouve parfois que le rameau de la base n'est pas convenablement constitué pour pouvoir donner en même temps des fruits et les bourgeons de remplace-

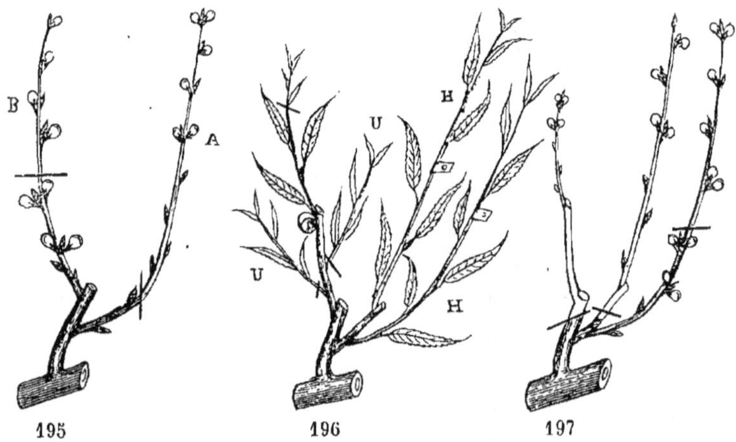

195 196 197

ment ; il peut être parfaitement garni d'yeux à la base et avoir ses fleurs très-éloignées. De même, le second rameau, qui se trouve au-dessus, peut être parfaitement garni de boutons à fleur rapprochés de sa base. Le premier est bon pour le remplacement, et le second pour la fructification. On conservera les deux en taillant en crochet.

Fig. 195. Le rameau A a des yeux à bois à la base, mais les fleurs sont très-éloignées ; il est convenable pour le remplacement et mauvais pour la fructification. Le second rameau B, au contraire, ayant les fleurs très-rapprochées de sa base, est parfait au point de vue de la fructification.

Nous avons dit que pour tailler une production, on doit tailler sur les deux yeux à bois et les deux fleurs les plus rapprochées de la branche. On choisit les yeux les plus rapprochés, s'ils se trouvent sur un rameau, et les fleurs les plus rapprochées, si elles se trouvent sur l'autre; l'un sera donc conservé pour le fruit et l'autre pour le remplacement.

Fig. 196. Pendant la végétation, on palisse avec soin les deux bourgeons de remplacement H, venus sur le rameau inférieur. Quant au rameau supérieur, on retranche en mai tous les bourgeons U qui n'accompagnent pas le fruit, en n'y laissant pas de bourgeons de remplacement, puisqu'ils se trouvent sur l'autre rameau; puis on pince à quatre feuilles les bourgeons qui accompagnent les fruits. A la deuxième taille (*fig.* 197), on rabat toute la production sur le premier rameau de la base, puis on taille celui-ci sur deux yeux et deux fleurs.

On ne doit faire la taille en crochet que si elle est nécessaire. On comprend que si on conserve deux rameaux à la taille, cela exige double palissage; de plus les bourgeons se nuisent et forment confusion, étant en plus grand nombre.

LA RAMILLE DU PÊCHER.

(Rameau anticipé, faux bourgeon, redrugeon).

Le rameau à bois du pêcher se développant avec une grande vigueur, surtout pendant la jeunesse de l'arbre, atteint souvent deux mètres et plus de longueur; cette vigueur fait développer une grande partie des yeux en ramilles anticipées, surtout ceux du milieu du rameau. Ces ramilles sont nécessaires à la bonne constitution de la branche, puisqu'elles aident à son développement en grosseur; si on gênait leur développement en les pinçant à la base, le rameau privé de ramilles serait mince, mal constitué et aurait plutôt l'aspect d'un brin d'osier que d'un rameau de pêcher convenable (*fig.* 198).

On reproche à la ramille d'être faible, mal aoûtée, et d'avoir parfois sa base dégarnie d'yeux à bois, qui se trouvent alors à quelques centimètres plus haut. Cet inconvénient se rencontre plus particulièrement sur certaines variétés (la reine des vergers, etc.), et provient de ce que les yeux de la base de la ramille sont presque opposés, au lieu d'alterner comme sur le rameau ordinaire. On ne doit pas pour cela rejeter la ramille, d'autant plus qu'elle est nécessaire à la formation du rameau.

198

Les bons arboriculteurs s'inquiètent peu de ces défauts, et traitent la ramille absolument comme un rameau à fruits ; seulement ils la pincent à 25 centimètres environ, pour gêner son développement en longueur, et la palissent en arête de poisson, en retranchant toutes les ramilles qui se développent sur le devant de la branche. A la taille, ils agissent de même que pour le rameau à fruits ordinaire, en taillant sur deux yeux à bois et sur deux boutons à fleur les ramilles qui ont des boutons rapprochés de la base, et sur deux yeux à bois celles dont les boutons à fleur se trouvent éloignés (*fig.* 199). Seulement on doit toujours être plus porté à tailler à bois qu'à fruits, de crainte que les ramilles taillées longues ne soient mal garnies à la base.

Nous avons dit que la ramille anticipée avait quelquefois sa base dégarnie d'yeux à bois. Cet inconvénient ne peut être réduit par le pincement, puisqu'au moment où on pince, la partie inférieure du rameau est déjà dénudée. On a proposé d'y remédier par un pincement extrêmement court (à 2 centimètres environ). Nous avons dit que nous repoussions ce procédé, parce qu'il détruit la ramille, et par conséquent nuit à la branche.

On a proposé également de fendre avec un canif la ramille à sa base. Pour quiconque redoute les plaies et par conséquent la gomme, ce procédé sera rejeté; du reste, il est douteux. Il s'agit donc tout simplement de tailler à deux yeux à bois la ramille dénudée à la base, et de la courber fortement en la palissant contre la branche. On réussit quelquefois à obtenir l'année suivante des bourgeons à sa base, surtout quand l'arbre est vigoureux.

En résumé, la ramille est nécessaire à la formation de la charpente, et si elle a parfois quelques inconvénients, cela n'empêche pas de la traiter comme les rameaux à fruits et d'en obtenir une belle fructification, d'autant plus agréable qu'elle est anticipée sur l'année suivante.

199

LA BRINDILLE DU PÊCHER.

La brindille (branche chiffonne) est une production fruitière de 25 centimètres de longueur en moyenne. Elle est mince, affaiblie, couleur vert clair, et garnie sur toute sa longueur de boutons à fleur isolés et non accolés à un œil à bois. A l'extrémité seule de la brindille se trouve un œil à bois; on en rencontre parfois un second à la base, on doit se hâter d'en profiter en taillant dessus, car avec lui on peut renouveler la brindille, ce qui ne peut se faire quand il n'existe qu'un seul œil à bois à l'extrémité.

La brindille est la plus mauvaise des productions fruitières, non-seulement à cause de sa faiblesse qui expose la branche à être dénudée, mais encore à cause de la difficulté de son remplacement. En effet, elle ne peut être taillée, puisque le seul œil à bois qui peut la remplacer se trouve à son extrémité. Si on raccourcit la production, il ne reste plus que des boutons à fleur, et elle se trouve privée de feuilles; par suite de cette taille les fleurs et les fruits sont isolés sur une production dénudée et avortent le plus souvent. Cependant on rencontre quelquefois de ces fruits isolés qui deviennent fort beaux ; mais après la récolte il ne reste plus qu'un chicot de bois dénudé qui finit par se dessécher et laisse la branche dégarnie.

La brindille est peu commune sur les arbres sains, vigoureux et bien conduits ; mais ceux qui sont ruinés, mal conduits et à mauvaise exposition, en sont couverts, ainsi que ceux soumis au pincement exagéré. On comprend que ce pincement affaiblissant fasse développer des brindilles ; cet argument suffirait seul pour faire rejeter le pincement exagéré.

Conduite de la brindille. — Œil qui produit la brindille (*fig.* 200). — Il est placé aux endroits des branches peu favorisées par la séve, et principalement sur les parties en dessous. — Brindille, première végétation (*fig.* 201). On doit la palisser tardivement pour qu'elle puisse prendre de la force;

il ne faut jamais la pincer, on détruirait son seul œil à bois, lequel se trouve à l'extrémité. — Floraison de la brindille (*fig.* 202). Au printemps elle est garnie sur toute sa longueur de boutons à fleur isolés ; un seul œil à bois se trouve à l'extrémité.

On ne taille pas cette brindille, on supprime seulement avec les doigts les boutons à fleur en surplus des deux ou trois de l'extrémité qui sont conservés. Il vaut mieux les supprimer tous, si on désire que la brindille donne un bourgeon vigoureux, si elle est nécessaire pour garnir la branche. On palisse la brindille en la courbant fortement le long de la branche. Cette courbure peut quelquefois faire sortir un bourgeon inattendu à sa base, surtout s'il s'y trouve un œil à bois. On évitera de pincer le bourgeon qui en provient, ayant tout intérêt à ce qu'il prenne de la force (*fig*. 203, fructification).

Deuxième taille (*fig*. 204). — La brindille est dénudée; le pédoncule desséché du fruit y adhère encore; à son extrémité se trouve la production produite par l'œil à bois. Si c'est un rameau, on le taille sur deux yeux à bois et deux boutons à fleur ; si ceux-ci sont éloignés de la base, on taillera seulement sur deux yeux à bois. Cette taille courte fait parfois sortir des yeux inattendus, ce qui permet de raccourcir la vieille brindille.

Il ne faudrait pas cependant que le bourgeon de remplacement fût une longue brindille dénudée ayant son œil à bois plus éloigné que les yeux qui se trouvent à l'extrémité du vieux courson ; il serait préférable de conserver ceux-ci.

Il est mauvais que de l'œil de la brindille il se développe une seconde brindille ; la production ne fait, dans ce cas, qu'augmenter en longueur, tout en restant dénudée. Les productions qui suivent, chaque année, sont de plus en plus éloignées et affaiblies, et la production périt en laissant la branche dénudée. De faibles coursons dénudés sont fort sujets à la gomme. Si par un heureux hasard il se développe un bourgeon fort ou faible à la base de ce courson dénudé, il faut rabattre immédiatement sur lui, soit à la taille, soit pendant la végétation, quitte à sacrifier les fruits qui se trouvent à l'extrémité du courson (*fig*. 205).

Il se rencontre quelquefois, sur les arbres épuisés, de chétives brindilles couvertes de boutons à fleur, sans œil à bois, même à l'extrémité. Elles périssent après une fructification incertaine; on les taille sur quelques fleurs; il peut arriver que cette taille courte fasse développer un bourgeon à leur base (*fig.* 206).

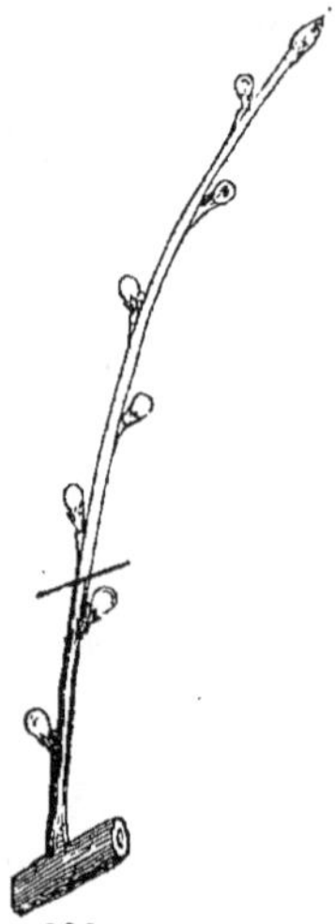

206

On voit que la brindille est une fort mauvaise production fruitière. Tout doit tendre à l'éviter ou obtenir son remplacement par un rameau à fruits plus vigoureux. Toutes les opérations affaiblissantes la produisent : les branches taillées trop longues, leur direction horizontale, leur trop grand nombre, le pincement exagéré et l'excès de fructification.

En résumé, la brindille ne se taille pas si elle n'a qu'un œil à bois à l'extrémité ; s'il en existe un placé plus bas, on taille dessus; on lui laisse peu de fleurs et de fruits pour ne pas trop l'affaiblir, puis on la courbe fortement à sa base pour favoriser son remplacement, dans le cas où ce remplacement serait nécessaire.

LA LAMBOURDE DU PÊCHER

(Cochonnet, bouquet de mai.)

La lambourde est une production fruitière de quelques centimètres de longueur, garnie de boutons à fleur accumulés en bouquet. A l'extrémité, il se trouve un œil à bois unique. La lambourde du pêcher n'est, en réalité, qu'une brindille raccourcie par faiblesse de végétation ; les fleurs, au lieu de s'alterner à une certaine distance, comme sur la brindille, s'accumulent les unes sur les autres, ce qui fait paraître la lambourde ridée.

La lambourde est parfaite au point de vue de la fructification; les fruits qu'elle produit sont fort beaux et assurés, mais sa faiblesse la rend parfois moins bonne au point de vue du remplacement; à moins qu'elle ne se trouve sur un courson bien constitué, on la rencontre le plus souvent sur les arbres âgés.

Cette production fruitière est parfaite comme production supplémentaire, c'est-à-dire quand elle se trouve à la base ou dans l'intervalle d'autres productions plus vigoureuses qui doivent servir au remplacement. Si elle tient la place d'une production fruitière, il faut faire attention qu'elle ne dépérisse pas, pour éviter que la branche ne soit dénudée.

La lambourde, quoique faible, est préférable à la brindille pour le remplacement, à cause de son peu de longueur. Avec elle, le nouveau bourgeon se trouve moins éloigné de la branche, et il ne reste qu'un courson dénudé d'une faible longueur.

Conduite d'une lambourde. — *Fig.* 207, œil qui produit la lambourde; *fig.* 208, première végétation. Il sort de l'œil un petit bourgeon garni d'une rosette de feuilles qui cesse de croître après avoir atteint quelques centimètres de longueur.

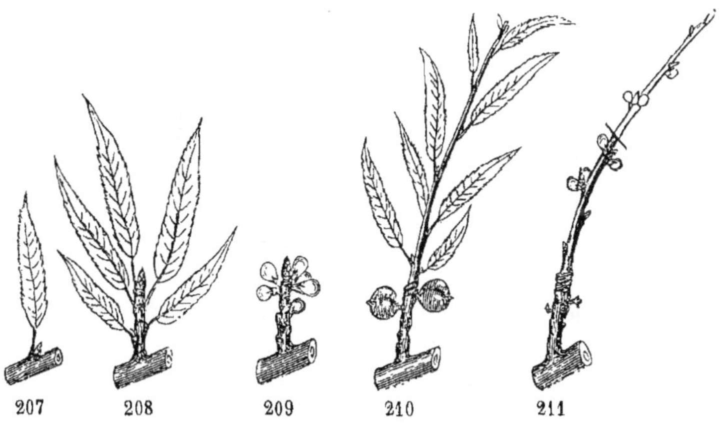

Vainement, pendant la végétation, voudrait-on le faire s'allonger plus vigoureusement en rabattant sur lui les productions supérieures, dans le cas où il se trouverait à la base d'une production fruitière; il ne prendra pas plus de développement pour cela, sa croissance étant alors terminée.

Fig. 209, floraison. En février, on voit sur la lambourde un bouquet de boutons à fleur avec un œil à bois à l'extrémité.

Fig. 210, fructification. Les fruits étant noués se trouvent en groupe; on ne doit conserver que le plus beau. L'œil du milieu a formé un bourgeon. Si ce bourgeon doit former une production fruitière, on favorise le plus possible son accroissement en le palissant tardivement. On doit éviter de le pincer, puisqu'il y a tout intérêt à augmenter sa vigueur, afin d'obtenir un rameau à fruits ayant des yeux de remplacement à la base.

C'est fâcheux pour la durée de la production fruitière quand il se développe une brindille sur la lambourde; car on n'obtient qu'une faible production dénudée à la base. On lui appliquera dans ce cas le traitement que nous avons prescrit pour la brindille.

Si sur la lambourde il naît une seconde lambourde, on favorisera le développement de son œil terminal, afin d'obtenir une production plus vigoureuse.

Cette conduite ne s'applique qu'à la lambourde destinée au remplacement; si elle se trouve en surplus des productions de la branche, on n'a aucun intérêt à augmenter sa vigueur; dans ce cas, on pincera en juin à quatre feuilles le bourgeon qui s'est développé sur elle. Ne devant pas servir au remplacement, la lambourde sera conservée partout où elle se trouve, même sur le devant de la branche, puis supprimée après la fructification.

En résumé, la lambourde est parfaite au point de vue de la fructification, mais elle laisse à désirer comme production de remplacement; à moins que, se trouvant sur un fort courson, on n'ait rabattu sur elle une production plus forte.

Si elle se trouve isolée sur la branche et si on désire obtenir son remplacement annuel par une bonne production fruitière, on devra favoriser le plus possible son accroissement, et même, si on craint son affaiblissement, supprimer le fruit qu'elle supporte.

CONDUITE D'UNE PRODUCTION FRUITIÈRE MULTIPLE.

Les différentes productions fruitières du pêcher, rameau, brindille ou lambourde, se trouvent souvent accolées ensemble sur le même courson; on est parfois embarrassé de choisir la plus convenable. Avec le principe que nous avons émis plus haut, cette difficulté disparaît : il s'agit de chercher sur n'importe quelle partie de la production les deux yeux et les deux boutons à fleur les plus rapprochés de la base du courson. Mais il peut arriver que les deux yeux les plus rapprochés se trouvent sur une production, et que les deux fleurs les plus rapprochées se trouvent sur l'autre; on doit dans ce cas conserver la première pour le bois, la seconde pour le fruit.

Premier exemple (*fig.* 212). — Un rameau à fruits et une brindille se trouvent sur un courson : le rameau à fruits est le

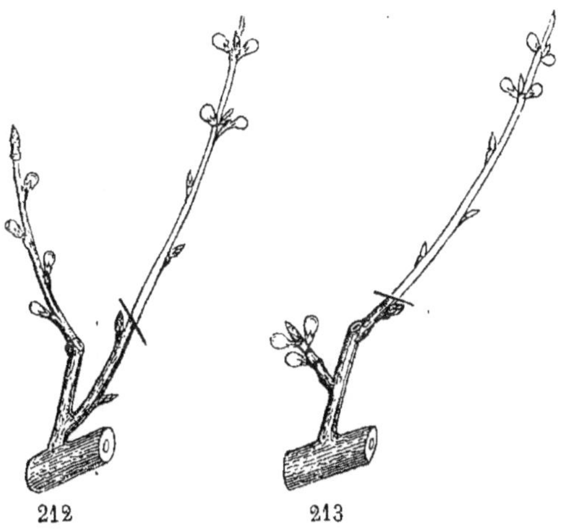

212 213

plus près de la base; il a de bons yeux à bois de remplacement, mais ses boutons à fleur sont plus éloignés que ceux de la brindille voisine. On conserve dans ce cas les deux productions en les taillant en crochet, c'est-à-dire taillant les deux yeux à bois du rameau pour le remplacement et laissant la brindille entière pour le fruit.

Deuxième exemple (*fig.* 213). — Une lambourde et un rameau se trouvent sur un courson : la lambourde placée à la base est parfaite comme fructification, mais moins bonne que le rameau comme remplacement. On conserve la lambourde qui donne les fleurs les plus rapprochées, puis on taille à un ou deux yeux le rameau placé plus haut. Ne conserver que la lambourde avec son seul œil à bois ne serait pas prudent : il peut arriver que cet œil soit détruit.

Résumé. — Tout ce que nous venons de dire sur le traitement des productions fruitières se résume à suivre ce principe : Obtenir une production fruitière de vigueur moyenne, afin de trouver à sa base des yeux à bois pour la remplacer et des boutons à fleur pour la fructification. On y arrive en taillant sur deux yeux à bois et deux boutons à fleur.

Nous conseillons, de plus, d'étudier sur l'arbre chacune des productions du pêcher. L'expérience fera bientôt connaître leurs défauts et leurs qualités. On verra que leur conduite est le plus souvent une lutte continuelle contre l'affaiblissement; on reconnaîtra bientôt que chercher à les affaiblir par des pincements faits hors de propos ne peut que hâter leur ruine, et que le seul cas, où ces pratiques affaiblissantes peuvent être employées, est celui où, par excès de vigueur, la production fruitière tend à se transformer en production à bois. En effet, pincer un rameau à fruits est inutile, puisque cette production est parfaite. Pincer une brindille ou une lambourde serait hâter la ruine d'une production déjà par trop affaiblie.

FRUCTIFICATION DU PÊCHER.

Le pêcher se couvre chaque année d'une quantité considérable de fleurs. Leur précocité et leur délicatesse les rendent sensibles aux intempéries du printemps. A cette époque, les pluies froides et continues, les gelées, détruisent en peu de temps tout espoir de fructification.

Les pêchers plantés dans un fonds humide, à l'ouest, sont

plus particulièrement exposés. Ceux plantés sur une hauteur et sur un sol sec sont moins compromis; mais les hâles du printemps et les froids tardifs, après quelques jours de chaleur, gèlent les fleurs et les fruits formés.

Il ne faut pas croire que des abris continus garantissent complétement les fleurs, ils les exposent à la coulure par suite de privation d'air et de lumière, à moins que, par une exacte surveillance, on puisse à chaque instant retirer et remettre ces abris.

Si la floraison s'est heureusement accomplie, l'arbre reste surchargé d'une quantité considérable de fruits, bien que l'on ait retranché une grande partie des fleurs à la taille. La nature se débarrasse de la surabondance, mais ce qui reste est épuisé et peu volumineux.

On doit aider la nature et retrancher sévèrement l'excédant des fruits. Quand ceux-ci ont atteint la grosseur d'une noisette, on retranche ceux qui sont mal conformés; puis, plus tard, quand ils sont de la grosseur d'une noix, on répartit également ceux qui doivent être conservés, en retranchant les doubles, les surabondants, les mal placés, ainsi que ceux qui se trouvent sur les parties faibles. On comprend que cette suppression est plus ou moins rigoureuse, selon que l'arbre est plus ou moins surchargé.

Le coup d'œil et l'habitude permettent seuls de juger si le fruit se trouve en excès sur l'arbre ; excès nuisible, puisque les fructifications futures sont compromises et que les fruits restent chétifs et sont de peu de valeur.

Effeuillement. — Au moment où les fruits ont atteint la grosseur d'une prune, on doit, pour qu'ils soient aérés et dégagés, retrancher les feuilles qui les touchent et celles qui, trop rapprochées, les privent de lumière. Les fruits privés d'air et touchés par les feuilles sont moins beaux et plus sujets à tomber avant la maturité; mais il ne faut pas abuser de l'effeuillement, les pêches complétement effeuillées de bonne heure restent petites, sèches et verdâtres.

On pratique un second effeuillement au moment où le fruit commence à se colorer. On le dégage un peu plus, tout en ne le privant pas complétement de son entourage de feuilles ; on a soin qu'elles ne soient pas trop rapprochées.

Quelques jardiniers, pour obtenir des pêches plus colorées, donnent vers les dix heures du matin un léger bassinage à leurs pêchers. Le soleil frappe les fruits mouillés et leur donne un coloris plus prononcé. Nous hésitons à conseiller ce procédé : l'arbre peut se trouver frappé de mort subite par un coup de soleil sur des parties refroidies par l'arrosement.

On reconnaît la maturité de la pêche à la couleur jaune pâle de la partie qui se trouve du côté de l'ombre. Il faut éviter de la presser avec le pouce ; le toucher des doigts suffit. On la détache par un léger mouvement de torsion ; puis chaque fruit, enveloppé d'une feuille de vigne, est posé sur un panier garni d'un linge plié en double. On laisse s'achever la maturité au fruitier ; le fruit sera plus juteux et parfumé.

A Montreuil, chaque pèche est brossée avec une brosse fine, pour enlever le duvet désagréable à la bouche et raviver son coloris. Beaucoup de personnes préfèrent les servir intactes avec leur velouté.

LA BRANCHE DU PÊCHER.

Les productions fruitières du pêcher ont un développement assez considérable ; aussi est-il indispensable que la branche qui les supporte soit fortement constituée pour ne pas être ruinée en peu d'années. Si les branches sont trop nombreuses, elles n'ont pas assez d'espace pour que les productions fruitières puissent être convenablement palissées ; si elles sont trop courtes, la séve refoulée se rejette sur les productions fruitières, qu'elle fait partir à bois.

L'expérience a démontré que 70 centimètres sont une bonne largeur pour que les productions fruitières d'une branche soient convenablement palissées. De même, si le pêcher se trouve dans un sol favorable, ses branches ne pourront être parfaitement conduites si elles n'ont pas un espace suffisant pour s'étendre. Cet espace est de 4 mètres en moyenne, 3 mètres au moins à 5 mètres au plus, ce qui fait pour les deux côtés de l'arbre 6 à 10 mètres.

Nous résumons ici les règles qui doivent être observées en formant la branche du pêcher, renvoyant pour le complément à l'étude des principes généraux qui s'appliquent à cette formation.

La branche du pêcher doit être formée avec une sage lenteur. La magnifique végétation du pêcher, végétation qui atteint dans l'année 3 mètres et plus de longueur, et la facilité avec laquelle tous les bourgeons se développent, quelle que soit leur position sur la branche, entraîne certains arboriculteurs à abuser des tailles longues. Quelques-uns vont même jusqu'à laisser les branches dans toute leur longueur. Un arboriculteur prudent n'abuse pas de cette faculté, il sait qu'une taille trop longue ne forme sur les branches que des productions fruitières inégales et pour la plupart de peu de durée; aussi cherche-t-il avant tout par une taille moyenne à les obtenir de force égale et durables. L'expérience enseigne que, si, pendant la jeunesse de l'arbre, certaines productions ont trop de vigueur, ce léger inconvénient est racheté, plus tard, par l'avantage d'avoir de belles et durables productions fruitières.

La branche du pêcher doit être-parfaitement droite et sans bifurcation. Toute courbure, toute irrégularité gêne la circulation de la séve et par suite fait développer des gourmands; de plus, elles provoquent la maladie de la gomme. Ce n'est que depuis que Lepelletier a démontré la nécessité d'une direction régulière qu'on a pu obtenir des espaliers parfaitement équilibrés, et par cela même régulièrement productifs.

La branche du pêcher doit s'abaisser peu à peu chaque année, pendant le cours de sa formation. Nous avons signalé toute l'importance de ce principe, puisque de son application bien entendue dépend la bonne constitution de la branche.

Les bifurcations forment des branches de vigueur inégale. La branche supérieure, plus forte, absorbe toute la séve aux dépens de celle placée en dessous, qui par cela même se trouve ruinée en peu de temps. De plus, nous avons dit qu'il était nécessaire que la branche pût trouver une surface de 70 centimètres sur toute sa longueur, pour le palissage des productions fruitières. Ceci n'existe pas pour les branches qui forment la fourche ; l'angle rentrant de cette fourche étant resserré à ne pouvoir permettre un palissage convenable, on est forcé d'ac-

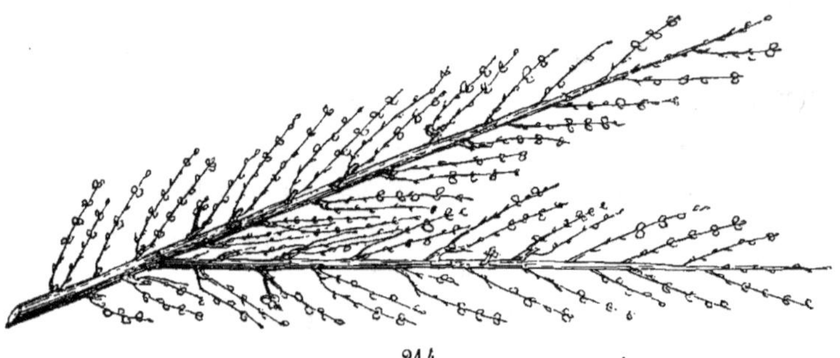

214

cumuler les bourgeons en paquets, ce qui est nuisible à la production et difficile d'exécution (*fig.* 214). L'éventail et la forme carrée présentent ce vice à un haut degré.

Quoique nous nous soyons déjà fort étendu sur les vices de la direction horizontale donnée aux branches, nous y revenons encore pour répéter que cette direction hâte fortement la ruine de l'arbre et provoque la formation des gourmands, si communs sur le pêcher.

FORMATION DE LA BRANCHE. — PRINCIPES DE CONDUITE.
(*Fig.* 215.)

Première taille. *Une taille courte pour avoir du bois.* — Deuxième et troisième taille. *Deux tailles longues pour avoir du fruit.* — Quatrième taille et suivantes. *Deux ou trois tailles moyennes pour allonger peu à peu la branche, tout en concentrant la séve.* — Dernières tailles. *Terminer par des tailles courtes, pour maintenir la branche quand elle a atteint une longueur convenable.*

Première taille. Quelle que soit la vigueur du rameau, la première taille doit toujours être faite relativement courte. Très-souvent une branche est manquée à son commencement, par suite d'une première taille trop longue ; il arrive alors que la séve est absorbée par les productions fruitières latérales, et qu'on n'obtient qu'un faible rameau à l'extrémité ; cet inconvénient est moins à craindre quand la branche a une ou deux

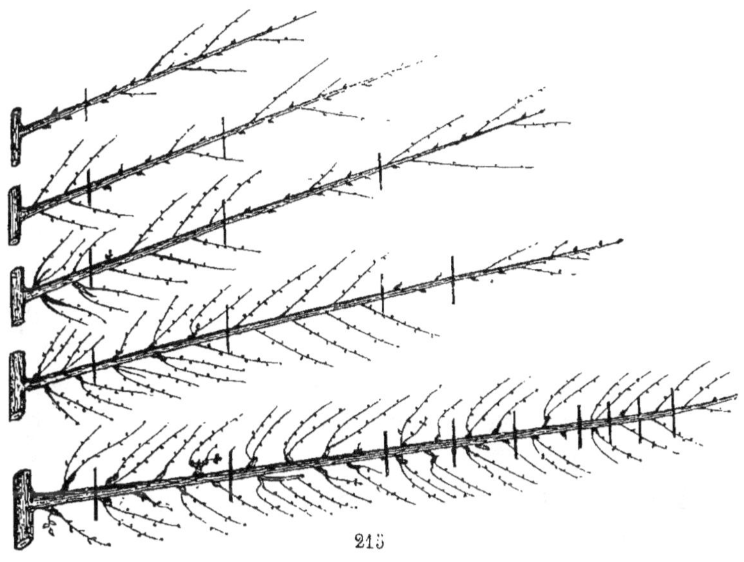

215

années de plus ; 30 centimètres en moyenne est une bonne longueur pour la première taille d'une branche.

Deuxième taille. Si la première taille, qui a pour but d'obtenir du bois, a fait développer un rameau vigoureux, on peut, la deuxième année, le tailler long pour le mettre à fruit.

Cette taille longue ne peut alors affaiblir la jeune branche, parce que deux végétations lui ont donné une force suffisante pour attirer la séve.

Troisième taille. — Malgré la taille longue de l'année précédente, l'arbre qui est dans la fougue de son développement donne encore un rameau vigoureux, ce qui permet de faire une seconde taille longue. Par taille longue nous entendons une taille faite en moyenne à la moitié de la longueur du rameau, 50 centimètres à 1 mètre environ. Il faut que le rameau ait une vigueur remarquable pour qu'il puisse être taillé à 1 mètre; aussi ne conseillons-nous jamais de faire une taille plus longue, de crainte des productions faibles.

En moyenne, le pêcher se taille à moitié de la longueur du rameau. Nous avons dit que le poirier se taillait au tiers.

Les années suivantes, si la branche a encore une vigueur convenable, on fait des tailles moyennes : 40 centimètres environ. Enfin, quand la branche a atteint une longueur suffisante, ce qui se juge par le plus ou moins de végétation de l'arbre, on l'arrête par des tailles courtes de 20 centimètres en moyenne.

Il faut s'abstenir de faire des tailles trop courtes sur le pêcher; au-dessous de 15 centimètres elles ont le grave inconvénient de former des coursons accumulés, qui ne permettent plus la circulation de la séve, et font périr la branche par son extrémité. On y remédie en rabattant l'extrémité ruinée de la branche sur le premier rameau vigoureux, qui est ensuite palissé dans la direction de cette branche pour reformer sa partie terminale.

Nous avons dit que l'œil le plus convenable pour obtenir une branche droite est l'œil placé sur le devant de la branche; le rameau qui en provient étant ramené contre le mur par le palissage, ne forme aucun coude apparent. A défaut de cet œil, on choisit un œil de derrière, c'est-à-dire qui se trouve du côté du mur; les yeux en dessus et en dessous du côté de la terre ne doivent être utilisés que faute de mieux, et surtout être palissés rigoureusement, afin qu'ils ne puissent former de coudes.

Quand la coupe est faite sur un œil triple, on supprime les bourgeons supplémentaires quand ils ont atteint quelques centimètres, après avoir choisi le plus convenable pour continuer la branche.

Si au mois d'août on s'aperçoit qu'il ne se trouve pas sur la branche un œil convenable pour établir la coupe sur lui à l'époque de la taille suivante, on pose un écusson sur le devant, à l'emplacement où doit se faire la coupe.

Si tous les yeux se sont développés en ramilles anticipées, on choisit la ramille la plus convenable, et on fait la coupe sur elle en la taillant sur un bon œil à bois; puis on lui donne, en la palissant, la même direction que la branche. On ne se sert d'une ramille que faute de mieux; cependant avec quelques soins et une taille courte, on obtient un résultat convenable.

On doit toujours favoriser le parfait développement du rameau terminal de la branche; si ce rameau vient à s'épuiser, si surtout il est remplacé par une ramille, la branche tendrait à dépérir, et une fois son extrémité ruinée, il est quelquefois difficile de la rétablir. On rabat dans ce cas l'extrémité de la branche sur le rameau d'une production fruitière, choisissant le plus convenable pour la reformer sans coude sensible; puis on palisse ce rameau dans la direction de la branche, on relève celle-ci pour en augmenter la vigueur et hâter le rétablissement de son extrémité.

Nous avons dit que certains rameaux terminaux, quand ils prennent trop de force, ont l'inconvénient de développer tous les yeux de leur extrémité, et de former ainsi un véritable hérisson de ramilles d'un aspect désagréable. On y remédie en rabattant ces ramilles sur une des plus fortes, placée en avant, puis on palisse celle-ci dans le sens de la branche pour la continuer.

Branches dénudées. — Quelquefois sur les arbres bien conduits, et très-communément sur ceux qui le sont mal, la branche se dénude de productions fruitières, surtout sur les arbres taillés trop longs et sur les branches horizontales. Trois procédés sont employés avec avantage pour garnir ces vides : un écusson si la branche est jeune et lisse, la greffe par l'approche d'une production fruitière voisine, ou le couchage d'un rameau voisin sur la partie dénudée de la branche.

La greffe en approche ne convient que sur des branches

encore jeunes, à écorce lisse et saine; mais sur celles qui sont peu vigoureuses et âgées, elle est de peu de durée, car elle se couvre de gomme. Nous ne l'avions pas conseillée pour cette cause; mais nous avons reconnu depuis que, faite avec circonspection sur des arbres jeunes et sains, elle pouvait contribuer à regarnir des vides désagréables (*fig.* 216). Il est plus simple, si la branche n'est pas trop forte, de regarnir ce vide en y posant un écusson.

On choisit, fin juin et juillet, un jeune rameau proche la partie dénudée, on l'incline sur le corps de la branche pour

216

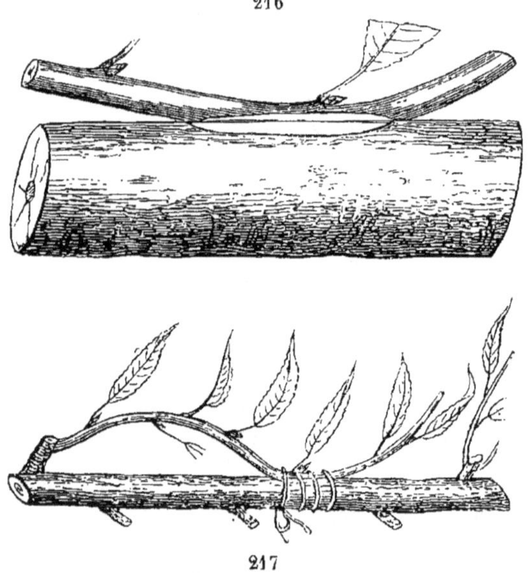

217

juger de l'emplacement où doit être pratiquée la greffe; puis on enlève sur ce rameau, jusqu'à la moelle, un lambeau d'écorce et de bois de 3 centimètres de longueur, sous un œil dont on a soin de conserver la feuille intacte, pour qu'il ne soit pas oblitéré (si cet œil était déjà développé en bourgeon anticipé, il n'en serait que plus convenable); on enlève ensuite sur la branche un lambeau d'écorce correspondant à l'écorce du rameau, puis on rapproche les deux parties en faisant en sorte que les écorces soient parfaitement en contact; puis on les lie fortement avec de la laine à greffer. On doit, si la courbure du rameau est trop forte, la maintenir avec un lien d'osier.

Pendant l'été, l'œil qui se trouve appliqué sur la branche se développe avec vigueur; en octobre, quelque temps avant la chute des feuilles, on sépare près de la greffe le rameau couché (*fig.* 217). L'année suivante, cette greffe fructifie et se renouvelle comme une production fruitière ordinaire.

Vide garni par le couchage d'un rameau voisin. — Ce procédé très-simple et communément pratiqué est surtout avantageux pour les branches fortes et les arbres âgés ou sujets à la gomme. Un vide se trouve sur une branche, on incline à la taille le rameau le plus vigoureux d'une production fruitière voisine, puis on le taille à la longueur du vide (*fig.* 218). Ce rameau serré contre la branche, sans cependant y toucher, est couvert au printemps de bourgeons qui sont conduits comme s'ils étaient venus sur la branche même, et renouvelés chaque année sur eux-mêmes pour former de bonnes productions fruitières (*fig.* 219).

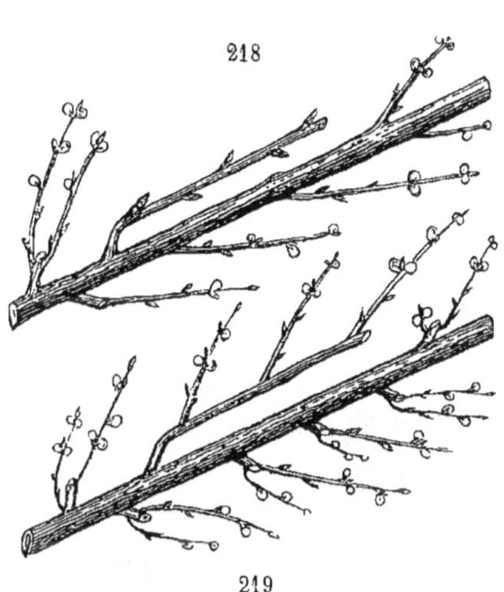

Ces deux procédés garnissent convenablement la branche, mais il vaut encore mieux éviter de s'en servir en obtenant par une taille sagement conduite des productions fruitières parfaitement constituées. Une taille longue est presque toujours désastreuse, surtout dans certains sols peu favorables; ce n'est que par une taille courte que l'on peut y conserver des pêchers.

LE PALISSAGE.

Pour ne pas compliquer la conduite des productions fruitières et de la branche, nous résumons ici les principes du palissage applicables au pêcher. Nous avons dit que le palissage du pêcher fait en hiver à l'époque de la taille se nomme *palissage en sec*, et celui d'été *palissage en vert*.

Le palissage à la loque est prompt et permet d'obtenir des arbres d'une régularité admirable; mais il ne peut se faire que sur des murs fortement recrépis de plâtre, qui, hors le bassin de Paris, se rencontrent rarement.

Pour palisser à la loque, on se sert de clous carrés assez forts à tête épaisse et effilés seulement vers le tiers inférieur pour qu'ils ne puissent se recourber; les loques sont des morceaux de drap d'une largeur de 3 centimètres sur 7 et plus de longueur. On enfonce les clous avec un marteau fendu du côté de la penne en frappant à petits coups multipliés.

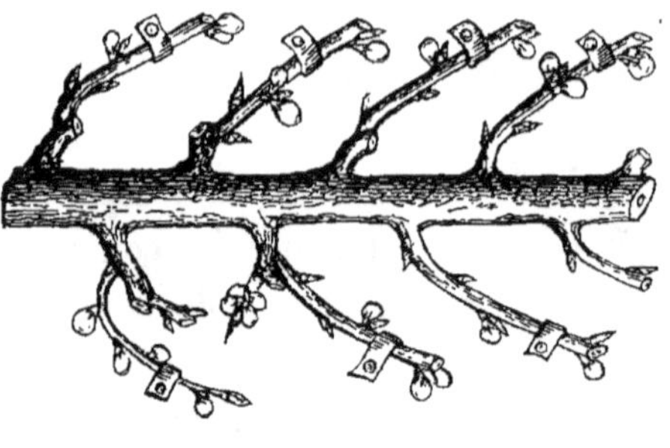

220

Les cultivateurs de Montreuil se servent pour contenir leurs clous d'un petit panier en osier à fond de bois de hêtre qu'ils attachent devant eux avec un ceinturon de cuir ; ce panier a 40 centimètres de longueur, 20 centimètres de largeur et 13 centimètres de hauteur; il est creusé en arrondi du côté appliqué contre l'estomac.

On doit peu serrer le bourgeon en le palissant pour ne pas le gêner dans son accroissement.

Les clous seront placés au-dessus des rameaux qui se trouvent au-dessus de la branche, et au-dessous des rameaux qui se trouvent sous la branche du côté de la terre (*fig.* 220).

PALISSAGE EN SEC, DIT PALISSAGE D'HIVER.

On palisse premièrement les branches en les dressant convenablement, après avoir enlevé toutes les vieilles attaches; puis, la charpente de l'arbre dressée et palissée le plus régulièrement possible, on palisse à leur tour les productions fruitières en les inclinant contre la branche, dirigeant toujours leur extrémité dans le même sens que cette branche, de manière à former l'arête de poisson.

On donne à toutes les productions une même étendue en les inclinant et même en les couchant contre la branche, si on a été forcé de les tailler trop longues.

PALISSAGE EN VERT OU PALISSAGE D'ÉTÉ.

En juin et juillet, quand les bourgeons sont d'une longueur convenable, c'est-à-dire quand ils ont atteint 35 centimètres environ, on palisse ceux qui doivent être conservés après avoir ébourgeonné ceux qui sont inutiles; on retire d'abord le clou placé en hiver sur la production, car elle se soutient maintenant d'elle-même, ayant pris le pli qui lui a été donné. En retirant ce clou, le fruit est dégagé et s'écarte légèrement du mur, ce qui est un avantage.

Il ne faut pas multiplier les attaches sans nécessité; on doit retirer toutes celles qui deviennent inutiles, et faire en sorte que le mur ne paraisse pas criblé de clous, qui, trop nombreux, produisent un effet désagréable à la vue.

Les bourgeons qui doivent être toujours palissés sont les deux qui se trouvent à la base, lesquels doivent servir au remplacement. Quant à ceux qui se trouvent à l'extrémité et qui accompagnent le fruit, on ne les attache avec un clou que s'ils ne peuvent se soutenir; mais comme ils sont pincés le plus souvent à quelques feuilles, leur peu de longueur permet souvent d'éviter l'attache.

PALISSAGE SUR TREILLAGE OU FILS DE FER.

Jusqu'à présent le palissage sur treillage et sur fils de fer était peu convenable au pêcher : on était forcé de l'établir à mailles ou lignes très-serrées, ce qui est coûteux, ou bien il fallait placer le long des branches et dans le même sens de longues et minces baguettes de noisetier ou cornouiller pour pouvoir y palisser régulièrement les productions fruitières, palissage long et minutieux. Ces inconvénients disparaissent avec le treillage à échelles que nous reproduisons de nouveau, et qui permet de palisser d'une manière très-régulière (*fig.* 221).

Il n'est pas nécessaire de lier ce treillage avec du fil de fer; des clous d'épingle suffisent; pour qu'ils soient plus solides,

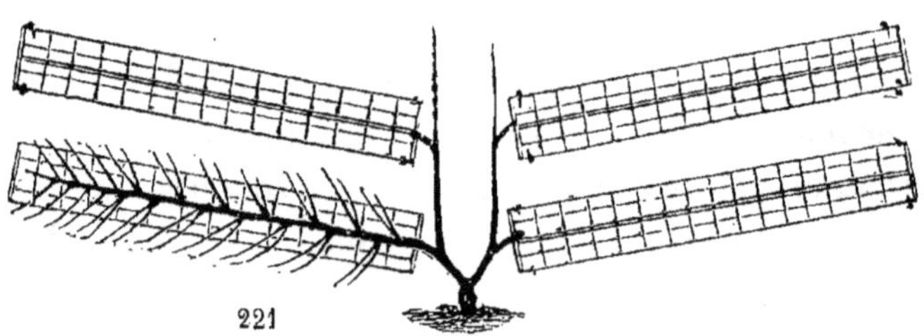
221

on recourbe la pointe qui dépasse. Nous avons donné par erreur 50 centimètres de largeur ; elle ne doit être que de 40 centimètres; les deux lattes qui se trouvent près celle du milieu devant servir à attacher les productions fruitières à la taille d'hiver, elles seront écartées de celle-ci de 7 centimètres. Nous ne saurions trop conseiller ce palissage aussi commode qu'économique.

Les formes en éventail et en carré ayant l'inconvénient de laisser trop peu d'espace vers les angles pour pouvoir y palisser convenablement les bourgeons, on est forcé d'attacher parfois plusieurs bourgeons avec le même lien. Mais, avec la palmette double, toutes les branches étant suffisamment espacées, chaque bourgeon doit être attaché séparément. Il faut surtout se garder d'entrecroiser les bourgeons, ce qui produit un effet déplorable.

Certains propriétaires se figurent que le pêcher doit être continuellement palissé, et accusent leur jardinier de négligence si le mur ne forme pas un tapis de verdure continuel ; le jardinier est forcé de palisser trop tôt en mai, et ses arbres sont bientôt ruinés par cet excès de propreté. On doit palisser fin juin, et ne pas craindre plus tard pour favoriser un bourgeon de le laisser végéter librement, quand même le coup d'œil en souffrirait momentanément.

DE L'ABRI.

Si les abris servant à garantir les pêchers donnent en général de bons résultats, il n'en est pas de même quand on en abuse et quand, sous prétexte d'éviter les intempéries, on prive l'arbre des influences bienfaisantes de l'air et de la lumière. Ainsi il est avantageux que le chaperon du mur ressorte de 15 centimètres environ ; mais, plus large, il produit plus de mal que de bien, les arbres étant privés de l'effet bienfaisant des pluies douces : de même un auvent en paillasson d'une largeur de 70 centimètres environ, placé à la partie supérieure du mur pendant la floraison, produit un excellent effet contre les gelées ; mais, s'il est placé trop tôt ou retiré trop tard, il fait avorter, en les privant d'air et de lumière, plus de fleurs et de fruits qu'il n'en avait garantis au moment des gelées.

On ne doit donc mettre ces paillassons que pendant que les gelées sont à craindre pour la floraison, à partir du moment où les boutons prennent une teinte rose qui annonce leur prochain épanouissement jusqu'à celui où les gelées ne sont plus à craindre. Les cultivateurs de Montreuil ne placent généralement des abris qu'aux expositions du couchant et du midi ; ils laissent le levant sans abri, cette exposition étant peu sujette aux intempéries ; en général, ils n'abusent pas des abris, ayant reconnu que la protection qu'ils donnent aux arbres était souvent compensée par leur effet nuisible sur la végétation à une époque où cette végétation a besoin d'air et de lumière pour se développer convenablement.

SEMIS ET PLANTATION.

Semis. — L'amande douce à coque dure est la plus convenable, elle donne des sujets plus vigoureux et plus durables que l'amande douce à coque tendre. L'amande amère à coque dure est également usitée ; elle donne des sujets rustiques, mais peu convenables à certaines variétés (les brugnons). Il est à craindre que la qualité du fruit soit moins parfaite que sur l'amandier doux.

On stratifie des amandes nouvelles et de bonne grosseur en les plaçant en janvier par couches intercalées entre des lits de sable ou de terre douce, dans un panier enterré le long d'un mur, au midi, ou dans une cave saine. En avril, on sème en ligne ces amandes qui sont alors germées, après avoir supprimé avec l'ongle l'extrémité de la radicelle pour forcer les racines à se ramifier. Il faut éviter de trop enterrer ces amandes ; trois centimètres de profondeur suffisent. Il n'est pas nécessaire de les placer la pointe en bas, cette position n'a aucun effet sur le développement du germe.

L'espace laissé entre les lignes est de 70 centimètres, et les amandes sont à 24 centimètres de distance dans la ligne. Cette distance paraît trop rapprochée, mais l'expérience a fait connaître qu'elle est avantageuse. En effet, si le plant est très-écarté, il pousse plus en largeur qu'en hauteur, et les yeux de la base du pêcher se développent en ramilles anticipées. Il est très-important que ces yeux se conservent intacts, puisqu'ils doivent donner après la plantation les rameaux qui formeront la charpente de l'arbre. On a donc tout intérêt à gêner leur développement par une plantation serrée.

De fin août à mi-septembre, le plant d'amandier est greffé en écusson à œil dormant, à 8 centimètres de terre. Il faut se garder d'établir deux greffes sur le même sujet, pour constituer de suite les deux côtés de l'arbre. L'expérience a prouvé que ces deux branches sont le plus souvent inégales, un greffe l'emportant toujours sur l'autre. De plus, ces deux greffes forment un double bourrelet plus fort que le bourrelet simple d'une seule greffe, ce qui gêne considérablement la circulation de la séve.

L'année suivante, en février, on coupe le sujet sur le premier œil au-dessus de la greffe, pour ne pas risquer d'éventer cette greffe en taillant sur elle. On ne supprime les bourgeons du sujet que quand ils ont 20 centimètres; puis, dans le cours de la végétation, le jeune pêcher est attaché à un tuteur s'il ne se dirige pas verticalement.

Il arrive parfois que l'œil de la greffe est triple et donne trois bourgeons partant du même empatement. Il faut supprimer de bonne heure deux de ces bourgeons, en ne conservant que le principal, ou rejeter les jeunes sujets divisés sur la greffe en deux ou trois rameaux. Car, si on supprime ces rameaux inutiles, les plaies faites sur le jeune arbre se couvrent de gomme et finissent par le faire périr.

On choisit pour la greffe des rameaux bien constitués et de vigueur moyenne. Les rameaux trop forts ont des yeux triples, qui ont l'inconvénient de donner triples bourgeons; les rameaux trop faibles sont souvent couverts de boutons à fleur, non ac-accompagnés d'yeux à bois, et par conséquent mauvais pour la greffe.

Nous avons dit, en parlant de la greffe, que le meilleur lien était la laine; nous avons vu employer depuis le coton avec grand avantage; c'est le coton pour mèches de chandelles ou à défaut celui à repriser.

Huit jours après la pose de la greffe, on s'assure si elle a réussi. Dans le cas contraire, on pose un nouvel écusson au-dessous du premier si l'arbre est encore en séve.

L'année suivante, la greffe se développe avec vigueur et

atteint de 1 mètre à 1 mètre 50 centimètres de longueur en moyenne. En septembre, on rabat le bout de chicot du sujet, conservé sur la greffe. La plaie se cicatrise avant la chute des feuilles.

En novembre, les jeunes pêchers sont bons à planter. On les nomme alors des *dix-huit mois*, durée de leur açcroissement entre le semis et la déplantation.

On a conseillé le semis sur place pour le pêcher en espalier ; nous croyons qu'il est plus simple et plus expéditif de choisir des pêchers en pépinière ; il est rare que par le semis on puisse obtenir une plantation régulière, certains de ces sujets n'ayant pas une végétation convenable et la greffe ne réussissant pas toujours.

Le pêcher sur prunier se greffe de préférence sur le saint-julien venu de noyaux ou de drageons; et, seulement à la deuxième végétation, il se conduit comme le pêcher sur amandier, mais il a une végétation moins forte. On fera attention de greffer fin juillet à mi-août, la séve du prunier s'arrêtant d'assez bonne heure en été.

Choix en pépinière. — Les sujets moyens sont préférés; ils sont d'une reprise plus facile, et les yeux de la base ne se sont pas développés en ramilles. Les sujets trop forts sont d'une reprise plus difficile et souvent tous les yeux de la base se sont développés. Les greffes trop faibles, outre qu'elles annoncent devoir être d'une mauvaise végétation, n'ont pas souvent une grosseur proportionnée au sujet. Les pêchers qui ont l'extrémité des pousses flétries et tortillées, ainsi que ceux dont le bois est complétement rouge doivent être rejetés, à moins que cette couleur ne soit propre à la variété. Ces pêchers sont atteints du rouge, maladie incurable qui les fait périr promptement.

Nous avons dit que le pêcher d'un an de pousse était le seul convenable pour la plantation; sa reprise est plus facile et sa végétation plus vigoureuse. Il faut rejeter les pêchers de deux ans sortant de la pépinière; ce sont des arbres qui n'ont pas été vendus la première année. A la taille suivante, le pépiniériste les a rabattus sur les premiers yeux au-dessus de la greffe pour former du nouveau bois et leur donner l'apparence de greffes d'un an. Cependant, dans les terres fortes, ces arbres réussissent parfois fort bien et forment de beaux arbres quand ils ont été déplantés avec précaution, replantés immédiatement et taillés très-court sur deux yeux ; leur inconvénient est d'avoir des racines trop fortes et d'être par suite d'une reprise plus difficile. On les nomme des *rebottés*, pour les distinguer des *dix-huit mois*. On les reconnaît au double coude de la base (*fig.* 222).

222

Il faut se garder de planter des pêchers tout formés, c'est du temps et de l'argent perdus, l'arbre meurt le plus souvent ou bien végète faiblement ; son bois durcit et se couvre de gomme. Nous avons dit que le bois existant sur l'arbre avant la plantation n'est jamais, s'il est conservé après cette plantation, aussi vigoureux et aussi lisse que le bois obtenu sur place. Il faut donc conserver le moins possible du vieux bois développé dans la pépinière.

Plantation. — Les racines du sujet amandier étant charnues sont très-sensibles au froid et à la sécheresse, si elles sont exposées à l'air. De plus, elles se meurtrissent facilement, les plaies noircissent et se couvrent de moisissures dangereuses. Il faut donc éviter une longue exposition à l'air et les transports éloignés. On doit soigneusement envelopper de paille les racines des arbres pendant leurs transport, et se fournir de préférence dans la pépinière la plus proche. Si la plantation était retardée, les pêchers seraient mis en jauge dans de la terre meuble et saine, jusqu'au moment de mettre en place.

Dans les sols secs et chauds, sablonneux ou calcaires à l'excès, le pêcher se plante en hiver ; dans les autres sols, la plantation de printemps donne de forts beaux résultats. Le mouvement de la séve de l'amandier et du pêcher se prolongeant fort tard à l'entrée de l'hiver, une forte et durable gelée peut seule l'arrêter; il ne faut planter qu'après cette époque, car planter des arbres encore en séve donne des résultats déplorables.

Si on plante tardivement, il faut éviter de prendre des arbres dont la séve commence à se mettre en mouvement, les yeux se dessécheraient par l'effet de la plantation. Les arbres déjà déplantés et mis en jauge pendant quelque temps sont préférables; la séve, encore inactive par suite de la déplantation, n'est pas contrariée par cette plantation tardive; elle n'est que retardée, et ce retard n'empêche pas le pêcher de prendre l'année de plantation un fort beau développement, surtout si on le garantit de la sécheresse.

Les racines du sujet amandier étant fortes et pivotantes, la terre doit être défoncée profondément. Les sols perméables et profonds sont assez rares, il faut donc former un sol factice partout ailleurs; mais on ne doit pas, comme on le fait habituellement, conserver la terre du sous-sol en la mélangeant avec celle du dessus. La terre remplissant la tranchée sera prise entièrement à la surface du sol.

On enlève un mètre de terre en profondeur contre le mur, sur une étendue de 2 mètres en tous sens, ayant soin de laisser un talus en pente contre le mur pour ne pas le déchausser. Puis on remplit le trou de terre prise à la surface du sol dans les carrés environnants. Si la terre du jardin est usée par les arbres, on l'amende avec des déblais, curures de fossés, gravois, etc., ou avec de la terre à blé d'un champ voisin. Si le sol est humide, il est bon de mettre 20 centimètres de gravois dans le fond du trou. Il faut se garder d'enterrer du fumier au moment de la plantation, il nuit aux racines du pêcher en occasionnant le blanc.

Le trou est rempli de terre jusqu'à 10 centimètres au-dessus du sol. Après avoir rafraîchi les racines du pêcher, on fait un trou correspondant à leur étendue, puis on plante l'arbre à 18 centimètres du mur ; cette distance paraît grande, mais on évite ainsi l'effet nuisible causé par la réverbération du mur sur les tiges qui en sont trop rapprochées. De plus, il faut tenir compte du grossissement de la tige.

L'arbre sera planté peu profondément; le collet des racines à la surface du sol. Une plantation trop profonde est la cause de la non réussite d'une quantité considérable de pêchers.

La première direction donnée à l'arbre est très-importante; on choisit avant de planter, à 12 centimètres environ de la greffe, deux yeux opposés A, parfaitement constitués, et n'ayant pas été froissés par le transport; puis on tourne l'arbre dans le trou, pour que ces yeux se trouvent placés sur les côtés; la coupe de la greffe étant tournée de préférence du côté du mur (*fig.* 223). Ces deux yeux, destinés à former les deux tiges, doivent être parfaitement placés; s'ils étaient tournés en avant ou contre le mur, la bifurcation de la tige aurait un aspect désagréable, ce que l'on peut éviter avec un peu de soin.

223

On étale les racines avec les mains, puis on en remplit soigneusement les interstices avec de la terre meuble et sèche. Il faut surtout prendre garde qu'il ne s'y forme des vides, qui restent longtemps sans se combler et deviennent de véritables caves de moisissures, cause de la perte de l'arbre par le blanc.

Quelques personnes choisissent les yeux trop rapprochés de la greffe; c'est une faute grave, la division de la tige se trouvant placée sur le collet de la greffe forme un double bourrelet, qui gêne la circulation de la séve et nuit à la bonne conformation de l'arbre.

En février, on coupe la tige sur un œil placé au-dessus de ceux qui doivent former la charpente de l'arbre. On risquerait de les éventer, si la taille était faite sur eux. Puis on met soigneusement de la cire à greffer sur la plaie. On sait qu'une plaie faite sur un arbre nouvellement planté ne se cicatrise pas de suite ; il faut donc éviter la perte de séve produite par cette forte plaie.

La distance entre les arbres varie selon la nature du sol; plus le sol conviendra au pêcher, plus on donnera d'espace ; elle varie entre 6 et 14 mètres ; 7 à 9 mètres sont les distances moyennes les plus convenables : elles permettent de former des arbres vigoureux et productifs, sans être d'une étendue exagérée ; plus rapprochés, les arbres se rejoignent trop tôt : ce qui force à faire des tailles trop courtes, nuisibles à la durée de l'arbre et à sa fructification ; trop étendus, ils ne sont pas productifs en raison de leur étendue, ont beaucoup de parties faibles et le grave inconvénient, si un côté de l'arbre vient à périr, de laisser sur l'espalier un vide considérable, qui se regarnit difficilement.

Malgré tous les soins pris au moment de la plantation, il est rare que tous les jeunes pêchers d'un espalier réussissent parfaitement la première année; les uns deviennent superbes comme végétation et régularité, les autres restent chétifs ou bien végètent irrégulièrement ; ces arbres défectueux lassent la patience de l'arboriculteur qui veut obtenir de beaux arbres. S'ils se rétablissent, ce n'est qu'avec de grandes difficultés et perte de temps.

Nous conseillons, pour éviter ce grave inconvénient, de planter deux arbres dans le même trou et à 30 centimètres entre eux ; de les diriger pendant une ou deux années, puis d'arracher le moins convenable : c'est une petite dépense de plus, mais elle est compensée par le grand avantage de ne conserver que des arbres sains et bien constitués.

On a tout intérêt, la première année, à ce que l'arbre ne souffre pas de la sécheresse. Étant peu partisan des arrosements multipliés, nous avons obtenu d'excellents résultats en répandant autour du jeune arbre une couche assez épaisse de mauvaises herbes et débris de potager fraîchement arrachés ; sous cette herbe, la terre se maintient constamment fraîche, et l'arbre continue à végéter avec force sans se ressentir des chaleurs de l'été. Nous préférons ces mauvaises herbes au fumier pailleux, trop brûlant pour un arbre nouvellement transplanté. Les arbres âgés se trouvent aussi fort bien de cette litière de mauvaises herbes, surtout si elle est placée sur une couverture de fumier qu'elle maintient constamment fraîche.

DE LA FORME DU PÊCHER.

Une forme régulière favorise puissamment la conservation de l'arbre et la production régulière du fruit; mais pour qu'elle puisse produire ce résultat, elle doit s'accorder parfaitement au mode de végéter particulier à l'espèce. Il n'en est pas toujours ainsi. Le pêcher est, il est vrai, d'une grande docilité à se plier aux caprices de l'arboriculteur; mais si la forme qui lui est donnée est contraire à la marche naturelle de sa végétation, il n'y résistera pas longtemps, ruiné par les tortures qui lui sont imposées.

Les premières formes appliquées au pêcher étaient foncièrement vicieuses; la plus ancienne, l'éventail, a un grave inconvénient : les branches ont une direction différente; aussi est-il impossible, dans ce cas, de conserver des arbres parfaitement équilibrés; les branches supérieures qui sont verticales l'emportent toujours en force et en étendue sur les branches inférieures, qui s'épuisent d'autant plus facilement qu'elles sont horizontales. Ce vice capital est aggravé par la mauvaise disposition des branches.

Pour le palissage des productions fruitières, nous avons dit que 70 centimètres étaient nécessaires pour pouvoir palisser ces productions. Comment les palisser convenablement dans les angles des branches de l'éventail, trop resserrées à la base?

On a cru combattre lès inconvénients de l'éventail en le régularisant et le modifiant en forme carrée. Non-seulement avec cette nouvelle forme on conservait les vices de l'ancienne forme, mais on y ajoutait la lenteur et la difficulté d'établissement de la charpente, pour obtenir un équilibre parfait. Il est fâcheux que ces formes vicieuses n'aient pas été remplacées, dès l'origine, par une forme plus convenable. Seule la palmette double est complétement sans défauts : il faut donc la préférer aux formes ci-dessus.

Le désir de remédier aux inconvénients des formes vicieuses a porté un grand nombre d'arboriculteurs à imaginer une multitude de formes et opérations plus ou moins efficaces et compliquées. L'étude de la taille du pêcher tend à devenir chaque jour, par ce fait, d'une grande difficulté. Avec des formes convenables, la taille se simplifie et l'arbre n'est plus torturé ; il se conservera pendant de longues années, vigoureux et régulièrement productif.

La charpente du pêcher s'établit d'après les principes généraux que nous avons étudiés plus haut ; mais il en est quelques-uns qui lui sont particuliers et qu'il est important de connaître.

Diviser à la base de la tige le canal direct de la séve.

La végétation du pêcher se développant de préférence sur les parties supérieures, les parties inférieures se dénudent et s'épuisent, surtout si la séve n'éprouve aucun obstacle dans son ascension, ce qui arrive quand l'arbre a une tige simple. Il faut combattre cette fâcheuse tendance en supprimant le canal direct de la séve, c'est-à-dire la tige. On sait que tout arbre étêté a plus de tendance à pousser en largeur qu'en hauteur : certaines espèces souffrent de cet étêtement, le poirier entre autres, mais le pêcher n'en devient que plus vigoureux ; aussi doit-on toujours supprimer sa tige pour maintenir la végétation des branches inférieures.

Toute branche tend à dépérir quand son empatement est inférieur au quart de la circonférence de la tige qui la supporte. On remarquera que si cet empatement est plus large, la séve tend à abandonner la tige pour se porter vers la branche ; si l'empatement est plus étroit, la séve abandonne la branche, sa base se resserre et elle dépérit (*fig.* 224). La tige étant divisée en deux parties, ces graves inconvénients disparaissent; chaque tige divisée étant moins grosse de moitié, reste d'une grosseur proportionnée à celle des branches.

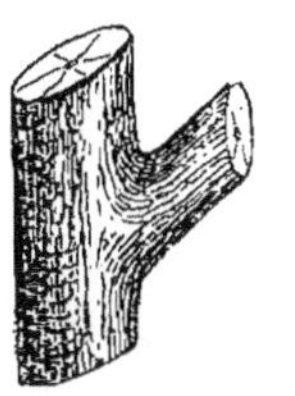
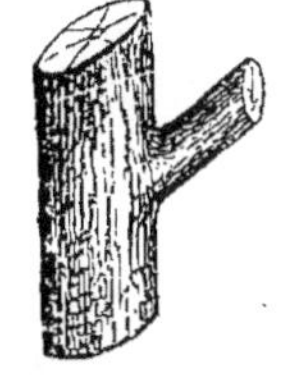
224

Les deux côtés de l'arbre doivent être égaux en étendue, forme, direction et fructification. Si l'équilibre est rompu, il y a excès de séve vers le côté fort et épuisement du côté faible.

Les branches inférieures du pêcher doivent être presque à demi formées avant d'établir un nouvel étage supérieur. Cette règle est très-importante; c'est en la suivant que des arboriculteurs habiles ont pu obtenir de magnifiques pêchers, bien constitués à la base et d'une longue durée.

LA PALMETTE DOUBLE (EN U).

Nous mettons cette forme en première ligne; elle est prompte et facile à établir, garnit complétement le mur; aucune des parties de l'arbre n'est sacrifiée ni dominée par les autres parties; les branches sont toutes également espacées et dirigées de même; établies avec sagesse, les supérieures ne nuisent en rien aux inférieures; aussi sont-elles toutes également productives et durables.

Il ne faut pas croire que cette forme exige un temps considérable pour garnir convenablement la muraille; nous avons vu souvent des pêchers en U, âgés de cinq à six ans, couvrir un espace considérable, sans que cette magnifique végétation ait nui en rien à la fructification. M. Lepère, qui a des arbres admirables soumis à cette forme, nous a dit souvent qu'il la considérait comme la plus parfaite, regrettant de ne pas l'avoir connue plus tôt, car elle lui aurait permis d'éviter les inconvénients que présentent les pêchers carrés, inconvénients qu'il surmonte avec tant d'habileté, mais qui sont l'écueil contre lequel échouent tant d'arboriculteurs moins capables.

Première année. — Si l'arbre est sain et si la plantation est faite avec soin, le pêcher végétera la première année avec assez de vigueur. Nous avons en ce moment (septembre) des pêchers plantés à la fin d'avril, dont les bourgeons dépassent 1 mètre 50 centimètres de longueur.

Il ne faut pas chercher à obtenir cette première année une forme parfaite en soumettant l'arbre à un palissage complet; on doit, au contraire, le laisser végéter librement, tout en surveillant soigneusement la vigueur et l'égalité de force des deux rameaux.

225 226

Le pêcher, comme nous l'avons déjà dit, sera taillé à 20 centimètres environ de la greffe, sur un œil placé audessus de deux yeux A, convenablement placés à droite et à gauche de l'arbre. Ces yeux sont choisis pour former les deux tiges, l'arbre devant se diviser à leur point de départ (*fig.* 225).

Ayant pour but principal, la première année, d'obtenir de l'arbre une végétation vigoureuse, il faut bien se garder de supprimer un seul des bourgeons qui se développent; ces bourgeons forment des racines et contribuent à la reprise de l'arbre. L'année suivante, les deux branches conservées profiteront des racines des bourgeons inutiles qui auront été retranchés à la taille. Seulement il faut éviter que ces bourgeons inutiles ne dominent les bourgeons utiles B qui doivent former la charpente de l'arbre (*fig.* 226). On pince dans ce cas le bourgeon inutile dans le but d'arrêter sa végétation.

On laisse végéter librement tous les bourgeons; puis, quand ils ont atteint 20 centimètres environ, on choisit les deux plus vigoureux, égaux en force et hauteur, et placés de chaque côté de l'arbre à une certaine distance de la greffe. Ces deux bourgeons seront surveillés ; ils doivent former le V parfait. Il arrive souvent que les yeux sur lesquels on comptait pour former ces bourgeons se développent mal ; on est heureux dans ce cas de profiter de bourgeons voisins qui ont végété avec plus de vigueur ; seulement il faut rejeter ceux qui se trouvent devant et derrière la tige ; ils formeraient un coude désagréable.

En juin, quand les bourgeons ont atteint 35 centimètres, on pince à cette longueur ceux qui sont inutiles, excepté ceux qui sont trop faibles. Ce pincement refoule la séve vers les deux bourgeons utiles B, qui prennent alors plus de développement. On laisse développer les ramilles anticipées des bourgeons pincés ; ils ne nuisent en rien aux rameaux utiles qui les dominent de beaucoup ; si elles prennent trop de force, on les pince à 25 centimètres.

Il faut éviter de palisser, la première année, les deux rameaux utiles ; on doit, au contraire, les maintenir à l'air libre à 15 centimètres environ du mur ; ils n'en seront que plus vigoureux. On les dirige verticalement pour favoriser leur développement en les dressant contre deux échalas piqués en terre ; les liens seront peu serrés pour ne pas gêner le développement de ces rameaux.

Si un des deux rameaux prend plus de développement que l'autre, on doit, pour éviter une inégalité fâcheuse, incliner le côté fort et relever verticalement le côté faible. Le côté fort sera palissé horizontalement contre la muraille pour gêner sa végétation ; le côté faible doit pousser librement. Quand on a obtenu une parfaite égalité entre les deux parties, on redresse à nouveau le V (*fig.* 227).

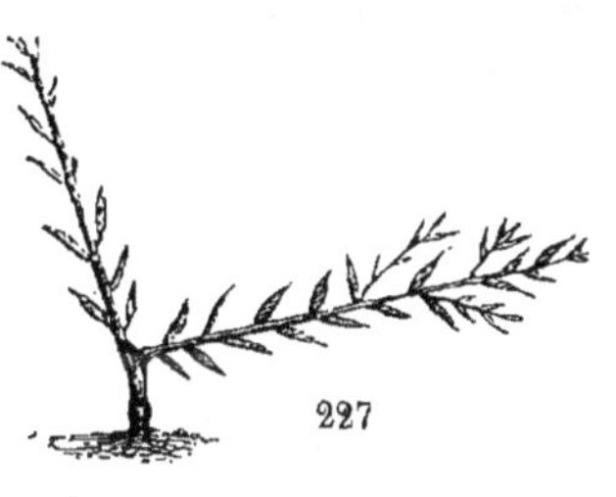
227

Quelques personnes ont le tort grave de ne laisser végéter la première année que les deux bourgeons qui doivent former le V ; elles suppriment rigoureusement les autres à leur premier développement. Les inconvénients de cette méthode sont d'affaiblir le jeune pêcher : en effet, deux bourgeons ne suffisent pas pour assurer le complet développement de l'arbre. De plus, en ne conservant que deux bourgeons, si l'un des deux est mal constitué, on n'a plus la ressource de pouvoir choisir un rameau plus convenable parmi ceux qui sont conservés comme bourgeons supplémentaires.

Deuxième taille (*fig.* 228). — La taille de la seconde année doit avoir pour but d'obtenir deux rameaux d'une végétation vigoureuse pour former les deux premières branches de l'arbre ; il faut donc, par une taille courte, concentrer la séve. On commence par retrancher complétement rez la tige tous les rameaux inutiles, ainsi que le bout du chicot au-dessus des deux rameaux ; ces deux rameaux seront taillés court à une longueur égale de 10 à 35 centimètres, selon la vigueur et sur un œil en avant. Il vaut mieux tailler trop court que trop long cette deuxième année. Nous avons vu souvent de jeunes pêchers, taillés long, être dénudés à la base et n'avoir ensuite qu'une faible et défectueuse végétation. Nous avons vu également une taille très-courte sur les premiers yeux faire développer une vigoureuse végétation sur de jeunes pêchers affaiblis.

228

Les deux premières années de la formation du pêcher il faut tailler très-court pour obtenir des rameaux jeunes, lisses et vigoureux, et former avec ceux-ci une charpente bien constituée.

Végétation. — Par suite de cette taille courte il se développe des rameaux extrêmement vigoureux, atteignant parfois

1 mètre 50 centimètres à 2 mètres de longueur. On les laisse végéter librement, puis, fin juin, on les palisse contre la muraille en les inclinant légèrement. On a soin de laisser, toujours libres et sans attaches, 30 centimètres environ de l'extrémité du rameau pour ne pas gêner son développement.

On pince à 40 centimètres les rameaux latéraux; ces rameaux sont généralement vigoureux et à bois; ce n'est pas un mal, les productions fruitières ne seront que mieux constituées les années suivantes. Les ramilles anticipées sont pincées à 25 centimètres. On a soin d'ébourgeonner les rameaux et ramilles inutiles qui se développent devant et derrière la tige. Le palissage sera fait assez tard et le pincement assez long pour ne pas gêner la végétation, qui est cette année-là d'une vigueur extrême.

Troisième taille (*fig.* 229). — L'arbre forme le V parfait. La taille sera longue; on rabat à la moitié la longueur des ra-

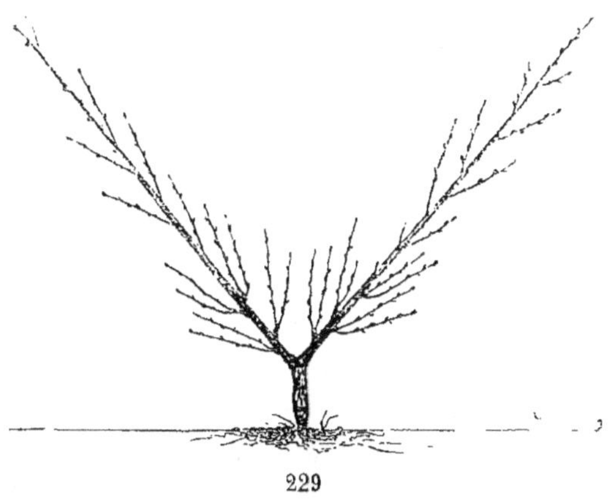

229

meaux terminaux, 50 centimètres à 1 mètre, s'ils sont vigoureux. Quand même ces deux rameaux seraient de force inégale, il faudrait leur donner la même longueur; on taille, dans ce cas, plus court.

On taille sur un œil, en avant; mais il arrive parfois que les yeux se sont développés en ramilles. On taille alors sur un œil à bois la ramille qui doit continuer la branche, puis on la palisse dans le sens de cette branche. On risque avec une ramille de ne pas obtenir une parfaite continuation de la branche, parce qu'elle produit deux coupes rapprochées, qui ne peuvent que gêner la circulation de la séve. Il eût été préférable, au mois d'août précédent, de poser un écusson sur le devant du rameau terminal à une hauteur convenable. Cette greffe donne l'année suivante un rameau terminal vigoureux.

On taille sur deux yeux les productions fruitières non chargées de boutons qui se trouvent sur la longueur des branches. Celles qui sont garnies de boutons ainsi que de ramilles sont taillées sur les deux premiers boutons à fleurs.

Troisième végétation. — Il s'agit maintenant, si l'arbre a végété convenablement, de former le deuxième étage de branches. Le premier étage a été écarté en V ouvert. Il est bien constitué ; aussi peut-on sans crainte former ce nouvel étage, mais si l'arbre est faible on remet la formation du deuxième étage à la quatrième végétation. Nous avons dit qu'il était essentiel que le premier étage fût vigoureusement constitué avant d'en former un deuxième. En effet, si ce premier étage est faible, il sera vite ruiné et dénudé, et la charpente de l'arbre complétement manquée ; on ne peut éviter ce défaut qu'en agissant avec une sage lenteur et en concentrant la séve vers les parties inférieures du pêcher.

Formation du deuxième étage (*fig.* 230). — En mai, on choisit deux rameaux à fruit, de vigueur moyenne et de force égale, placés à la base et au-dessus des branches, et espacés entre eux de 40 à 50 centimètres ; ces rameaux sont destinés à former la double tige ; on les laisse végéter librement sans les pincer, se contentant de les palisser à la base pour les obtenir parfaitement droit et verticaux. En août, ils ont atteint 1 mètre 50 centimètres et plus. On incline à la hauteur de 60 centimètres la partie qui dépasse cette mesure ; elle formera la deuxième branche. En faisant la courbure, on a soin qu'il se trouve au-dessus de cette coubure un œil ou ramille anticipée, pour continuer la tige. Une fois la courbure faite, on laisse végéter librement la nouvelle branche, tout en la maintenant droite et sans trop l'incliner.

Quelques personnes inclinent le rameau aussitôt qu'il dépasse de quelques centimètres la hauteur voulue. Nous avons remarqué que la ramille placée sur le coude prend, dans ce cas, trop de force et nuit au développement de la partie courbée.

On peut également former la nouvelle branche en taillant l'hiver suivant le rameau vertical à 60 centimètres de hauteur, sur un œil en avant placé au-dessus d'un œil de côté propre à

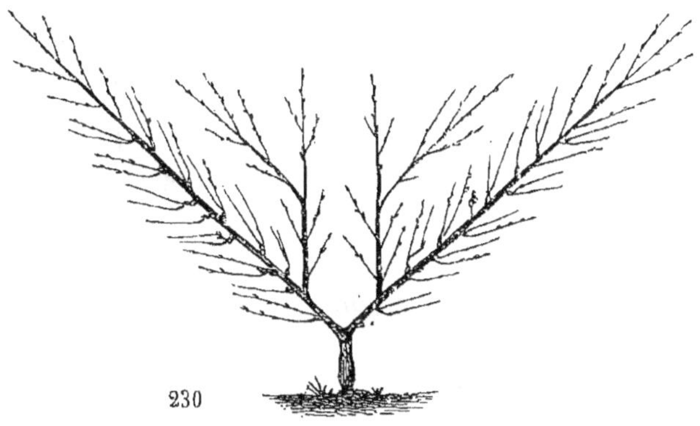
230

former la branche. Cette taille est préférable si la portion courbée est défectueuse; si elle est bien constituée, la courbure sera plus prompte et plus assurée, puisque la branche est de suite formée par le seul effet de cette courbure. De plus, son empatement est plus fort, condition avantageuse pour assurer sa durée.

Toutes les parties de l'arbre, branches et productions fruitières, seront pincées et palissées, comme nous l'avons indiqué ; il en sera de même les années suivantes.

Quatrième taille. — On taille long les branches du bas si elles sont vigoureuses; on les incline un peu pour donner de la place aux branches supérieures. Il ne faut pas oublier qu'une branche peu inclinée n'en sera que plus vigoureuse et plus régulièrement fertile.

Les productions fruitières sont garnies de boutons à fleur; on les taille, comme nous l'avons dit : sur deux boutons à fleur si ce sont des rameaux à fruits, ou sur deux yeux à bois si ce sont des rameaux trop vigoureux sur lesquels les fleurs sont trop éloignées.

Le deuxième étage de branches est taillé à une distance moyenne de la courbure et selon la force de la branche. Quant à la ramille qui se trouve sur la courbure, on la taille (forte ou faible) sur le premier œil en avant, à 10 centimètres environ. Cette taille courte refoule et concentre la séve vers la branche et fait développer de la ramille un rameau bien constitué, parfait pour former un troisième étage.

Quatrième végétation. — Si l'arbre est bien constitué, sain et vigoureux, on peut gagner cette année un troisième étage de branches; s'il est de vigueur moyenne, il est prudent de remettre à l'année suivante la formation de ce troisième étage. Il ne faut pas l'oublier, ce n'est pas le nombre des branches, mais leur parfaite constitution qui assure une belle et abondante fructification. Ce troisième étage est formé exactement comme le second.

Cinquième taille et suivantes. — L'arbre, ayant trois étages de branches espacées entre elles de 55 à 60 centimètres environ, est à une hauteur suffisante pour couvrir un mur moyen. Il ne s'agit plus que de gagner chaque année en largeur. Sur les murs élevés, on peut établir un quatrième étage; mais, pour ne pas ruiner les branches inférieures, il est bon, si l'arbre n'est pas trop vigoureux, de n'établir ce quatrième étage qu'au moment où les parties inférieures sont complétement formées. On laisse dans ce cas une année d'intervalle entre le troisième et le quatrième étage.

L'arbre complétement formé a la figure 231. La conduite de cet arbre formé consiste à concentrer par des tailles plus ou moins longues et répartir uniformément la séve sur toute l'étendue de l'arbre ; ne pas gêner sa circulation en inclinant trop fortement les branches, et faire en sorte que toutes les productions fruitières soient également saines et productives.

Quand le nombre d'étages de branches est complet, il n'est

pas nécessaire de conserver une flèche continuant la tige, sur la courbure de la dernière branche ; les rameaux qui se trouvent sur cette courbure seront traités comme les autres productions fruitières.

On a conseillé de contourner en forme de lyre les deux tiges de la palmette double. Cette complication n'offre aucun avan-

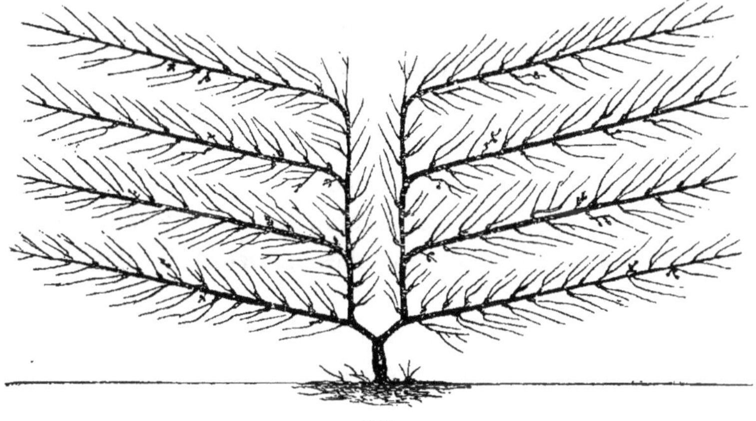

231

tage ; elle a de plus l'inconvénient de gêner le palissage des productions fruitières qui se trouvent à la base des branches et sur la tige. On doit se rappeler que toutes les parties du pêcher gagnent à être géométriquement droites ; la séve est mieux répartie, et l'arbre se fait remarquer par l'élégante simplicité de sa forme et la régularité de sa fructification.

PÊCHER FORME CARRÉE.

Nous avons dit que cette forme était très-ancienne, et généralement regardée comme la plus parfaite. Ce serait vrai si la perfection consistait à vaincre les défauts d'une forme vicieuse, par l'emploi de procédés ingénieux et une direction savante. Si quelques arboriculteurs habiles ont pu montrer leur talent à combattre les défauts de la forme carrée, combien d'autres ont échoué qui auraient obtenu d'excellents résultats s'ils avaient eu à conduire une forme plus simple et plus rationnelle !

On ne peut remédier en partie aux défauts de la forme carrée qu'en l'établissant avec une sage lenteur. On évite ainsi le mauvais effet produit par les parties supérieures sur les parties inférieures. .

Les principaux vices de la forme carrée sont : L'établissement de branches verticales et horizontales sur le même arbre, surtout quand les branches verticales sont en dessus. Les soins donnés à l'arbre n'ont plus, dans ce cas, pour effet d'aider, mais de torturer la végétation par une foule d'opérations qui ont pour but de refouler la séve vers les parties inférieures.

De plus, on est forcé de laisser un grand vide à la partie supérieure de l'arbre pendant plusieurs années, ne pouvant garnir ce vide que très-tard, car les branches verticales qui doivent s'y trouver ruineraient les branches inférieures si elles étaient établies trop tôt.

La forme carrée a en outre l'inconvénient de former à la base des branches un angle trop rétréci, qui ne permet pas d'y palisser convenablement les productions fruitières.

La plupart des ouvrages sur l'arboriculture s'étendent longuement sur l'établissement de la forme carrée ; ne la conseillant pas, nous ne dirons que ce qu'il est indispensable de connaître, dans le cas où on aurait à continuer la conduite de pêchers déjà établis sous cette forme.

Première année. — La première taille et les premiers soins donnés au pêcher étant les mêmes pour toutes les formes, nous renvoyons à ce que nous avons dit à ce sujet.

Deuxième année (*fig.* 232). — L'arbre forme un V parfait ; on taille chacune des branches à distance égale et à la longueur de 40 centimètres en moyenne, dans le but d'obtenir une branche mère et une sous-mère de chaque côté du pêcher. On donne, pour cette forme seulement, le nom de branche mère à la tige divisée supportant des branches de chaque côté de sa longueur. Ces branches prennent le nom de sous-mères inférieures, quand elles sont placées audessous de la branche mère, et le nom de sous-mères supérieures quand elles sont placées au-dessus. Si le pêcher avait végété faiblement, on taillerait les deux rameaux à 10 centimètres, en ne laissant se développer que le rameau terminal de chacun des deux rameaux, dans le but de reformer un V bien constitué.

La taille à 40 centimètres a pour but d'obtenir une première sous-mère, placée à 60 centimètres au moins de hauteur, pour qu'elle soit convenablement aérée. *Toute branche en espalier qui se trouve trop rapprochée du sol est privée d'air et dépérit.* La taille à 40 centimètres se fait sur un œil en avant, qui se trouve sur un œil de côté, devant former la première sous-mère inférieure.

Pendant la végétation, on palisse les quatre rameaux en ligne droite, et on les dirige verticalement sous forme d'éventail, dans le but de favoriser leur développement.

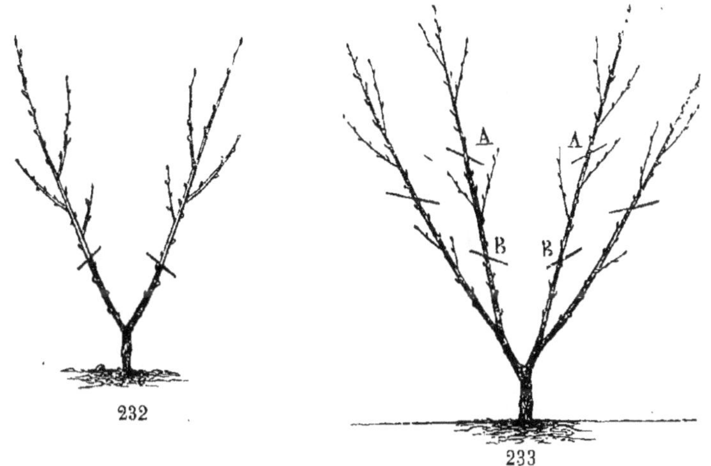

232

233

On cherche à obtenir les deux côtés de l'arbre d'une vigueur et d'une étendue égale. Si un côté l'emporte sur l'autre, on le palisse horizontalement, puis on relève le côté faible.

On peut de même priver momentanément de lumière la partie faible avec un auvent, mais il ne faut pas abuser de ce procédé. Si ces moyens ont produit peu d'effet, on laisse végéter librement la partie faible en l'éloignant de la muraille, quitte à la maintenir avec un échalas.

Troisième taille (*fig.* 233). — On cherche à favoriser le développement de la première sous-mère inférieure, tout en formant un second étage de branches; si l'arbre a végété vigoureusement, on taille les quatre branches à 80 centimètres de longueur et sur un œil en avant. La branche mère est taillée sur un œil en avant A, placé immédiatement sur un œil de côté; de cet œil sortira le rameau que doit former la deuxième sous-mère. Pendant la végétation, on palisse en droite ligne le rameau terminal de la branche mère; celui qui forme la deuxième sous-mère est palissé dans le même sens que la sous-mère inférieure.

Si l'arbre est de vigueur moyenne, et surtout si les sous-mères sont faibles, on remet à l'année suivante la formation de la deuxième sous-mère; on taille long la sous-mère (60 centimètres) et court la branche mère (30 centimètres en B), puis on leur donne une direction verticale pour favoriser leur végétation. On comprend que cette taille longue des sous-mères assure leur développement; étant bien constituées elles se conservent durables et productives.

Quatrième taille (*fig.* 234). — L'arbre étant au moment de sa plus belle végétation, on taille assez long les premières

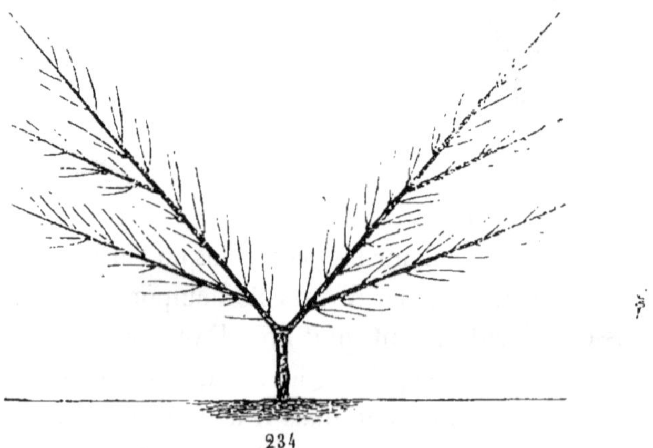

234

branches sous-mères. Les branches mères et les deuxièmes sous-mères sont taillées également à 80 centimètres. Cette distance est convenable pour obtenir, par suite de l'inclinaison, un espace de 60 centimètres d'intervalle entre chaque étage de branches; cette distance permet de palisser les productions fruitières sans gêne et sans vide. Toutes les tailles sont faites à distance égale pour qu'aucune des parties de l'arbre ne l'emporte sur l'autre.

Pendant la végétation, on forme la troisième sous-mère ; elle est palissée dans le même sens que les autres. Le rameau qui continue la branche mère est palissé en droite ligne.

Cinquième taille (*fig*. 235). — Les trois étages de branches sous-mères sont complétement formés, car il est rare qu'on établisse une quatrième sous-mère, à moins que la hauteur du

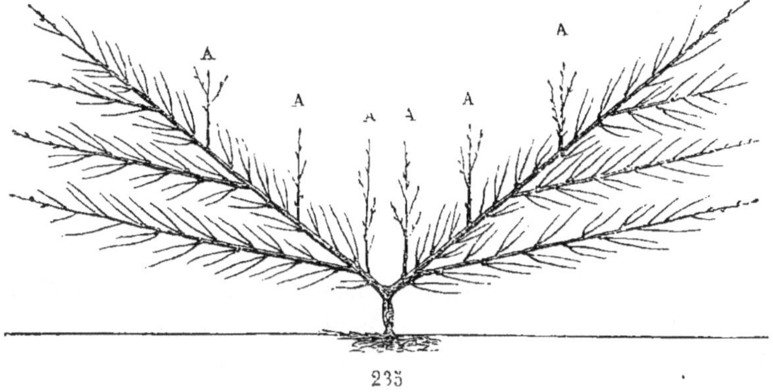

235

mur et la végétation de l'arbre ne le permettent. On s'arrête le plus habituellement au nombre trois. Il est plus sage d'agir ainsi, on risque moins d'épuiser les branches inférieures. Il s'agit à la cinquième taille de former les branches sous-mères supérieures. Quelques personnes les établissent successivement, d'autres en même temps et la même année. Nous croyons cette dernière méthode préférable; on risque moins de les voir s'emporter par excès de vigueur. La formation des sous-mères supérieures est tout l'opposé des sous-mères inférieures. Autant pour celles-ci on favorisait la végétation, autant il faut réduire l'excès de vigueur des branches supérieures. La liste est longue des procédés usités pour y arriver, et encore, dans cette lutte de l'homme contre la nature, il a le plus souvent le dessous.

On choisit les productions fruitières les plus faibles pour former ces branches; on les taille court; on pince sévèrement les bourgeons latéraux, puis on fait des tailles en vert pour diminuer l'étendue des branches qui s'emporteraient. On forme quelquefois ces branches en greffant des variétés d'une faible végétation, telles que la malte ou le bonouvrier. Quelques arboriculteurs ont essayé de donner le sens horizontal à ces sous-mères supérieures; mais dans ce cas elles ne sont plus dans la même direction que la branche mère, et la séve refuse de circuler par suite du coude aigu que forment ces branches à leur base.

Formation des branches supérieures. — On choisit de chaque côté trois rameaux à fruits venus à la base des productions fruitières saines et de vigueur moyenne. Ces rameaux doivent être placés sur la tige à distance égale de chacune des branches du dessous; placés plus près, ils pourraient leur nuire plus directement.

Les sous-mères supérieures sont palissées verticalement, tout en les inclinant légèrement contre la branche mère. Pendant la végétation, on évite de pincer le bourgeon terminal; on le rabat en vert, s'il prend trop de force, c'est-à-dire qu'on retranche la partie supérieure qui s'est emportée sur une des ramilles inférieures, pourvu que celle-ci soit bien constituée.

Sixième taille et suivantes (*fig.* 236). — L'arbre est complet; toutes ses branches sont établies. On les allonge peu à peu chaque année selon la vigueur de l'arbre et d'après les principes émis plus haut. Vers dix ans, l'arbre est formé; il ne s'agit plus que de le conserver vigoureux et productif le plus longtemps possible.

Pendant tout le temps de la formation, les branches de l'arbre sont peu à peu inclinées chaque année, au moment du palissage d'hiver, mais on doit se garder de leur donner la direction horizontale pour ne pas hâter leur ruine.

Nous n'avons pas parlé de la conduite des productions fruitières en nous occupant de la formation du pêcher carré, pour ne pas compliquer cette étude. Chacune des productions fruitières doit être traitée d'après les règles établies plus haut.

Certaines formes vicieuses se rencontrent parfois dans les jardins, nous les repoussons pour les raisons suivantes :

L'*éventail* a des branches verticales et des branches horizontales trop multipliées, qui ne laissent pas un espace suffisant pour palisser convenablement les productions fruitières. De

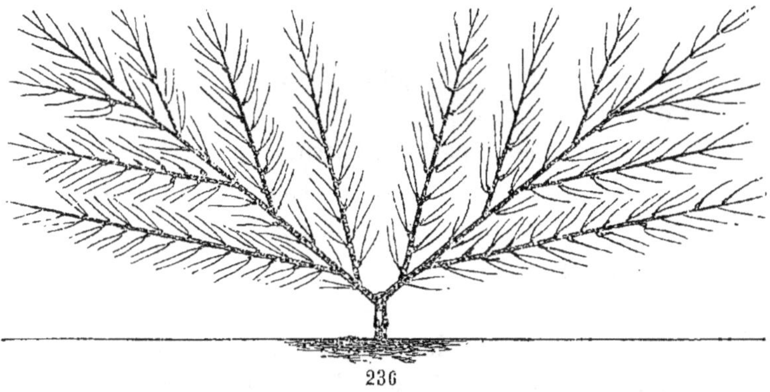

236

plus, les branches verticales supérieures sont formées trop tôt; aussi les branches horizontales sont-elles bientôt ruinées. Il est fâcheux que ces vices de forme forcent à rejeter l'éventail, car dans sa jeunesse il est promptement établi et très-productif. Ces avantages nous le feront conseiller plus loin dans les sols où le pêcher est de peu de durée, ainsi que dans les jardins à courte location.

Le *candélabre*, forme des plus défectueuses : elle consiste en deux tiges horizontales et près de terre. Supportant sur toute leur longueur un nombre égal de branches verticales, on comprend que ces branches cherchent toujours à dépasser la crête du mur; elles ont tous les inconvénients des branches verticales ; de plus, celles qui sont placées au centre de l'arbre l'emportent toujours en vigueur sur celles qui se trouvent vers l'extrémité. Etablir une pareille forme, c'est se créer des difficultés à plaisir et vouloir lutter contre la végétation de l'arbre au lieu de l'aider et de la maintenir avec sagesse.

FORMES RÉDUITES. — PÊCHER OBLIQUE.

Jouir de suite est un désir commun à notre époque. Non-seulement on ne songe plus à planter pour ses arrière-neveux, mais parfois on ne veut pas accorder aux arbres le temps suffisant et l'espace convenable. On n'est pas satisfait de ce que, grâce à la taille, la fructification marche de pair avec le développement de l'arbre, et cela dès la deuxième année. On veut encore que le jardin et les espaliers soient de suite garnis et en plein rapport.

Cette illusion que ne partagent pas nos praticiens est vite détruite par les résultats obtenus. On voit souvent des propriétaires étrangers à la culture créer des jardins à grands frais et exiger de leur jardinier une production immédiate. Nous voulons des fruits de suite, disent-ils; nous ne tenons pas aux arbres; s'ils meurent, on les remplacera. Selon leur désir, le jardinier fait à grands frais des plantations rapprochées avec supports, tuteurs, treillages en fer, etc. Un défoncement dispendieux et trop profond, en mélangeant le sous-sol avec la couche végétale, l'a stérilisée et prédisposé les arbres à la jaunisse. Pour jouir plus tôt, on paie chèrement des arbres formés, très-réguliers, il est vrai, mais dont la charpente établie trop promptement ne peut que former des branches affaiblies. Les premières années, ces arbres sont couverts de plus de fleurs que de feuilles; quelques-uns même sont surchargés de fruits! On applaudit à cette fécondité qui, pour le jardinier expérimenté, n'est qu'un signe d'épuisement, mais plus tard vient la déception ; ces arbres n'ayant pas formé de branches, jaunissent et périssent d'épuisement, surtout si le terrain est médiocre. Si le sol est bon, ils produisent une fois enracinés une masse de rameaux qui, par suite de la distance trop rapprochée de ces arbres, ne peuvent être utilisés pour établir une bonne charpente. Alors le propriétaire, dégoûté de voir de si faibles résultats pour tant de soins et de dépenses, fait retomber la faute sur son jardinier et en change à chaque saison; puis, tombé dans l'excès contraire, il ne fait plus aucune dépense et répète partout que la création d'un jardin n'offre que déceptions.

Tels sont les résultats des plantations serrées, faites souvent à la distance incroyable de 30 centimètres. Pour planter à une si faible distance, on est forcé de supprimer les branches, et les productions fruitières se trouvent placées le long de la tige. Mais dans ce cas on ne peut éviter ou l'épuisement par excès de productions fruitières, ou l'infertilité par excès de végétation. Il ne faut pas croire qu'il est facile de maintenir et faire fructifier de pareils arbres; les pincements, torsions, etc., ne sont que de faibles palliatifs dans ce cas. Citons un exemple qui nous est personnel.

En 1846, nous fîmes à Bagnolet une plantation de poiriers sur cognassier le long d'un mur fort élevé; les arbres furent plantés à 2 mètres. Eh bien, par suite de ce peu d'étendue, certains de ces arbres qui sont d'une vigueur extrême restent infertiles. Étant plantés dans un bon sol, tout part à bois, et cela malgré les cassements, les arcures, etc. Qu'auraient fait ces arbres s'ils eussent été plantés à 30 centimètres?

Le pêcher végétant avec vigueur les premières années, et se couvrant promptement de fleurs, est l'arbre qui semble se prêter le plus docilement pendant les premières années à cette forme réduite; mais pas plus que les autres arbres il ne souffre d'arrêt à son développement. La séve ainsi refoulée fait partir les productions fruitières en gourmands vigoureux; les pincements répétés sont impuissants dans ce cas, ils ne font que multiplier les bourgeons et forment un fouillis de ramilles anticipées. Tels sont les résultats, dans un bon sol, des pêchers en oblique et sans branches.

Dans un sol médiocre l'arbre pousse faiblement; les tailles trop longues le couvrent de fruits qui l'épuisent; la tige n'ayant pas de branches, ne grossit pas; l'écorce se durcit et la gomme se déclare. Du reste, il ne faut pas croire qu'un mur est très-promptement garni avec des pêchers en oblique. Tout en voulant aller vite, il faut pourtant faire des tailles convenables si on ne veut pas avoir des vides. Supposons un mur de 3 mètres : le pêcher oblique devra avoir 4 mètres de longueur pour garnir la muraille. Mettons les tailles annuelles à 1 mètre : cela fait avec l'année de la plantation cinq années, et dans la pratique il est impossible de faire quatre tailles successives de 1 mètre sans que l'arbre ne soit dénudé. En réalité, l'oblique mettra cinq à six années pour garnir la muraille. Eh bien, à cet âge une palmette double est en pleine fructification, couvre une partie du mur et gagne chaque année en production.

Il est encore un fait contraire au pêcher oblique : une partie et souvent plus de la moitié des productions fruitières situées à la partie supérieure donnent des rameaux à bois infertiles par suite d'excès de vigueur. Ceci diminue donc de beaucoup la quantité de productions fruitières productives qui se trouve sur l'espalier. Nous avons toujours vu les fruits répartis fort inégalement sur les pêchers obliques.

Formation du pêcher oblique. — Les pêchers sont plantés inclinés à 80 centimètres de distance, ce qui fait, par suite de l'inclinaison à 45 degrés, 60 centimètres entre les tiges (*fig.* 237). On taille le jeune pêcher à 15 centimètres de la greffe pour obtenir un rameau vigoureux : on a voulu profiter quelquefois de la tige du jeune sujet en la taillant à 75 centimètres et même 1 mètre; il n'a donné que des pousses chétives et s'est couvert de gomme. Nous n'avons pu rétablir de pareils sujets qu'en les rabattant l'année suivante sur les deux premiers yeux de la première pousse de la base, proche la greffe, dans le but de reformer une nouvelle tige qui arrivait souvent la même année à 2 mètres de hauteur.

La deuxième année, on fait une taille assez courte, à 50 centimètres, pour obtenir une forte pousse du jeune arbre alors parfaitement enraciné. La troisième et la quatrième année, on fait des tailles de 1 mètre de longueur environ. Pendant la végétation, on palisse le rameau terminal dans le sens de la tige et en droite ligne. Quand cette tige s'approche du faîte du mur, on fait des tailles moyennes plus ou moins longues selon la vigueur de l'arbre, puis on termine par des tailles courtes quand il arrive à la hauteur du mur.

Les productions fruitières sont taillées un peu plus longues que sur les autres formes. On y est, du reste, forcé, car un

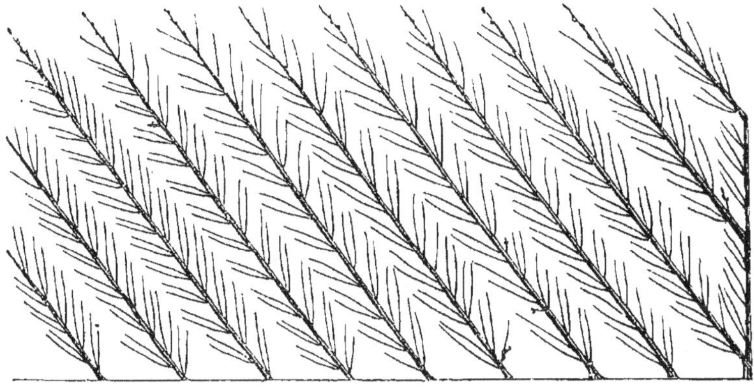

237

grand nombre de ces productions se sont transformées en rameaux à bois, par suite de la réduction de cette forme. Leurs fleurs étant par conséquent plus éloignées, les productions fruitières seront souvent imparfaites par suite de l'excès de séve qui ne peut être utilisée par des branches qui n'existent pas.

ÉVENTAIL RÉDUIT.

Certains sols sont peu convenables au pêcher; il y vit peu d'années, et vers dix ans il est déjà ruiné par les chancres et la gomme : ce sont, en général, les sols froids, argileux, humides, et surtout ceux dont le sous-sol imperméable retient l'eau à la surface. Quelques mauvais sols peu profonds lui sont également contraires. Il est prudent dans ce cas de réduire l'étendue du pêcher, puisqu'il ne peut arriver à garnir un espace moyen.

On évitera naturellement les formes compliquées et longues à établir. Nous ne connaissons pas, dans ce cas, de forme plus convenable que l'éventail à quatre branches, planté à 3 mètres d'intervalle ; cette forme est fructifère, simple, prompte à établir, et garnit parfaitement la muraille. Il est bon de réduire de moitié les dimensions des pêchers plantés dans un mauvais sol; on évite ainsi leur prompt dépérissement.

238

Première année. — La taille est semblable à celle de la palmette double. Pendant la végétation, on forme un V parfait.

Deuxième année. — *Fig.* 238, les branches qui forment le V sont taillées à 30 centimètres de longueur, et à une égale longueur, sur un œil en avant immédiatement placé sur un œil en dessus; pendant la végétation, ces deux yeux se développent avec vigueur et produisent deux branches.

Troisième année. — *Fig.* 239, arbre à quatre branches, deux de chaque côté; ces branches sont dirigées de façon à pouvoir être espacées de 60 centimètres; on leur donne une direction assez relevée sans être complétement verticale, comme le serait un éventail à demi ouvert. On évite plus facilement par cette direction l'épuisement prématuré des branches.

Les années suivantes, ces quatre branches ne seront pas augmentées en nombre; les tailles seront moyennes et dépasseront rarement 75 centimètres, afin d'obtenir des productions fruitières bien constituées. Avec ces principes, on peut maintenir des pêchers en bon état dans les sols les moins favorables (*fig.* 240).

Cette forme est surtout convenable dans les jardins à courte location où il s'agit de garnir promptement la muraille; elle est aussi prompte et surtout moins coûteuse que l'oblique. Cependant nous ne conseillons pas de planter des pêchers aussi rapprochés dans un terrain fertile, à moins que l'on n'ait que quelques années à en jouir, car plus tard ils prendraient trop de force pour pouvoir être maintenus dans un espace réduit et conserver des productions fruitières d'une vigueur convenable.

L'*éventail réduit* est fort bon comme arbre en toute perte. On nomme ainsi un arbre planté provisoirement entre ceux qui doivent rester à demeure. Cet arbre provisoire sera ruiné de

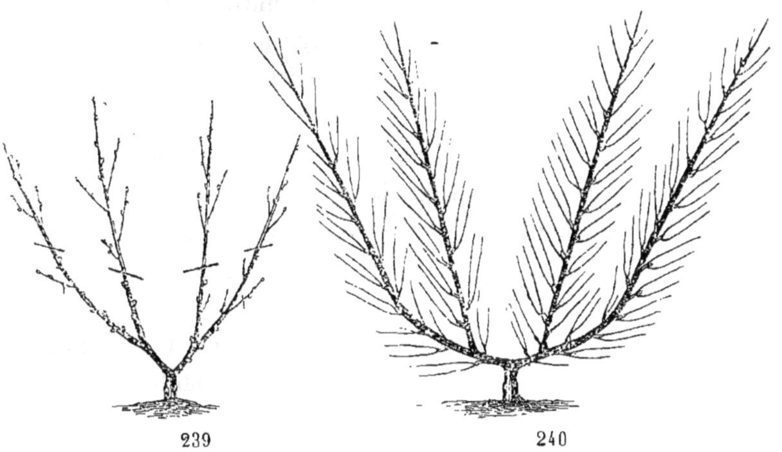

239 240

bonne heure par une fructification exagérée obtenue à dessein par une taille longue des productions fruitières; plus tard il disparaît pour faire place aux arbres voisins. Toutefois il nous paraît préférable de planter à demeure entre deux pêchers un ou deux pommiers de calville blanc ou d'api sur paradis; ces petits arbres ne gêneront pas les pêchers et donneront pendant de longues années de superbes fruits.

PÊCHER FORME JUMELLE.

Une circonstance particulière nous a fait, en 1853, imaginer cette forme. Étant à fin de bail d'un jardin situé à Paris, nous avons cherché à garnir en peu d'années un mur situé au levant. Ne voulant pas réduire l'étendue des arbres que nous plantions, nous avons tourné la difficulté en plantant deux arbres dans le même trou. Certes, nous aurions préféré y former des palmettes doubles; mais la forme jumelle moins parfaite, il est vrai, a été établie avec une telle promptitude qu'elle nous a permis de jouir de ces arbres pendant le peu d'années qu'ils devaient exister. En effet, des arbres ainsi formés ont au bout de quatre ans un tel développement qu'il est difficile de ne pas les croire beaucoup plus âgés, surtout quand on pense que la taille des branches n'a pas été modifiée dans le sens de la longueur.

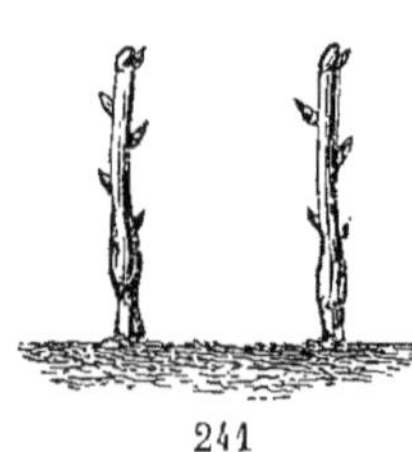
241

Première année, plantation. — Deux pêchers de même variété et de force égale sont plantés dans le même trou à 60 centimètres de distance, taillés et conduits la première année de même que la palmette double. Pendant la végétation on forme un V régulier.

Deuxième année. — Les deux arbres forment un W entrecroisé. Si les arbres ont végété faiblement, on taille les quatre

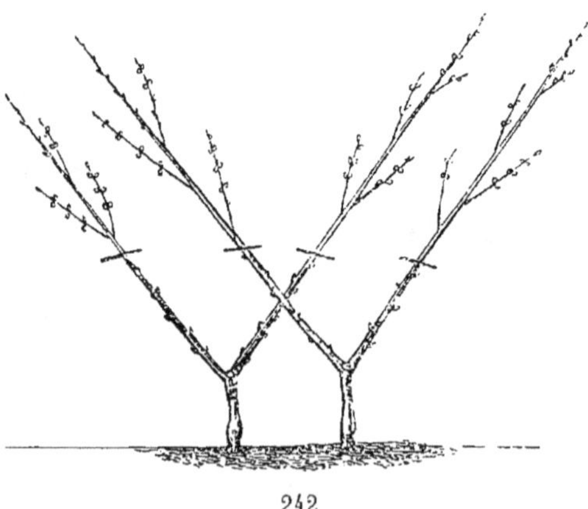
242

branches à une longueur égale de 30 centimètres en moyenne pour obtenir une végétation vigoureuse; on ne conserve comme rameaux à bois que les quatre rameaux terminaux qui sont palissés en droite ligne. Cette seconde année, on a déjà un double étage bien constitué.

Si les arbres sont vigoureux, on taille les quatre rameaux à 80 centimètres à partir de la dernière taille et toujours sur un œil en avant ; les rameaux intérieurs sont taillés sur un œil en avant, placé immédiatement sur un œil placé lui-même au-dessus de la branche. Cet œil doit former le troisième étage en l'entrecroisant avec l'autre branche.

Troisième année. — On a trois étages de branches; on en forme un quatrième en taillant le dernier étage comme celui de l'année précédente. Les branches ainsi obtenues sont taillées assez long et selon leur vigueur. Trois ou quatre étages

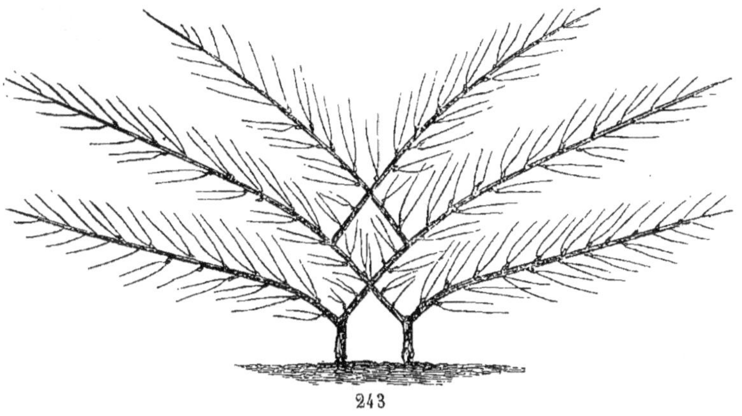

243

obtenus ainsi suffisent pour garnir parfaitement un mur de trois mètres de hauteur ; les branches sont distantes entre elles de 30 centimètres environ à leur base, mais elles s'écartent peu à peu pour qu'elles puissent être à une distance convenable de 60 centimètres.

Nous ne donnons pas cette forme comme parfaite. Elle a deux vices assez graves : elle est formée de deux sujets quelquefois de vigueur inégale, et ses branches sont entrecroisées à leur base. Ces inconvénients sont plus sensibles quand l'arbre est âgé. Toutefois la palmette jumelle pourra être utilisée avec avantage dans certains cas, en raison de sa prompte formation.

On a soin de mettre une moitié de bouchon de liége entre les branches entrecroisées pour que les écorces ne se froissent pas, ce qui formerait un chancre. Il faut surtout se garder de greffer ces branches en approche à leur point de contact; ces greffes se couvriraient de gomme et gêneraient la circulation de la séve.

RESTAURATION DU PÊCHER.

En traitant de la culture du pêcher, nous avons supposé devoir agir sur des arbres conduits d'une manière convenable, depuis leur plantation. Il n'en est pas toujours ainsi, on a souvent à restaurer des arbres défectueux. Cette restauration demande du raisonnement et de la pratique. Le plus habile hésite et réfléchit dans ce cas.

Mais souvent un débutant se trouve appelé à restaurer ces arbres défectueux : s'il n'est pas de ces ignorants présomptueux qui, ne doutant de rien, abattent impitoyablement à tort et à travers les branchages d'un arbre, il hésitera, dans la crainte de détruire ce qui est bon à conserver. Devra-t-il reculer devant cette tâche? Non; qu'il marche hardiment si, habitué à raisonner, il ne fait jamais rien sans se rendre compte. Quand même il n'aurait que la théorie apprise dans un cours ou même la lecture attentive d'un bon livre, il ne doit pas hésiter; s'il fait d'abord quelques écoles, elles ne seront guère plus fortes que celles du routinier ignorant auquel il abandonnerait ces arbres, s'il ne lui était pas possible de les confier à des mains expérimentées. Bientôt il saura remédier aux fautes commises par inexpérience et s'étonnera lui-même de la réussite de ses premiers essais.

Avant de chercher à restaurer un arbre défectueux, il faut l'étudier attentivement. Le coup d'œil fait vite connaître les vices de sa charpente. S'il est encore jeune, cette charpente peut le plus souvent être restaurée; s'il est vieux et ruiné, on se contente d'éliminer toutes les branches ruinées et inutiles, pour conserver le reste de vigueur des branches encore productives.

Voici les règles qui s'appliquent à la restauration d'arbres vicieux, mais assez jeunes pour être rétablis avec succès.

Supprimer rigoureusement toute partie vicieuse pour forcer la séve à reformer de nouvelles branches. — Ce n'est que par une taille rigoureuse et faite en une fois qu'on peut forcer la séve à reformer de nouvelles parties vigoureuses propres à rétablir une nouvelle charpente. Seulement cette taille rigoureuse doit être faite par exception une ou deux années au plus ; faite plusieurs années de suite, elle ne ferait que hâter la ruine de l'arbre. Du reste, une année doit produire le résultat voulu ; s'il en est autrement, c'est que l'arbre est usé.

Retrancher complétement une branche défectueuse et la remplacer par une nouvelle, s'il y a lieu. — C'est une opération désastreuse de vouloir réformer les grosses branches en les rabattant à moitié; l'extrémité de la branche conservée se dessèche, celle-ci se couvre sur toute sa longueur de gourmands inutiles, et l'arbre ne tarde pas à périr.

244

En agissant rigoureusement, on est effrayé de l'aspect dénudé de l'arbre après le ravalement. Mais à la fin de l'été, le rétablissement de la charpente sera déjà en bonne voie, car le pêcher encore jeune se reforme avec une extrême facilité. Il est entendu que nous ne parlons ici que d'arbres en grande partie défectueux ; car ce serait une faute d'agir aussi rigoureusement si l'arbre n'avait que quelques imperfections qu'il serait facile de dissimuler ou de corriger peu à peu par une conduite raisonnée.

1° *Jeune arbre d'une année de plantation, mal établi et présentant une branche forte et une faible* (*fig.* 244). — Les branches devant être égales, on supprime la branche faible, puis on reforme deux nouvelles branches en taillant la forte sur deux yeux opposés, les plus proches de sa base. Si les deux branches n'étaient pas de force trop inégale, il serait possible de rétablir l'égalité entre elles en inclinant la branche forte et relevant la faible.

2° *Jeune arbre d'une à quelques années dont la tige a été taillée trop haut à la première taille* (*fig.* 245). — On laisse l'arbre sans être taillé jusqu'en mai, puis, à cette époque, on le rabat sur le vieux bois, à 20 centimètres de la greffe, et sans conserver le moindre bourgeon sur la tige. La séve alors en mouvement fait développer sur cette tige des rameaux vigoureux, convenables pour former une nouvelle charpente. Si ce ravalement avait été fait au moment de la taille, il n'aurait eu le plus souvent que peu de succès ; fait plus tard, la séve en mouvement se rejette sur des yeux latents et les fait partir de suite avec une vigueur extrême. Ce ravalement de mai se fait également sur toutes les branches d'un pêcher en plein vent, dénudé à la base.

245

Arbre mal formé, mais encore jeune et sain. — Cet arbre peut se reformer avec facilité, s'il possède deux branches presque égales, susceptibles de former le V (*fig.* 246). Les branches AA sont convenables pour les deux premières branches inférieures. On rabat toutes les mauvaises branches, puis on redresse en V ouvert les deux qui sont conservées, n'étant pas toujours droites et régulières, on leur donnera une meilleure direction. Les productions fruitières sont taillées court pour regarnir les branches.

Nous ne connaissons pas de forme plus convenable que la palmette double pour reformer un pêcher ; il est rétabli promptement et dans de parfaites conditions.

Pendant la végétation, on choisit, en mai, à la base et audessus des deux branches, pour en former de nouvelles, deux bourgeons droits bien constitués, rapprochés le plus possible de la branche. Ils doivent être espacés entre eux de 45 centimètres environ. On les palisse verticalement pour les obtenir

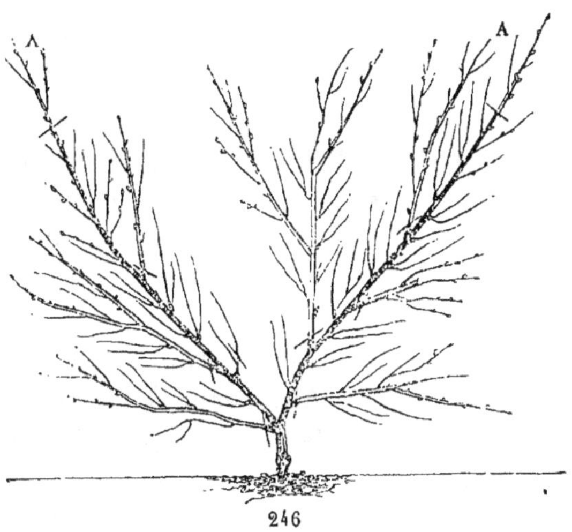

246

vigoureux, ayant soin de laisser libre leur extrémité sur une longeur de 35 centimètres (*fig.* 247).

Ces deux rameaux prennent un beau développement ; on a soin de les maintenir égaux en force et en longueur, en incli-

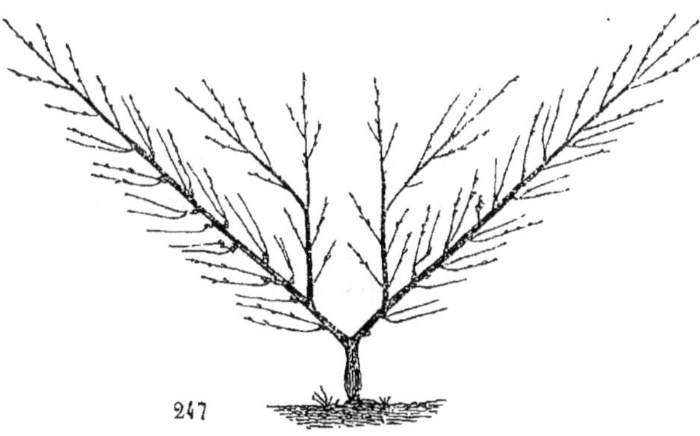

247

nant, s'il était nécessaire, le rameau fort. En août, quand ils ont atteint 1 mètre 50 centimètres, on les courbe à la hauteur de 60 centimètres, et sans former de coude aigu, la partie courbée formant le deuxième étage de branches. Il doit se trouver sur la coubure un œil ou une ramille destinée à continuer la tige et former un troisième étage de branches.

Les années suivantes, on continue la forme de l'arbre selon les principes établis au chapitre *palmette double*.

Pêchers encore jeunes, mais chancreux et mal constitués. — La charpente étant mauvaise on en reforme une nouvelle, si les racines sont saines. On laisse l'arbre sans le tailler; puis, en mai, au moment où la séve est en mouvement, on le rabat à 15 centimètres au-dessus de la greffe. Il s'y développe des rameaux d'une grande vigueur qui serviront à former une nouvelle charpente.

Pêchers âgés et ruinés. — En général, l'existence du pêcher n'est pas de longue durée. Abandonné à lui-même, il a le plus souvent, à quinze ans, les apparences de la décrépitude. Soumis à l'espalier, dans un bon sol, et convenablement taillé, il peut rester de longues années vigoureux et productif. On en connaît qui sont âgés de plus de 60 ans. Il se trouve, près de Villeneuve-le-Roi (Yonne), un pêcher âgé de plus de 100 ans constatés, qui est magnifique, comme vigueur et fructification ; mais, en général, un espalier de 25 à 30 ans commence à décliner, tout étant convenablement conduit.

Nous avons dit que sur une branche trop grosse, les productions fruitières sont plus disposées à se mettre à bois qu'à fruits. Les bourgeons qui s'y développent ont plus l'apparence de gourmands, végètent tardivement, restent verdâtres et peu aoûtés. On doit faire filer le long de la branche des petites branches fruitières maintenues à 25 centimètres de longueur en moyenne. Ces petites branches se garniront de productions fruitières plus parfaites que si elles étaient venues sur la grosse branche (*fig.* 248).

Plantation nouvelle d'un espalier de pêchers usés par l'âge. — Trois méthodes sont usitées :

1° *Plantation nouvelle après suppression complète des vieux arbres.* — On reforme ainsi une belle et régulière plantation ; mais on perd quelques années du produit de l'espalier. On doit, dans ce cas, changer la terre usée de la platebande.

2° *Plantation partielle* (Méthode de Montreuil). — Les arbres qui périssent sont seuls remplacés; ceux qui sont épuisés par l'âge et les maladies sont rajeunis et formés à nouveau en utilisant les gourmands qui se développent sur le sujet amandier et proche de terre. On laisse ces gourmands se développer avec force et en liberté à 2 mètres et plus de longueur ; on les greffe à l'automne à 25 centimètres de la base ; puis on reforme ensuite une nouvelle charpente avec cette greffe, laquelle donne généralement de fort beaux fruits. On peut reformer une nouvelle charpente avec le sujet amandier, car cet arbre étant d'une plus longue durée que le pêcher est encore jeune quand celui-ci est déjà ruiné.

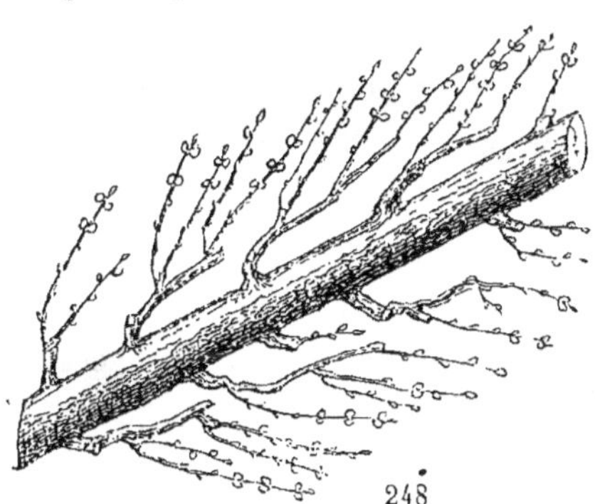

248

Cette méthode est économique, mais les murs ont un triste aspect et sont d'un faible rapport, étant couverts d'arbres de tout âge et de forme irrégulière. Un certain nombre de vieux jardins, à Montreuil, sont dans cet état.

3° *Plantation régulière dans l'intervalle des vieux arbres.* — On fait des trous entre chaque arbre, d'une largeur de 2 mètres sur 1 mètre de profondeur ; on les remplit de terre neuve prise à la surface du sol et bien amendée; puis on y plante des pêchers à 20 centimètres de distance du mur. A mesure que ces jeunes pêchers se développent, on supprime peu à peu à la taille d'hiver les portions de branche qui gênent le palissage des jeunes arbres. Peu à peu les vieux arbres finissent par disparaître. Cette méthode est bonne, pourvu que la jeune plantation ne soit pas gênée par l'ancienne; elle a l'avantage de conserver l'espalier toujours garni et productif, mais il faut une habileté suivie pour en obtenir de bons résultats.

MALADIES DU PÊCHER.

Les maladies du pêcher sont fort graves et se terminent le plus souvent par la mort de l'arbre; elles sont en général la suite d'une mauvaise taille, qui occasionne une grande perturbation dans la circulation de la séve.

La gomme. — Affection particulière aux arbres à noyaux. La séve, gênée dans sa circulation par suite d'une lésion produite par diverses causes, s'épaissit sous la portion d'écorce lésée et s'extravase au dehors. Au début de la maladie l'écorce du jeune bois jaunit par plaques circulaires et transsude de la gomme, puis peu à peu l'écorce se désorganise, le bois devient roux, se creuse et la plaie augmente circulairement sur les parties saines. Quand la branche est complétement contournée elle périt subitement, souvent encore chargée de feuilles et de fruits verts.

Il est à remarquer que cette maladie est locale; hors la partie attaquée, les autres parties de l'arbre continuent leur végétation normale.

Les causes qui produisent la gomme sont multiples et proviennent le plus souvent d'une mauvaise conduite. On peut dire que tout ce qui trouble la circulation de la séve produit la gomme. Les causes naturelles sont: un sol de mauvaise qualité, trop sec ou trop froid, et humide; un changement subit de température au premier mouvement de la séve; une mouche qui introduit un œuf dans l'épaisseur d'un œil, il en sort un ver qui désorganise l'écorce et produit la gomme.

Les causes produites par une mauvaise direction sont : une plantation trop profonde, les racines dans ce cas ne fournissent qu'une séve froide et peu convenable; un excès de fumier, cette cause est celle qui produit le plus souvent et le plus promptement la gomme. Dans ce cas, la maladie se généralise et l'arbre est perdu. Le propriétaire de magnifiques espaliers, voulant profiter du voisinage d'un camp de cavalerie, fit répandre le long de ses murs une assez forte quantité de fumier qui ne lui coûtait que le transport. L'année suivante, tous ses pêchers périrent de la gomme.

On doit donc éviter de troubler la circulation de la séve par des fumures exagérées ; il est bon de fumer les espaliers par une légère couverture, en suivant ce principe, que, *pour les arbres, il vaut mieux fumer peu et souvent que rarement et beaucoup.*

Souvent, par suite d'une taille trop courte ou de la suppression de fortes branches, la gomme se déclare avec violence au printemps ; il faut, dans ce cas, ouvrir de nouveaux canaux à la séve par la prompte formation de nouvelles branches. La séve surabondante est ainsi utilisée et la gomme disparaît. Les plaies et les contusions produites par le choc des instruments occasionnent la gomme, en gênant la circulation de la séve. Une taille trop longue est également une des causes de la gomme, par suite de l'affaiblissement qu'elle produit dans la végétation. De même, l'emploi du sécateur sur les rameaux de la charpente, les liens trop serrés qui blessent l'écorce ; telles sont les causes nombreuses de cette maladie ; certaines variétés y sont plus sujettes, les madeleines blanches et de courson et la pêche lisse violette.

Guérison. — Cette terrible affection, qui attaque aussi bien les arbres dans la fougue de leur végétation que ceux d'une faible constitution, avait résisté jusqu'à présent à tout ce qu'on a imaginé pour la combattre. On enlève habituellement jusqu'au vif la partie attaquée, puis on l'enduit d'onguent de saint Fiacre ou bien de bouse de vache pure qui se durcit au soleil. Mais, par suite de cette opération, la maladie, momentanément retardée, continue ensuite d'augmenter.

On a proposé d'inciser longitudinalement le côté sain opposé à la plaie. Lelieur dit avoir obtenu de bons résultats de ce procédé, qui a pour effet de favoriser la circulation de la séve en dilatant l'écorce ; nous croyons ce moyen dangereux, car rien ne dit que ces incisions ne seront pas à leur tour attaquées de la gomme.

Par suite de nombreuses recherches, le procédé qui nous a donné les meilleurs résultats est tout simplement d'enterrer la partie attaquée. Si la plaie se trouve à la base de l'arbre et proche de terre, on forme une butte de terre contre le mur de façon à enterrer complétement la plaie. Si la gomme se trouve sur une branche élevée, on applique sur cette branche un pot de terre brisé d'un côté, ou bien une caisse privée d'un de ses côtés. On les remplit de terre que l'on a soin de maintenir moyennement fraîche (*fig.* 249).

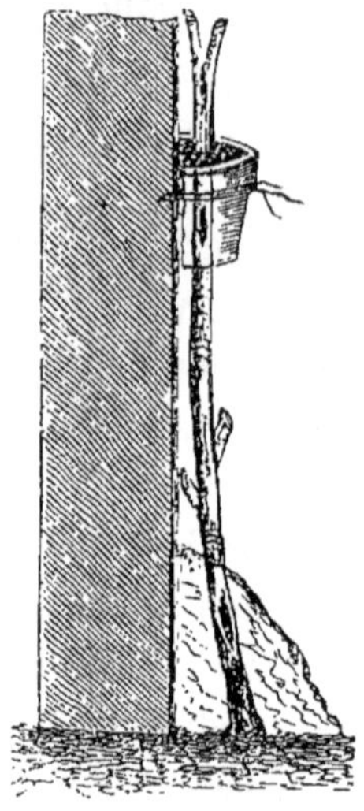
249

Cette opération se fait toute l'année et de préférence à l'époque de la taille. On a eu soin d'enlever au vif avec la serpette toute la partie attaquée. La plaie enterrée se cicatrise, une nouvelle écorce se forme, et à la fin de la saison on peut la dégager de l'appareil. Si l'opération est faite plus tardivement, la gomme continue pendant quelque temps, mais elle est plus fluide et finit par disparaître. Nous avons conseillé ce procédé à plusieurs jardiniers, qui ont obtenu comme nous d'excellents résultats.

On comprend qu'il ne suffit pas de combattre la gomme ; on doit avant tout agir sur les causes qui l'ont produite ; si le sol est froid et humide, on y mélange des gravois, puis on plante superficiellement. Si l'arbre a été enterré trop profondément, on enlève une couche de terre de 10 à 20 centimètres d'épaisseur sur une assez large surface autour de l'arbre. Si le sol est sec et brûlant, on répand un paillis, ou mieux une couche assez épaisse de mauvaises herbes fraîchement arrachées.

Le blanc. — Champignon érisyphe, sous forme de moisissure, qui couvre, à partir de juillet, les pousses de l'année, ainsi que les feuilles et les fruits du pêcher. Cette affection commence par l'extrémité des pousses : le jeune bourgeon se contourne, la feuille se recoquille et le fruit taché de gris devient difforme, amer, et tombe souvent avant la maturité. Cet état dure tout le temps de la végétation et recommence ou disparaît l'année suivante sans cause apparente. L'arbre, dans ce dernier cas, reprend toute sa vigueur.

Les arbres, privés d'air au printemps et de l'influence favorable des pluies douces, sont prédisposés à cette affection. Le levant y est plus particulièrement exposé; pour cette cause, on doit éviter de donner trop de largeur au chaperon du mur; puis, aussitôt son apparition, soufrer sans excès et deux ou trois fois de suite la surface attaquée. Il est bon de dépalisser les branches et de les éloigner momentanément du mur en les maintenant avec des échalas.

Fumagine. — Champignon de l'ordre des mucidinées, qui paraît en automne sous forme de poussière de suie sur les feuilles du pêcher et autres arbres fruitiers. L'absence d'air et une humidité prolongée favorisent cette affection. Nous n'avons fait aucune expérience pour la combattre; mais il est plus que probable que le soufre doit être fort efficace. On sait que les vapeurs sulfureuses désorganisent la substance du champignon.

Le blanc des racines. — Cette affection est mortelle pour le pêcher; les racines de cet arbre se couvrent de champignons sous forme de filaments blanchâtres; elles noircissent, se décomposent et l'arbre périt. Le blanc provient surtout du fumier enterré au moment de la plantation; de même, si par suite d'une plantation mal faite il se trouve des vides entre les racines, ces vides se garnissent de moisissures qui gagnent les racines environnantes. Si on s'aperçoit que les jeunes pêchers paraissent souffrir des racines, on fera bien de les découvrir, d'y jeter une ou deux poignées de soufre, puis de les recouvrir de terre neuve.

La cloque. — Si, au printemps, il survient un abaissemen subit de température et des pluies froides après quelques jours de chaleur, on voit les feuilles encore tendres du pêcher se contourner, se boursoufler, prendre une teinte jaunâtre et finir par se dessécher. Le couchant est plus particulièrement exposé à cette affection ; on voit même des pêchers dont un côté se trouve à cette exposition y être fortement atteints, quand l'autre côté contournant un mur exposé au midi en est complétement exempt.

Les abris préservent l'arbre de la cloque, mais il ne faut pas les conserver trop longtemps. On aura soin d'enlever les feuilles attaquées et les parties de bourgeons fortement atteints. Il est bon, au moment où les feuilles commencent à se cloquer, d'arroser le feuillage avec une dissolution de sulfate de fer, dans le but de lui donner plus de verdeur et de consistance.

Le rouge est une maladie organique particulière aux fruits à noyau ; elle est incurable et se reproduit par la greffe ; toutes les parties de l'arbre prennent une teinte rougeâtre, l'extrémité des rameaux noircit, les fruits sont insipides et tombent facilement. L'arbre périt en peu d'années.

Il faut éviter de choisir de pareils arbres en pépinière ; seulement on ne doit pas les confondre avec certaines variétés qui ont naturellement le bois rouge ; ces variétés ont du reste les feuilles vertes, ainsi que la partie de l'écorce exposée à l'ombre. On arrachera les arbres qui présentent les symptômes du rouge. Il sera prudent de changer complétement la terre du trou avant d'y planter un nouveau pêcher.

Le durcissement de l'écorce. — Le pêcher en espalier, exposé au soleil, est, par suite de la réverbération du mur, fort sujet à cette maladie. De même, un terrain sec et peu fertile, une taille affaiblissante par excès de longueur, l'ébourgeonnement trop multiplié, les pincements exagérés, le kermès, la direction horizontale des branches, etc., toutes causes qui gênent la circulation de la séve et par suite le grossissement de la branche, produisent le durcissement de l'écorce.

Il n'est pas prudent de chercher à dilater l'écorce en faisant sur le pêcher des incisions longitudinales. Sur les arbres exposés au midi, nous avons vu employer avec avantage, par M. Bizet, de Lyon, un procédé fort efficace pour éviter cette maladie; il applique le long des branches de la paille de seigle attachée avec de l'osier. Sous cet abri, l'écorce reste lisse et saine.

La tige du pêcher se garantit habituellement avec une tuile. Les planches sont mauvaises, elles s'échauffent trop. Il est préférable de former une claie en osier qui produit une demi-ombre et ne gêne pas la circulation de l'air. On peut se servir à défaut de claie de menues branches piquées en terre.

INSECTES ET ANIMAUX NUISIBLES AU PÊCHER.

Les espèces d'insectes qui attaquent le pêcher ne sont pas nombreuses; mais, se localisant sur certains arbres maladifs, ils s'y multiplient d'une manière prodigieuse et finissent par les faire périr. Voici ceux qui se rencontrent le plus communément.

Le puceron (*aphis*). — Cet insecte est le fléau du pêcher; il se localise sur les arbres languissants; les arbres vigoureux en sont rarement atteints. On voit même parfois s'entrecroiser les branches de ces arbres sans que la branche vigoureuse soit infestée. Le puceron apparaît aux premières feuilles et disparaît à la mi-septembre. Les arbres souffrants, peu aérés, ceux qui sont chlorosés ainsi que ceux qui sont taillés tardivement sont plus exposés à ses attaques. On voit même tous les moyens de destruction échouer contre ceux qui infestent certains arbres maladifs, car de nouvelles générations viennent bientôt remplacer celles qu'on a détruites. En général, les insectes semblent être les précurseurs de la mort de l'arbre; ils paraissent peu se plaire sur les parties saines et vigoureuses. On voit même certains arbres affaiblis être débarrassés des insectes, si, par une cause quelconque, ils reprennent leur vigueur.

Le puceron est vert-noirâtre sur le pêcher, vert d'herbe sur le pommier et vert clair sur le prunier. Il se loge sous les nouvelles feuilles et les fait se contourner et se boursoufler ; le bourgeon se contourne également, n'a plus qu'une chétive croissance et finit par se dessécher à l'extrémité. On voit alors les fourmis accourir sur les branches infestées de pucerons, attirées, dit-on, par une liqueur suintée par ces insectes. Quelques observateurs ont reconnu qu'elles leur pressent l'abdomen pour en faire sortir les œufs qu'elles dévorent avidement; les fourmis dans ce cas ne nuisent pas à l'arbre.

D'autres insectes à l'état de larve détruisent une quantité de de pucerons : la coccinelle (bête à Dieu), le lion du puceron (petite mouche ailée), etc.

Il est fâcheux que des expériences sérieuses n'aient pas été faites au sujet de la destruction du puceron. Il ne s'agit pas seulement de trouver un procédé efficace, mais il faut encore que ce procédé ne soit pas coûteux (pour se généraliser, il faudrait même qu'il ne coutât rien), qu'il soit prompt à pratiquer, d'une préparation facile, et surtout que la substance insecticide puisse se rencontrer immédiatement sous la main du jardinier.

Nous pensons que ces conditions peuvent être remplies, et nous regrettons vivement de n'avoir pu faire à ce sujet qu'un petit nombre d'expériences.

Les substances tirées du règne minéral ont une grande énergie soit en poudre, en dissolution ou à l'état de vapeur. Ainsi la benzine, le sulfure de carbone détruisent instantanément les insectes. La benzine est une substance trop chère pour être employée; mais on s'est servi avec avantage des eaux mères provenant des fabriques de benzine ; ces eaux, de minime valeur; agissent radicalement projetées sur les parties couvertes d'insectes; malheureusement, on ne peut s'en procurer partout. Le sulfure de carbone a l'avantage d'être à très-bas prix; mélangé d'une grande quantité d'eau, il a fait disparaître les pucerons de quelques rosiers sur lesquels nous avions projeté cette eau. Nous avons également fait évaporer cette substance en la plaçant dans une assiette à la base d'un fusain attaqué des pucerons; le lendemain, ces insectes avaient disparu. Nous nous proposons de continuer ces expériences. Les substances végétales sont également énergiques et peuvent avoir l'avantage de se rencontrer sans frais sous la main du jardinier. Malheureusement, la seule qui soit usitée, les détritus du tabac, ne peut être obtenue que par une demande avec certificats à l'appui adressée au directeur des manufactures. Peu de jardiniers s'astreignent à faire cette démarche. De plus, l'administration ne délivre plus que des poussières, d'un emploi difficile, si on veut les utiliser en fumigations. On s'en sert du reste avec succès pour saupoudrer les arbres attaqués, procédé qui est prompt et facile. Une dissolution d'eau et de tabac est efficace; seulement, comme le puceron se trouve au-dessous de la feuille, il faut projeter l'eau du bas en haut soit avec une pompe à main, une brosse de crin ou même un balai de bruyère ou de chiendent. On choque avec ce balai imbibé le dessous d'un bâton tenu de la main gauche pour asperger le feuillage.

La fumigation produit un effet sûr, mais elle prend du temps et demande des soins. On couvre le pêcher d'un drap, puis on brûle quelques poignées de tabac sur un fourneau allumé; on retire l'appareil au bout d'une demi-heure.

Il serait à désirer que des dissolutions de plantes vénéneuses communes puissent être expérimentées. Un Allemand a employé avec succès les feuilles de tomate contre les pucerons. Nous croyons que la pomme épineuse (*datura stramonium*), l'aconit napel, la ciguë, la morelle, les champignons vénéneux, les feuilles d'if, etc., pourront donner de bons résultats. Ces plantes, provenant communément du jardin, seront jetées dans un vase, baquet, etc., en partie rempli d'eau, qui serait chaude si elle devait être employée de suite; on les macère avec un bâton, puis on arrose les arbres attaqués avec leur décoction.

Nous engageons vivement tous les arboriculteurs à faire des expériences à ce sujet, qui sera pour nous l'objet d'une étude spéciale. Quel avantage le jardinier n'aurait-il pas à conserver dans un coin un baquet rempli d'eau lui servant à se débarrasser des insectes nuisibles; il n'aurait que la peine de ramasser les plantes vénéneuses qui se trouvent sans frais sous sa main.

On se sert parfois d'eau de savon ou de potasse pour détruire ces insectes; mais on doit craindre dans ce cas que le feuillage puisse en souffrir, si la dose était trop forte. Nous avons eu l'extrémité des pousses de nos pêchers brûlée par cette dissolution.

Le kermès (*coccus persicæ*). — Insecte de la famille des gallinsectes, qui se loge sur l'écorce et la désorganise en aspirant la séve. Le mâle est rouge incarnat, a les ailes transparentes et peu développées. La femelle a presque la forme d'un cloporte; elle est brune, très-agile dans sa jeunesse, et pompe la séve de l'arbre. Une fois fécondée par le mâle qui meurt ensuite, elle se fixe sur l'écorce et meurt sans pondre. Les œufs qui se trouvent dans son corps éclosent en juillet. Cette seconde génération meurt à l'automne, et les corps desséchés restent garnis d'œufs qui éclosent à leur tour l'année suivante. Les branches attaquées sont ternes, rugueuses, et paraissent couvertes de pellicules de son grisâtre.

Le procédé le plus vraiment efficace pour détruire cet insecte est de brosser les branches avec une brosse de chiendent trempée dans de l'eau. On réussit également en les barbouillant avec un lait de chaux, fait dans une dissolution de tabac. Nous redoutons d'enduire les arbres d'une couche blanche; leur aspect est peu agréable, et nous avons réuni quelques faits qui semblent prouver que cet enduit durcit l'écorce. Nous préférons de beaucoup une légère dissolution de colle-forte étendue sur les branches à l'époque de la taille.

L'ARAIGNÉE ROUGE (*acarus tebarius*), *la grise* des jardiniers. — Cet insecte presque imperceptible fait de grands ravages sur les pêchers en espalier ; il dévore le parenchyme des feuilles, qui prennent alors une teinte grisâtre et finissent par tomber en juillet. Les pêches se fanent et tombent à demi-formées. Les arbres abrités des pluies, ceux surtout qui se trouvent au levant dans de vieux jardins peu aérés, sont fort exposés aux ravages de cet insecte qui se loge en hiver sous l'écorce de l'arbre.

Les procédés usités pour le puceron seront employés contre cet insecte, surtout la poussière de tabac.

LA LARVE LIMACE NOIRE de la mouche à scie (*tenthredo populi*) paraît en avril et attaque la pêche, l'abricot et la prune. Il est difficile de la détruire.

LE PERCE-OREILLE (*forficule*) se cache le jour dans les fentes de l'écorce et dévore la nuit les feuilles et les fruits. On en détruit de grandes quantités en formant des bottillons des bourgeons feuillus retranchés ; on les place contre le mur et les branches ; puis, chaque matin, on les secoue sur un vase à demi rempli d'eau sur laquelle surnage un peu d'huile. On place aussi des ergots de mouton sur les branches, les perce-oreilles s'y retirent.

LES LIMACES et COLIMAÇONS dévorent les pêches. On forme quelques petits tas de son au pied de l'arbre ; ils s'y réunissent, ce qui rend leur recherche plus facile.

LES GUÊPES dévorent les pêches mûres. Il faut laisser les fruits attaqués ; pendant qu'elles dévorent ceux-ci, elles n'en entament pas d'autres. Voyez à l'article vigne pour leur des-destruction.

LE LÉROT. — Ce petit animal, qui tient plutôt de l'écureuil que du rat, se reconnaît à ses moustaches noires et à l'extrémité blanche de sa queue. Il fait de grands ravages, surtout dans les jardins proche des parcs, forêts ou grands bâtiments mal tenus ; il sort au soleil couchant et court avec une grande vivacité sur le faîte des murs.

Tous les piéges sont bons pour le détruire, les assommoirs

surtout. On le chasse également à la brune au fusil. Il se tient alors de préférence sur les parties exposées aux derniers rayons du soleil couchant. L'arboriculteur vigilant n'attendra pas pour s'en débarrasser que les fruits soient en maturité; les appâts auraient alors peu de succès, par suite de l'abondance des fruits. C'est en juin, au moment où il sort de son engourdissement, qu'on l'attire le plus facilement, car il trouve peu de nourriture à cette époque. Les appâts préférables sont les figues sèches ou du pain trempé dans de l'œuf brouillé.

Le lérot aime courir sur la crête des murs; c'est là que l'appât doit être placé dans une souricière à bascule ou un assommoir. On en détruit des quantités en faisant sceller dans le faîte du mur une cloche à melon renversée, en partie remplie d'eau et à fleur du faîtage; le lérot en courant y tombe et se noie. On l'écarte en plaçant sur le faîtage à l'extrémité des murs des branchages de houx entrelacés.

On empoisonne le lérot avec la noix vomique : l'arsenic donne peu de résultats. On brouille un œuf à la coque avec de la mie de pain et de la noix vomique; puis on place cet appât sur le faîtage du mur; on place dessus deux pierres en faîtage si on craint pour les chats.

Les pruniers et abricotiers haute tige sont garantis des lérots par un petit auvent en zinc en forme d'abat-jour de lampe placé à hauteur sur la tige.

Le mulot ronge le jeune bois du pêcher; des plantations nouvelles sont parfois entièrement détruites. On enterre le long du mur et à fleur de terre des pots vernissés, puis on les remplit d'eau à demi; les mulots s'y noient dans leurs courses nocturnes.

DESCRIPTION

DES

MEILLEURES VARIÉTÉS DE PÊCHES

DE CHAQUE CONTRÉE.

Les bonnes variétés de pêches sont nombreuses et pour le plus grand nombre anciennement connues.

Dom Claude Saint-Étienne, moine feuillant, en décrit cent vingt variétés en 1680. Mais, en général, le nombre des variétés cultivées est assez restreint ; les soins et l'emplacement qu'exige un pêcher ne permettant que la culture de ceux de premier ordre. Cependant il est bon, dans un jardin bourgeois, de varier son choix. On y gagnera une agréable diversité dans les fruits, et plus d'étendue dans l'époque de maturité.

Nous conseillons d'être fort modeste sur l'étendue des murs cultivés en pêchers. Dans un jardin bourgeois, il s'agit de produire, pendant toute la période de maturité d'une espèce fruitière, une quantité convenable de fruits, pour suffire à la consommation de la maison ; plus serait inutile, surtout s'il s'agit de fruits tels que la pêche, qui ne peuvent être utilisés comme conserve, et qui exigent de plus un temps considérable et des soins assidus des jardiniers déjà surchargés d'ouvrage. On comprend que s'il se trouve dans un jardin un trop grand nombre de pêchers, le jardinier les négligera faute de temps. Ou bien, s'il les soigne convenablement, les autres cultures en souffriront. Nous croyons que quatre à huit pêchers pour une famille peu nombreuse, dix à quinze pour une forte maison peuvent fournir grandement pendant toute la saison. Un beau pêcher donne 400 pêches en moyenne, quelques-uns vont jusqu'à 1,000. Qui ne serait satisfait d'un pareil produit?

Nous avons cru devoir nous étendre longuement sur la description des meilleures variétés de pêches, pour qu'il soit possible, sinon de reconnaître une variété, du moins de pouvoir constater l'exactitude de la variété reçue du pépiniériste.

Parmi les caractères qui distinguent entre elles les différentes variétés de pêchers, il ne faut pas négliger celui reconnu en 1820, par M. Desprez, juge à Alençon. Dans une visite faite aux espaliers de la pépinière du Luxembourg, il s'aperçut que les glandes qui se trouvent à la base de la feuille variaient par leur présence, leur absence ou leur forme, selon la variété, ce qui permettait de reconnaître ces variétés.

On distingue les pêchers privés de glandes (*fig.* 250), ceux à glandes globuleuses (*fig.* 251), et ceux qui ont les glandes ré-

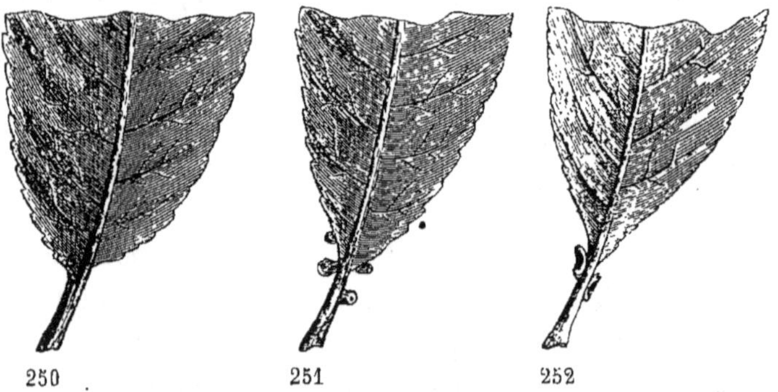

250 251 252

niformes, c'est-à-dire en forme de reins creusés en gouttière (*fig.* 252). Ces caractères ne sont fixes que pour l'ensemble de l'arbre, car certaines feuilles peuvent varier par excès ou défaut de vigueur.

Le pêcher se divise en quatre races, qui se distinguent par des caractères facilement reconnaissables. Cependant, par l'effet de l'hybridation, on a quelquefois rencontré deux fruits de race différente accolés ensemble sur le même rameau. Une grosse mignonne duveteuse avec un brugnon lisse.

PREMIÈRE RACE.

Fruits duveteux dont la chair quitte le noyau.

A cette race appartiennent les belles variétés fondantes cultivées en espalier dans le centre de la France ; elles se distinguent par leur finesse, leur fraîcheur et la suavité de leur parfum.

DEUXIÈME RACE.

Fruits duveteux dont la chair adhère au noyau.

Cette race n'est guère cultivée que dans le Midi, car elle exige la chaleur. La chair est ferme et fibreuse, mais fort sucrée et parfumée ; elle comprend les pavies, les persiques blancs et jaunes, et autres variétés nombreuses cultivées en plein vent dans le Midi et en Amérique ; les fruits sont souvent de grosseur énorme, mais tardifs ; ils ne méritent pas la culture en espalier, vers le centre et le nord de la France.

TROISIÈME RACE.

Fruits lisses dont la chair quitte le noyau.

Les fruits de cette race sont de grosseur moyenne, mais fondants, vineux et d'une saveur relevée, ce qui les fait estimer comme fruits d'amateur. Les Anglais nomment *nectarine* cette race et la suivante ; il serait à désirer que cette gracieuse dénomination fût introduite chez nous pour désigner la troisième race.

QUATRIÈME RACE.

Fruits lisses dont la chair adhère au noyau.

Les fruits de cette race sont moyens ou petits, leur chair est ferme et fibreuse, mais vineuse, sucrée et d'une saveur musquée relevée. On les désigne sous le nom de brugnons.

Outre ces quatre races distinctes, on a reconnu certains

groupes de variétés ayant des caractères pareils. L'usage les a dénommées sous les noms génériques de mignonnes, madeleines, chevreuses, etc. Mais ces groupes n'ont pas de caractères assez tranchés ponr donner lieu à une classification.

PÊCHES FONDANTES, DUVETEUSES,

A CHAIR QUITTANT LE NOYAU.

PETITE MIGNONNE (Commencement d'Août).

Il existe un certain nombre de variétés hâtives, telles que les avant-pêches, qui méritent peu l'espalier. On préfère soumettre à la culture forcée de bonnes variétés, si on veut obtenir des primeurs. Cependant quelques amateurs pourront cultiver avec avantage un ou deux pêchers de petite mignonne. On confond quelquefois cette variété avec la double de Troyes, mais elles sont fort différentes.

Fruit ancien cité pour la premiere fois par Saussay, *Traité des Jardins*, 1722. Arbre de moyenne vigueur, assez délicat et très-productif. Bourgeons effilés, vert pâle à l'ombre, légèrement rougeâtres au soleil. Feuilles très-longues, étroites, plus larges à la base, planes, aiguës, légèrement froncées vers l'arête, finement serretées et d'un vert blond. Pétiole court avec glandes réniformes. Fleurs abondantes, très-petites et rose pâle, ce qui les rend peu apparentes.

Fruit au-dessous de la moyenne, assez variable de forme; parfois rond ou allongé, renflé d'un côté, légèrement sillonné et terminé par un petit mamelon aigu et recourbé. Peau très-fine, légèrement duveteuse et pour la plus grande partie vert-jaunâtre à l'ombre, lavé de rouge léger au soleil; le tout finement pointillé de rouge vif.

Chair entièrement blanche, assez ferme, fibreuse; mais vineuse, juteuse, sucrée et délicate. Noyau petit, plutôt pointillé que profondément rustiqué ; il se détache difficilement de la chair.

Cette charmante pêche de primeur n'est avantageusement placée qu'au midi ; elle tient bien à l'arbre et s'y ramollit par excès de maturité. Une récolte trop abondante est avantageusement utilisée comme conserve à l'eau-de-vie ; elles sont pour cela d'un volume moindre et conservent plus de fermeté que les autres pêches. On doit, vu leur peu de grosseur, en laisser un plus grand nombre sur l'arbre.

GROSSE MIGNONNE HATIVE (Mi-Août).

C'est une variété de la grosse mignonne qui mûrit quinze jours plus tôt et qui date du commencement de ce siècle. Poiteau l'a décrite le premier ; il la vit pour la première fois en 1808 dans un jardin de Montreuil.

Arbre assez vigoureux et très-productif, peu différent comme aspect de la grosse mignonne ; mais toutes ses parties sont un peu moins fortes. Bourgeons verdâtres à l'ombre, rouge-brun au soleil. Feuilles très-longues, légèrement ondulées, irrégulièrement et peu profondément serretées et vert sombre. Pétiole court, glandes globuleuses, rares et peu apparentes. Fleurs très-grandes, ouvertes et rose vif.

Fruit gros, mais un peu moins que la grosse mignonne ordinaire. Peau fine, duveteuse, fortement colorée de rouge-carminé et finement pointillée de rouge vif sur le fond vert.

Chair fine, blanc pur, marbré de rouge sous la peau du côté du soleil, et très-près du noyau ; elle est fondante, d'une grande fraîcheur, juteuse, sucrée et agréablement acidulée. Noyau assez gros, renflé, fortement rustiqué ; il se détache facilement de la chair, tout en conservant quelques filaments rougeâtres. Ce beau fruit est de premier mérite, aussi est-il fort cultivé à Montreuil.

MADELEINE DE COURSON (Fin Août).

Variété fort ancienne citée par Laquintinye en 1690. Plusieurs variétés de madeleines sont cultivées, une blanche et une rouge, qui est encore plus foncée que celle de courson. Il faut donc éviter de nommer celle-ci madeleine rouge, pour ne pas faire confusion. Le groupe des madeleines se distingue surtout par son feuillage fortement serreté.

Arbre très-vigoureux et des plus féconds. Bourgeons longs, gros, nombreux et légèrement colorés au soleil de rouge-violacé brunâtre. Il se trouve beaucoup de lambourdes sur cette variété. Feuilles grandes, larges, aiguës, fortement et doublement serretées dans le sens incliné ; elles sont d'un vert terne très-foncé, le pétiole est allongé et dénué de glandes. Fleurs assez grandes, ouvertes et d'un rouge-carminé assez vif.

Fruit assez gros, un peu moins gros et plus arrondi que la grosse mignonne ; il est déprimé à la base et au sommet avec un léger sillon ; le pédoncule est assez gros. Le fruit est très-rapproché du rameau qui le supporte.

Peau couverte d'un léger velouté ; elle est forcément colorée de rouge-pourpre uni, sauf quelques parties peu étendues d'un vert-jaunâtre à l'ombre.

Chair blanc-citrin fortement veinée de rouge ; elle est ferme, mi-fine, juteuse, sucrée, vineuse et agréablement relevée d'un arome des plus fins ; elle mûrit quelques jours plus tôt que la grosse mignonne, et sa qualité est plus constante. Noyau rouge vif, de grosseur variable, et le plus souvent petit ; il conserve quelques bribes de chair.

Cette variété, assez cultivée à Montreuil, peut se mettre au levant et au midi ; elle est parfois pâteuse au couchant. Ses fleurs sont assez éloignées entre elles, vu la force du bois, ce qui oblige à tailler long. On évitera de laisser trop de fruits pour les obtenir plus volumineux ; ils sont sujets à tomber s'ils sont venus dans un mauvais sol.

POURPRÉE HATIVE (Mi-Août).

Ancienne variété citée par Merlet dans son *Traité des fruits*, 1690. Arbre très-vigoureux et un des plus productifs qui, par son port, a quelque analogie avec la grosse mignonne. Bourgeons forts, longs, assez gros et souvent ramifiés. Feuilles grandes et belles, rugueuses, aiguës et d'un vert très-foncé, finement et peu profondément serretées. Pétiole court muni de grosses glandes réniformes. Fleurs grandes, belles et très-ouvertes, rose purpurin assez vif.

Fruit d'un beau volume, bien arrondi et séparé par un sillon large et profond qui se termine en pointe à l'extrémité. Peau fine se détachant facilement et recouverte d'un duvet fin et épais de couleur fauve, lequel s'enlève au moindre frottement. Fond écarlate jaspé, pourpre brun au soleil, peu de vert à l'ombre, le tout tiqueté de petits points écarlate cerclés de jaune.

Chair blanche, pénétrée de rouge carmin du côté du noyau, qui a l'inconvénient de se fendre et de rendre le fruit difforme sans lui ôter de sa qualité. Elle est presque adhérente au noyau, assez fine, fondante, relevée, très-juteuse, sucrée, parfumée et toujours parfaite.

Cet excellent fruit d'amateur est un des plus productifs; il vient bien au levant et même au couchant; c'est un des rares pêchers qui réussissent à cette dernière exposition.

GROSSE MIGNONNE ORDINAIRE (Fin Août).

Variété méritante et la plus cultivée aux environs de Paris; elle est citée pour la première fois par Merlet, *Traité des fruits*, première édition, 1665.

Arbre vigoureux, régulièrement productif et réussissant à toute exposition, il prend un beau développement; ses rameaux sont très-forts les premières années de plantation; plus tard, ils sont minces et flexibles, de couleur vert tendre parfois légèrement teintée de rouge brun au soleil. Feuilles assez grandes, assez étroites, vert foncé, à pétiole rougeâtre et finement ser-retées. Glandes globuleuses. Fleurs très-grandes, très-ouvertes et d'un beau rose.

Fruits gros, ou moyens quand l'arbre est trop chargé ; il s'y trouve un sillon profond et étroit qui se termine par une petite pointe au sommet. Pédoncule très-court, ce qui fait que le fruit est serré contre le rameau et en prend l'empreinte. Peau fine, veloutée, rouge-carminé lisse au soleil, blanc-verdâtre à l'ombre, le tout tiqueté de rouge-purpurin.

Chair blanc-verdâtre, finement pointillée de vert-jaunâtre et blanc pur strié de carmin auprès du noyau qui est assez gros, rouge-pourpre et se terminant par une pointe aiguë. La chair est très-fine, peu fibreuse, d'une grande fraîcheur, très-fondante, sucrée, savoureuse, mais péchant parfois au point de vue de la qualité, surtout si elle a été cueillie trop tôt dans un sol froid et au couchant.

MALTE (Fin Août à Mi-Septembre).

Variété fort cultivée en Normandie; elle se reproduit de noyau sans variation sensible et semble appartenir à la série des madeleines. Elle est citée pour la première fois dans le catalogue des Chartreux en 1736. Arbre de vigueur moyenne et productif. Bourgeons menus et allongés à moelle brune et légèrement lavés de pourpre au soleil. Feuilles vert pâle, planes, larges, longues et profondément serretées. Glandes nulles. Fleurs très-grandes et rose pâle.

Fruit moyen parfaitement arrondi, avec un léger sillon contournant tout le fruit sans mamelon à l'extrémité. Peau très-fine et quittant bien la chair; elle est blanc-verdâtre, plus ou moins marbrée de rouge-cerise au soleil.

Chair d'un blanc pur, légèrement teintée de rouge-cerise vers le noyau ; elle est extrêmement fine et délicate, très-juteuse, assez sucrée et se fait remarquer par une saveur légèrement musquée. Le noyau est peu rustiqué et renflé vers la pointe.

Ce charmant fruit d'amateur est fort estimé ; il n'est pas cultivé à Montreuil à cause de son volume moyen. Il préfère le levant et un terrain sec et vient parfaitement en plein vent ; dans ce cas, la plupart des fruits sont blancs ; l'arbre est sujet à la gomme ; on ne doit pas chercher à lui donner trop d'étendue. Cette pêche est peu sujette à être froissée par le transport ; elle est d'une facile conservation.

GALANDE (Fin Août-commencement Septembre).

Ancienne variété, citée pour la première fois par les Chartreux. C'est par erreur qu'on lui donne le nom de bellegarde. La bellegarde était un pavie persique peu coloré, cité par Merlet, Liger et autres. Les Chartreux, dans leur catalogue de 1736, annoncent que « la galande n'est pas encore commune. » Ce qui fait supposer qu'elle était nouvellement connue.

Arbre de vigueur moyenne, un peu délicat et assez productif. Bourgeons gros, droits et allongés, vert-jaunâtre à l'ombre, et fortement colorés de rouge-violacé au soleil. Feuilles grandes, d'un vert plus foncé que la plupart des autres variétés ; elles sont assez lisses, peu ou point serretées, et munies de glandes globuleuses placées à la base de la feuille. Fleurs petites, très-nombreuses, rose pâle, assez ouvertes, mais pétales étroits, ce qui les rend peu apparentes.

Fruit de grosseur variable, souvent moyen, parfois très-gros, surtout sur les vieux arbres ; il est plus haut que large, quelquefois bosselé et séparé par un léger sillon terminé par une petite pointe qui disparaît sur les gros fruits. Peau ferme, très-adhérente, couverte d'un léger duvet qui s'enlève difficilement. Fond d'un beau rouge-pourpre vineux, tellement foncé au soleil qu'il paraît noir. Une faible surface du côté de l'ombre reste blanc-verdâtre. Le tout finement tiqueté de pourpre foncé.

Chair ferme, mais fine, d'un blanc-verdâtre, légèrement cerclée de rose vif autour du noyau, qui est moyen, aplati, allongé, fortement rustiqué et terminé par une pointe plate. La chair est très-juteuse, sucrée, acidulée, exquise et d'une grande fraîcheur.

Ce fruit magnifique doit être placé au levant; au midi, les fruits prennent une teinte trop foncée; au couchant, l'arbre est sujet au blanc, et, dans ce cas, son fruit prend de l'âcreté. La galande aime les bonnes terres; on doit diminuer les fruits pour les avoir plus beaux et éviter de trop les découvrir, puisqu'ils sont déjà assez colorés.

REINE DES VERGERS (Mi-septembre).

Cette belle variété a été obtenue dans la propriété de M. Joneau, à Lozère, près Doué (Maine-et-Loire); elle y fut trouvée en 1847, par M. Chatenay, pépiniériste à Doué, qui lui donna le nom de reine des vergers, par allusion au verger où elle prit naissance. Elle fut répandue dans le commerce par M. Jamin, pépiniériste, à Paris.

Arbre vigoureux et productif. Sa rusticité le rend convenable en plein vent; ils se plaît en espalier aux trois expositions. Malheureusement il a un inconvénient qui restreindra sa culture, les nombreuses ramilles qui se développent sur ses rameaux de charpente sont dénudées d'yeux à la base sur une certaine longueur, ce qui tend à former des productions fruitières mal constituées. Cette variété, quoique méritante, a du reste été un peu trop vantée à son apparition.

Bourgeons longs, forts et luisants, pourpre-violacé presque brun. Feuilles longues et assez larges, planes, vert-grisâtre foncé, plus pâle en dessous; le pétiole rougeâtre est muni de glandes réniformes ou globuleuses.

Fruit qui a une certaine analogie de forme et de couleur avec la galande, mais qui est un peu moins gros que celle-ci; plus long que rond et séparé par un sillon assez prononcé. La peau est ferme, se détache facilement et se couvre d'un léger duvet. Sa couleur est pourpre-foncé sur sa plus grande surface et légèrement tiquetée de rouge-brun et verdâtre.

Chair blanc-verdâtre, striée de rouge-ponceau autour du noyau, lequel se détache facilement; elle est fine, mais ferme, puis fondante, juteuse, sucrée et d'une saveur relevée par une légère acidité qui disparaît à la parfaite maturité.

Cette pêche est d'une conservation et d'un transport faciles; elle gagne à achever sa maturité dans le fruitier; elle est assez répandue dans les jardins d'amateurs.

BELLE BEAUSSE (Commencement Septembre).

La belle beausse paraît provenir d'un semis de la grosse mignonne, dont elle est une sous-variété; c'est à tort qu'on a dit que c'est une grosse mignonne perfectionnée par la culture. On sait que la culture ne peut changer les caractères d'une variété, au point d'en faire une variété nouvelle. On la doit à Joseph Beausse, cultivateur de Montreuil (1). Elle fut répandue par Hervy, directeur de la pépinière des Chartreux, et citée pour la première fois dans leur catalogue en 1775.

Bel arbre très-vigoureux, prenant une grande étendue et qui ressemble assez à la grosse mignonne dans toutes ses parties. Bourgeons gros, longs et fortement renflés vers les yeux. Feuilles grandes à pointe aiguë, largement et peu profondément serretées et d'un beau vert. Les nervures sont nuancées de cerise ainsi que le pétiole, qui est fort court et muni de petites glandes globuleuses.

Fleurs grandes, belles, ouvertes et rose pâle.

(1) Beausse est l'orthographe exacte de ce nom; il s'écrit souvent par erreur bausse, bauce. Nous avons reçu, à ce sujet, une lettre de M. le secrétaire de la mairie de Montreuil, contenant en outre l'étendue officielle des jardins de ce pays, laquelle est de 256 hectares 49 ares, cultivés par trois cents cultivateurs, dont quelques-uns obtiennent jusqu'à cent cinquante milliers de pêches. Les villages environnants augmentent de moitié l'étendue donnée à cette culture.

Fruit plus gros que la grosse mignonne, plus allongé, aplati vers son extrémité, sur laquelle il ne se trouve pas de pointe. Léger sillon sur le côté. Peau fine, fouettée d'un beau rouge-écarlate, plus foncé au soleil. Le côté de l'ombre est jaune-verdâtre finement pointillé de rouge vif. Cette peau est duveteuse et se détache facilement.

Chair blanc-verdâtre cerclée de rouge autour du noyau; elle est fine, fondante, fort juteuse, sucrée et excellente; mais parfois sujette à se fendre par excès d'humidité. Le noyau est moyen, rouge vif, fortement rustiqué et ses nervures en lames fortement prononcées. La belle beausse est un fruit de premier mérite, assez répandu à Montreuil.

ADMIRABLE (Mi-Septembre).

Cette belle variété d'amateur est citée pour la première fois sous le nom d'admirable de Gaillon, par Lelectier, procureur du roi à Orléans, en 1628. On connaît de nos jours trois variétés d'admirables, celle-ci, la belle de Vitry et l'admirable jaune; elles sont toutes les trois méritantes. La belle de Vitry, qui est souvent confondue avec l'admirable, en diffère parce qu'elle mûrit quinze jours plus tard et que sa peau, plus ferme, est plus adhérente; elle lui est en outre un peu inférieure.

Arbre d'une croissance rapide et d'une forte taille : aussi demande-t-il beaucoup d'espace. Il se charge d'une multitude de bourgeons d'une végétation irrégulière : aussi sa conduite exige-t-elle une attention toute particulière, afin que les parties inférieures ne soient pas promptement ruinées. Il est de fertilité moyenne. Bourgeons nombreux, gros et allongés, souvent couverts de ramilles anticipées. Feuilles vert terne assez pâle; belles, longues, unies, finement serretées et munies de glandes globuleuses. Fleurs moyennes, peu ouvertes, rose pâle et nouant facilement.

Fruit de grosseur irrégulière, assez gros et parfois fort gros; il est bien arrondi, mais plus large que long, avec un léger sillon qui se termine par une pointe peu sensible, située sur une tête arrondie. Peau fine, se séparant difficilement de la chair et couverte d'un duvet fin et serré. Le fond en est verdâtre et jaune-citrin, légèrement teinté et marbré de rouge-cramoisi, fouetté et taché de pourpre vif.

Chair blanche, fouettée partiellement sous la peau de rouge carmin et autour du noyau, lequel est fort petit ; elle est ferme, fondante, très-juteuse, sucrée, vineuse, délicate, jamais pâteuse et délicieusement parfumée. Sur les arbres malades, les fruits sont sujets à être difformes et à se fendre.

Cette pêche commence la série des pêches d'arrière-saison, qui ont généralement pour caractère d'être fort peu colorées. Son mérite est supérieur ; elle est plutôt convenable pour les grands jardins. L'arbre demande le sud-est et même le sud dans les sols frais ; il est fort sujet à la cloque. Comme mérite, son fruit a toutes les qualités de la pêche sans avoir les défauts de certaines variétés ; il doit mûrir sur l'arbre pour être parfait.

BOURDINE (Mi-Septembre).

Ancienne variété citée par Triquel, en 1680, sous le nom de pêche bourde. Elle fut présentée à Louis XIV par Boudin de Montreuil. On ignore si c'est lui qui l'a obtenue, et si le nom de la pêche n'est qu'un corrompu du sien. Labretonnerie dit tenir d'une personne sûre, que cette pêche introduite au potager de Versailles y fut nommée royale.

Arbre très-vigoureux et qui demande de l'espace ; il charge beaucoup, ce qui nuit à la grosseur du fruit, qui est sujet à tomber avant la maturité. L'arbre s'épuise facilement ; aussi doit-on tailler court. Bourgeons droits, forts, allongés et très-gros. Feuilles très-grandes, unies, vert foncé, peu ou point serretées. Pétiole court, garni de trois glandes globuleuses de chaque côté. Fleurs petites, peu ouvertes, couleur de chair, lisérées de carmin vif.

Fruit d'un beau volume, arrondi, un peu plus large que

long et d'une belle forme. Pédoncule court et peu enfoncé, d'où part une gouttière large et profonde, aplatie d'un côté et bordée de l'autre d'une lèvre renflée. Noyau moyen. Peau légèrement duveteuse, s'enlevant facilement; elle est blanc-verdâtre, lavée et marbrée sur le tiers de sa surface d'une jolie teinte purpurine.

Chair blanc-jaunâtre, carminée à mi-épaisseur, fine, très-juteuse, sucrée, un peu vineuse; saveur relevée exquise; elle se détache du noyau en y laissant des lambeaux de chair. Ce noyau est assez gros, gonflé et couleur chamois-grisâtre.

La bourdine mérite une des meilleures places à l'espalier au levant et au midi. Elle réussit en plein vent; les fruits y sont bons, mais sujets à tomber; elle a une grande analogie avec le teton de Vénus, qu'elle remplace avec avantage. Nous ne conseillons pas cette dernière variété, qui est souvent de deuxième qualité; de plus sa végétation est trop forte et irrégulière.

NIVETTE VELOUTÉE (Fin Septembre).

Variété estimée par la Quintinye, et citée pour la première fois par Merlet, en 1667. Arbre vigoureux dans sa jeunesse, mais qui plus tard est sujet à s'arrêter par excès de fructification, à moins qu'une taille sévère n'y remédie. Bourgeons gros, vert pâle, parfois légèrement colorés au soleil. Feuilles grandes, unies, vert tendre et rouge-jaunâtre en automne; elles sont régulièrement serretées et munies de glandes globuleuses. Fleurs nombreuses, petites, peu ouvertes, mais d'un beau cramoisi vif.

Fruit assez volumineux, rond dans sa largeur, légèrement allongé, parfois couvert de quelques verrues. Sillon large et peu profond, terminé quelquefois par un petit mamelon cornu et légèrement enfoncé. Le pédoncule se trouve dans une cavité étroite et profonde; il tient assez à la chair pour qu'il soit difficile d'enlever le ruit sans déchirer un lambeau de peau.

Celle-ci est couverte d'un duvet serré, fin et blanchâtre, ce qui lui donne un reflet velouté. Fond verdâtre partout, jaunissant à la maturité, marbré et fouetté de rouge-cramoisi clair, avec quelques taches pourpre.

Chair ferme, blanc-verdâtre, veinée de cramoisi vers le noyau; elle est juteuse, sucrée, vineuse, savoureuse et d'un parfum relevé; elle a parfois une arrière-pointe d'âcreté, qui ne déplaît que dans les sols froids. Pour être parfait, ce fruit doit être conservé quelques jours au fruitier; c'est une bonne variété d'amateur, peu cultivée aux environs de Paris, mais estimée vers la Loire.

CHEVREUSE TARDIVE (Fin Septembre).

Ancienne variété, citée pour la première fois par René Dahuron, jardinier du duc de Brunswick, en 1696. Les chevreuses forment un groupe de variétés remarquables par la beauté de leurs fruits : la chevreuse hâtive, la chancelière, etc.

Arbre très-vigoureux dans sa jeunesse, mais fertile à l'excès, ce qui tend à l'épuiser. Bourgeons rouge foncé au soleil, garnis de boutons gros et noirâtres. Feuilles grandes, très-finement serretées et froncées à la nervure médiane. Glandes nombreuses, assez grosses et réniformes; elles se trouvent à la base de la feuille. Fleurs très-petites et fort pâles.

Fruits qui restent longtemps velus, verdâtres et irréguliers; mais qui, fin août, grossissent subitement. Ils sont profondément sillonnés et renflés sur les bords de ce sillon, un côté plus que l'autre. La peau est épaisse, fortement duveteuse et se détache facilement. Elle est jaune-verdâtre et lavée au soleil, sur le quart de sa surface, de rouge-carmin, plaqué de rouge-pourpre brillant plus foncé; le tout finement tiqueté de pourpre.

Chair blanc-jaunâtre, presque transparente, légèrement striée de cramoisi vif vers le noyau, qui se détache en conservant quelques lambeaux de chair. Celle-ci est fine, très-fondante, savoureuse, sucrée et exquise à sa parfaite maturité, qui varie selon les saisons; seulement elle doit mûrir sur l'arbre, mais pas trop, car elle devient pâteuse. Il est bon de la garantir d'un auvent contre les pluies d'automne, comme toutes les pêches tardives. Le noyau est allongé et contient une amande fort amère.

L'excès de fertilité de cette magnifique variété et la grosseur du fruit doit en faire sacrifier un grand nombre pour les obtenir plus beaux.

BONOUVRIER (Fin Septembre-commencement Octobre).

Cette variété de chevreuses a été obtenue il y a 40 ans environ par un cultivateur de Montreuil, dont elle porte le nom. On la confond quelquefois avec la chevreuse tardive, mais elle en diffère par sa moindre végétation, par ses glandes et par ses fleurs d'un rouge plus foncé. Son fruit est plus régulier, moins allongé et d'une maturité plus constante.

Arbre de végétation moyenne, mais très-productif. Bourgeons vert pâle et pourpre-brun au soleil. Feuilles grandes, finement serretées et à glandes globuleuses.

Fruit gros, arrondi, légèrement aplati; sillon assez prononcé, terminé par une pointe. Fond jaune-verdâtre, avec quelques marbrures cramoisi sur le côté frappé du soleil; le tout finement pointillé de pourpre.

Chair blanc-citrin, teintée de rouge près du noyau, qui est moyen, rougeâtre et profondément rustiqué; elle est fondante, sucrée, savoureuse et délicate. On doit laisser peu de fruits sur cette variété pour les obtenir plus beaux et d'une maturité plus parfaite.

POURPRÉE TARDIVE (Commencement Octobre).

Citée pour la première fois par Liger, en 1714. Variété d'amateur, qui termine sous notre climat la saison des pêches; elle donne, à bonne exposition et les années chaudes, des fruits hautement parfumés et d'une exquise délicatesse. Sa maturité trop tardive fait qu'elle n'est pas cultivée à Montreuil.

Arbre assez vigoureux et robuste. Bourgeons gros et allongés, colorés de rouge-brun foncé. Feuilles vert terne, courtes, larges, crépues et contournées sur elles-mêmes; elles sont profondément et régulièrement serretées. Pétiole court, garni de glandes réniformes. Fleurs très-petites, peu ouvertes et presque incolores.

Fruit assez gros, gracieusement arrondi, renflé d'un côté, légèrement aplati vers l'ombilic. Sillon peu sensible, ainsi que le mamelon. Enfoncement large, dans lequel est implanté le pédoncule. Peau épaisse, se séparant facilement de la chair. Elle est jaune-citrin, colorée au soleil, sur une petite surface, d'un beau pourpre foncé. Cette couleur n'existe pas les années peu favorables.

Chair blanche, fortement striée de pourpre autour du noyau. A son point parfait de maturité, elle est juteuse, sucrée, parfumée, savoureuse, et d'autant plus agréable qu'à cette époque les pêches sont des fruits hors saison; elle se sépare facilement du noyau, qui est petit, brun-violacé et profondément rustiqué.

Nous avons eu souvent l'occasion de goûter cette variété venue dans un sol sec, près de Corbeil. Elle nous a paru chaque année méritante et parfois délicieuse. L'arbre ne convient que pour le sud-est. Il est bon dans un grand jardin d'en planter un ou deux arbres à cette exposition. Les productions fruitières, branches et fruits, seront espacées, pour que les fruits atteignent tout leur mérite.

PÊCHES LISSES

DONT LA CHAIR QUITTE LE NOYAU.

VIOLETTE HATIVE (Commencement Septembre .

Citée pour la première fois par Lelectier, d'Orléans, en 1628. Certains auteurs du dix-huitième siècle la proclament la meilleure de toutes les pêches ; il est vrai que dans certains sols elle a une saveur hautement relevée, des plus fines et délicieuse ; mais ce fruit étant moyen n'est pour cela qu'un fruit d'amateur. Arbre assez vigoureux et d'une grande fertilité. Bourgeons peu allongés, de grosseur moyenne, peu colorés au soleil et vert pâle à l'ombre. Feuilles aiguës, finement serretées et munies de glandes réniformes. Fleurs nombreuses, petites, peu ouvertes, et rouge-cramoisi foncé. Leur grand nombre et leur teinte vive leur donne de l'apparence.

Fruit moyen, d'une forme peu constante, le plus souvent presque arrondi, un peu aplati sur un côté et renflé vers la tête. Pédoncule enfoncé peu profondément dans une cavité étroite, d'où sort un étroit sillon, qui se termine par un petit mamelon. Peau fine, lisse et sans duvet, fortement colorée au soleil, d'un beau pourpre foncé violacé, parsemé de taches jaunâtres ; le côté de l'ombre est cramoisi violacé, avec quelques plaques verdâtres.

Chair citrine, légèrement carminée sous la peau et rose vif près du noyau, qui est assez gros et de couleur chamois-grisâtre. Elle est sucrée, vineuse, hautement parfumée et délicieuse.

La violette hâtive sera placée au midi ; elle doit, pour être parfaite, mûrir sur l'arbre, et n'être consommée qu'au moment où elle commence à se faner vers le pédoncule. Il existe plusieurs variétés de violette, la tardive, la marbrée, etc.

On a préconisé dans ces derniers temps une pêche lisse,

connue sous le nom de brugnon stanwick. Ce n'est pas un brugnon, mais une pêche lisse, puisque sa chair quitte le noyau. Elle est inférieure à la violette et a souvent l'inconvénient de se fendre. Son amande est douce.

PÊCHES LISSES

DONT LA CHAIR ADHÈRE AU NOYAU.

BRUGNON MUSQUÉ (Fin Septembre).

Ancienne varieté, citée pour la première fois par Bonnefonds, *Jardinier français*, en 1651. M. Beker, consul anglais, auquel nous devons la pêche stanwick, dit que le brugnon musqué est communément cultivé à Damas, en Syrie.

Arbre vigoureux et assez fertile, mais d'une conduite assez difficile, à cause des nombreux gourmands qui se développent pendant la végétation. Rameaux moyens et fort longs. Feuilles d'un beau vert, larges, planes, longues, repliées en dessous en pointe aiguë, finement serretées et munies de glandes globuleuses. Pétiole blanchâtre ainsi que le dessous de la feuille. Fleurs grandes, belles, très-étalées et rose pâle.

Fruit moyen ou petit, un peu allongé, peu profondément sillonné sur un des côtés. Peau ferme et lisse, d'un beau pourpre-violacé au soleil, jaune-verdâtre à l'ombre, qui se fond dans le rouge par petites plaques grisâtres.

Chair jaunâtre, ferme, fibreuse et adhérente au noyau; elle elle est très-juteuse, sucrée, vineuse, musquée et un peu acidulée, jamais sèche ni pâteuse. Il faut attendre que le fruit se flétrisse sur l'arbre par excès de maturité; l'arbre doit être planté en plein midi.

PÊCHER NAIN.

Quelques amateurs se plaisent à présenter sur leur table ce petit arbre planté en pot et couvert de fruits. Le pêcher nain est cité pour la première fois par Liger, *Culture parfaite*, 1714. Il l'annonce comme nouvellement obtenu par M. Doré, jardinier du roi, à Orléans. Malheureusement ses fruits sont de médiocre qualité.

Voici un charmant procédé qui permet de présenter sur une table des pêchers en pot couverts de fruits magnifiques. A la fin de l'été, on incise circulairement et à la moitié de la longueur un rameau latéral d'une branche assez vigoureuse et non ramifiée; on recourbe ce rameau dans un pot plein de terre, ayant soin que la partie incisée soit enterrée. L'année suivante, la partie qui sort de terre est taillée à six ou huit fleurs; puis, les pêches une fois mûres, on sépare le jeune arbre du sujet. Étant enraciné dans le pot, il offre l'aspect d'un arbre en miniature. On choisira de préférence les fortes pousses rapprochées de terre, pour qu'elles puissent être marcottées dans des pots placés sur terre.

PÊCHER D'ÉGYPTE (Septembre).

En 1800, le commandant Barral rapporta, à son retour d'Égypte, des noyaux de cette pêche qui furent plantés par lui aux environs de Grenoble. En 1850, cette variété fut répandue dans le commerce; elle est rustique, plus touffue que le pêcher ordinaire, et se dénude moins à la base des rameaux. Nous l'avons étudiée avec soin aux environs de Lyon. Le fruit est allongé et d'une bonne qualité pour une pêche de plein vent; elle sera avantageuse sous ce point de vue, car elle se reproduit exactement de noyau; mais sa maturité tardive n'en permet la culture qu'au midi de la Loire.

CHOIX DES VARIÉTÉS.

Le choix des variétés pour la plantation est rarement judicieux. Elles ne s'échelonnent pas toujours convenablement selon la maturité ; il y a, dans ce cas, excès ou défaut pendant la durée de la saison des pêches. Les cultivateurs de Montreuil, qui cultivent pour la vente, se contentent de certaines variétés, mais dans un jardin bourgeois on doit mettre plus de diversité dans le choix de ces variétés.

Les pêchers cultivés à Montreuil sont la grosse mignonne hâtive et la grosse mignonne ordinaire, la madeleine de courson, la galande, la belle beausse, la bourdine et la bonouvrier.

PETIT JARDIN BOURGEOIS DE SIX PÊCHERS.

1 Grosse mignonne hâtive.
1 Grosse mignonne ordinaire.
1 Galande.
1 Brugnon violet.
1 Bourdine.
1 Bonouvrier.

JARDIN DE VINGT PÊCHERS.

1 Petite mignonne.
2 Grosse mignonne hâtive.
1 Madeleine de courson.
2 Grosse mignonne ordinaire.
1 Violette hâtive.
1 Pourprée hâtive.
1 Malte.
2 Galande.
1 Reine des vergers.
2 Belle beausse.
1 Brugnon musqué.
1 Admirable.
2 Bourdine.
1 Pourprée tardive.
1 Bonouvrier.

Nous laissons au lecteur le soin de varier ce choix, et d'y ajouter ou diminuer selon les circonstances. En changeant d'exposition on peut restreindre son choix à un plus petit nombre de variétés, l'exposition retardant ou avançant l'époque de maturité. Si on possède un terrain chaud, on peut forcer le nombre des variétés tardives. Dans un sol froid et humide, on se contentera de celles de moyenne saison. Un plus grand nombre d'arbres à planter permet d'y ajouter les variétés omises dans cette liste.

CINQUIÈME PARTIE.

SÉRIE DES ARBRES A PETITS FRUITS.

Elle se compose des fruits à noyau qui mûrissent en été : l'abricotier, le prunier et le cerisier. La taille de cette série demande une étude particulière, qui jusqu'ici, il faut l'avouer, a été peu approfondie. Lui appliquer servilement le mode de taille de la série à gros fruits serait une erreur grave qui ne peut que conduire à une déception complète. Chercher à obtenir des arbres réguliers (par exemple, une palmette d'abricotier, semblable à une palmette de poirier), n'aurait pour résultat que de former un arbre torturé, infertile et de peu de durée. Qui n'a pas vu comme nous ces arbres réguliers donner à peine une assiette de fruits, quand l'arbre voisin, abandonné à lui-même, en était surchargé.

Pourquoi soumettons-nous à la taille la série à gros fruits? C'est que, par suite du fort volume de ceux-ci, les branches qui les supportent ne peuvent rester régulièrement productives que si elles sont soumises à une taille rigoureuse. De là la nécessité d'obtenir ces branches d'une force convenable, en les maintenant en petit nombre, en les formant parfaitement droites, sans bifurcations.

En est-il de même de la série à petits fruits? Évidemment non ! *Fruit petit demande petite branche.* Ce sont les parties minces de l'arbre qui, dans cette série, produisent le fruit; les parties fortes (branches et rameaux) produisent des bourgeons à bois. Pour obtenir ces parties minces, il faut forcément diviser la branche, puisque c'est ainsi qu'agit la nature pour produire ce résultat.

Nous avons dit que la série des fruits à noyau ne fructifie que sur le jeune bois ; l'abricotier et la cerise acide, à la deuxième végétation du rameau qui supporte la production fruitière ; le prunier et la cerise douce, à la troisième. Il faut donc favoriser la multiplication du jeune bois qui rapporte le fruit sur toute sa longueur, puisqu'une assez forte quantité de ce jeune bois est indispensable pour obtenir de l'arbre une abondante récolte. Exemple : un prunier plein-vent forme une tête arrondie garnie de minces productions fortement divisées. C'est sur ces productions que se trouve le fruit.

On ferait erreur en voulant conduire les productions fruitières de cette série exactement comme celles du pêcher, par la méthode du remplacement. Le pêcher a un mode de végéter tout particulier, qui permet ce remplacement. On sait que tous les yeux de cette espèce se développent, même ceux placés à la base. Il n'en est pas de même de la série à petits fruits ; ce sont en général les yeux de l'extrémité qui se développent ; les inférieurs, même sur l'abricotier, ne donnent qu'incidemment des bourgeons convenables au remplacement. De plus, ce remplacement exige une taille très-courte ; taille sans inconvénients pour le pêcher, puisqu'on ne laisse qu'un ou deux fruits, mais qui, sur les espèces à petits fruits, ne laisserait qu'un trop petit nombre de boutons à fleurs. Ajoutons que, *sur l'abricotier, le prunier et le cerisier, une taille trop courte fait couler la fleur.* Ce fait, que nous avons observé plusieurs fois, nous a été souvent certifié par de vieux praticiens. On sait du reste que ces trois espèces redoutent une forte taille, excepté pendant les premières années, où elle est indispensable pour obtenir une forte végétation.

Cette taille est plus ou moins courte, selon que l'espèce garnit plus ou moins de productions fruitières la longueur de ses rameaux. Le pêcher et le cerisier sont taillés en moyenne à la moitié ; le poirier et le prunier au tiers ; le pommier et l'abricotier au quart ; la vigne est raccourcie sur les quelques yeux de sa base. Nous n'avons pas besoin de dire combien l'âge et le plus ou moins de vigueur des rameaux viennent modifier cette règle dans un grand nombre de cas.

Certains arboriculteurs pincent court toutes les productions fruitières de la série à petits fruits ; ils agissent justement dans le sens contraire d'une bonne pratique. Sur les arbres fruitiers à noyau, toutes les pousses des deux années précédentes sont couvertes de boutons à fleurs. Le pincement n'est pas nécessaire pour mettre à fruit ces productions. Si on fait ce pincement dans le but de les maintenir dans de faibles dimensions, il se présente alors trois inconvénients des plus graves : 1° l'affaiblissement des productions pincées, affaiblissement nullement nécessaire à la fructification, et qui tend à occasionner la perte de la production ; 2° le trop grand développement (par suite du pincement des bourgeons latéraux) des pousses supérieures terminales des branches, qui prennent alors un développement exagéré et causent la ruine des productions inférieures ; c'est agir contre le but de la taille, qui est de maintenir les productions inférieures d'une vigueur convenable ; 3° le pincement sur cette série fait partir les yeux de la partie pincée en une multitude de ramilles anticipées et infertiles, au feuillage jaunâtre, qui ne s'aoûtent pas, donnent à l'arbre un aspect déplorable et périssent en hiver par la moindre gelée, ce qui occasionne au printemps les chancres et la gomme.

Sur les espèces à petits fruits, le pincement ne doit être pratiqué que sur les gourmands, sur quelques rameaux de charpente des jeunes arbres, ou sur les rameaux à bois inutiles qui prennent trop de force, et encore ce pincement doit-il être fait assez long.

Tous les inconvénients que nous venons de signaler n'existent pas sur l'arbre abandonné à lui-même ; ses branches se divisent naturellement et donnent une belle et régulière fructification, pourvu qu'il ait été sagement soumis à une première taille de formation dans sa jeunesse, suivie plus tard de quelques élagages de branches surabondantes, irrégulières ou dépérissantes.

En résumé, la taille de la série à petits fruits consistera simplement à favoriser la division des parties de l'arbre, tout en supprimant les parties surabondantes et épuisées qui s'opposeraient à ce que les autres parties pussent recevoir une quantité convenable de séve, d'air et de lumière.

Les arbres de cette série se conduisent en plein-vent et en espalier; en plein-vent, ils sont d'une fertilité étonnante; en espalier, il est rare, par suite d'une conduite habituellement vicieuse, que leur production soit considérable.

L'abricotier, le prunier et le cerisier, établis sur haute tige, se forment les premières années d'après les règles que nous avons établies à l'article *Pommier*, nous les rappelons ici de nouveau.

La première fourche doit se trouver éloignée de la greffe de 30 centimètres en moyenne, pour ne pas accumuler le bourrelet de la première division des branches sur le bourrelet de la greffe, double bourrelet qui, devenant énorme, nuit fortement à la circulation de la séve et par suite à la beauté de la tête du sujet.

L'arbre de cette série sera toujours taillé la première année de plantation, qui doit être faite de préférence en greffes d'un an. Les arbres plus âgés sont d'une reprise plus difficile et n'offrent que du vieux bois inutile et dénudé sur les points où il serait convenable de former une charpente bien constituée. Cependant le prunier peut être convenable en greffe de deux ans, quand la première taille n'a pas été faite trop longue en pépinière.

La première taille a pour but d'éloigner la tête de l'arbre de la greffe, puis de former la première division des branches. Les pépiniéristes, pour former plus promptement une tête apparente aux arbres à haute tige, laissent partir en touffe tous les yeux et sous-yeux de la greffe. Les branches ainsi obtenues sont serrées sur le même empatement, toujours irrégulières et mal constituées; la plus forte ruine peu à peu toutes les autres, et la tête de l'arbre est manquée. Il faut préférer en pépinière les arbres d'un an, qui n'ont qu'une forte pousse sortie de la greffe; cette forte pousse est parfaite pour continuer la tige. On taille à 25 ou 30 centimètres au-dessus de la greffe, sur les yeux qui s'y trouvent; si ces yeux s'étaient développés, on profiterait des deux rameaux qu'ils ont donnés pour former la première division ou fourche.

Nous avons dit qu'en principe la tête de l'arbre s'établit ainsi les premières années; chaque branche doit se diviser en deux branches dans l'année. Vouloir en obtenir trois, l'expérience a prouvé que cette troisième est toujours plus faible que les deux autres, et qu'elle finit par dépérir, ce qui rend l'arbre irrégulier.

Taille du jeune arbre, 1re année (*fig.* 150), une tige; 2e année (*fig.* 151), deux branches; 3e année (*fig.* 152), quatre branches; 4e année (*fig.* 153), huit branches ou plus, si on juge convenable de conserver celles qui se sont développées cette année en plus de ce nombre. Une fois cette charpente de huit branches établie, l'arbre est abandonné à lui-même; on est sûr qu'il formera naturellement une tête parfaitement arrondie.

Nous renvoyons pour plus d'explications à l'article *Pommier;* seulement les jeunes arbres de la série à petits fruits seront taillés avec rigueur et très-court dans leur jeunesse, car on a tout intérêt à former du jeune bois vigoureux et à se débarrasser du vieux bois inutile.

SÉRIE A PETITS FRUITS EN ESPALIER.

Nous avons dit que les différentes productions de cette série étaient soumises au principe de la division; il en est de même pour l'espalier; la forme éventail permet d'obtenir cette division, d'équilibrer toutes les branches, de multiplier les minces et d'éviter les fortes.

En général, les petits fruits à noyau ne sont cultivés en espalier que dans le cas où on ne tient qu'à la beauté des fruits et à leur production assurée; la quantité est inférieure aux plein-vent, et la qualité perd ou gagne selon l'espèce. L'abricot y est fade et mûrit difficilement. La prune gagne en qualité et beauté, mais elle est d'un faible produit. La cerise est fort belle, mais plus acide qu'en plein-vent. Cependant, comme fruits de choix, les produits de l'espalier ont encore une certaine valeur et sont avantageux sous ce point de vue, surtout dans un jardin bourgeois; seulement, il est sage de se restreindre à une petite quantité de ces arbres, leur produit en espalier n'étant pas comparable à ceux du poirier, du pêcher et de la vigne.

ÉVENTAIL. — Cette forme est gracieuse, productive et d'une grande simplicité d'exécution ; avec elle, on maintient facilement un équilibre convenable, pourvu qu'on puisse multiplier les divisions sans pourtant surcharger l'arbre. Il est vrai qu'il s'y trouve des branches verticales et d'autres de différentes directions; mais par la division des branches cet inconvénient est amoindri.

On se procure un arbre greffé proche de terre et d'une ou deux années de greffe au plus; la greffe de deux ans n'est convenable que si l'arbre présente à 25 centimètres du sol deux rameaux parallèles de chaque côté de l'arbre. De belles greffes d'un an sont préférables; la reprise est plus assurée et l'arbre mieux formé.

Première taille (*fig.* 253). — Le jeune arbre est planté à 18 centimètres du mur, et taillé à 20 centimètres au-dessus de la greffe. La taille est faite sur un œil placé au-dessus de deux bons yeux de côté, lesquels doivent former les branches. Nous avons dit qu'une taille faite immédiatement au-dessus de ces deux yeux n'a que trop souvent, pour effet, de les oblitérer.

Pendant la végétation, on laisse se développer tous les bourgeons qui naissent sur le jeune sujet. Ils sont utiles pour assurer la reprise; seulement, on fait en sorte qu'il se trouve, à hauteur égale, deux bons bourgeons de côté qui doivent faire la fourche; les bourgeons trop rapprochés, susceptibles de les gêner, doivent être pincés à 25 centimètres. On met de la cire à greffer sur les coupes l'année de la plantation.

Deuxième taille (*fig.* 254). — Il s'agit de diviser la tige en formant les deux premières branches, au moyen de deux ra-

253 254 255 256

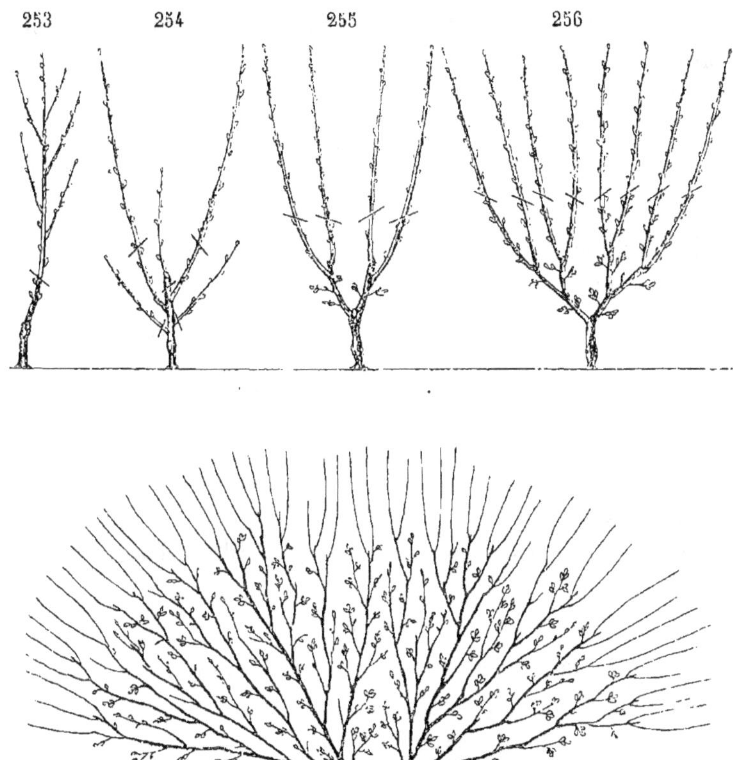

257

meaux de côté placés à 15 centimètres environ de la greffe. Nous avons dit qu'il fallait éviter que la première fourche des branches fût établie immédiatement sur cette greffe. Ces rameaux seront taillés sur des yeux de côté, à 15 ou 20 centimètres de longueur, mais pas plus. La taille courte a pour but d'obtenir une végétation vigoureuse ; plus les branches sont faibles et irrégulières, plus cette taille sera courte.

Les autres rameaux et productions fruitières, qui se trouvent en surplus sur l'arbre, seront supprimés au ras de la tige, ainsi que le bout de tige qui dépasse les deux rameaux. Ceux-ci n'avaient été conservés que dans le but d'augmenter la végétation et par suite la reprise de l'arbre.

Troisième taille (*fig.* 255). — Les deux rameaux, taillés l'année précédente, ont donné chacun deux rameaux vigoureux que l'on a eu soin de palisser presque verticalement, en éventail, pour favoriser leur développement ; ceux en plus de ce nombre ont été cassés à 10 centimètres environ, pour être transformés en productions fruitières. Ces quatre rameaux sont taillés à 20 centimètres environ, et à hauteur égale, sur des yeux de côté. Les rameaux inférieurs sont taillés un peu plus longs pour qu'ils ne soient pas dominés par les rameaux supérieurs.

Pendant la végétation, on palisse régulièrement, en éventail, tous les bourgeons qui se développent, excepté ceux venus sur le devant et derrière la branche, lesquels seront supprimés à l'époque de l'ébourgeonnement.

Quatrième taille (*fig.* 256). — Les tailles rigoureuses des premières années ont eu pour résultat de former à l'arbre une charpente régulière et bien constituée ; c'est une erreur de croire qu'en taillant plus long et laissant un plus grand nombre de branches, l'arbre sera plus vite formé ; sa végétation est, au contraire, affaiblie assez fortement, la séve s'épuisant dans la quantité des rameaux conservés. Il s'agit, à cette quatrième taille, de profiter de la belle végétation que les tailles courtes précédentes ont fait obtenir. On a palissé tous les bourgeons pour former l'éventail, excepté ceux de devant et de derrière. Ceux qui sont inutiles sont cassés fin mai à 10 centimètres.

A la taille, les rameaux sont taillés à 40 centimètres, en moyenne, dans le but de les faire fructifier. On les palisse régulièrement, sans les entre-croiser, en laissant une moyenne de

15 centimètres entre les rameaux, à moitié de leur hauteur. Tous les rameaux en surplus, qui ne pourraient être palissés faute d'espace convenable, sont taillés en crochet, c'est-à-dire à 10 centimètres environ, pour former des productions fruitières.

Chaque année, les branches sont divisées et palissées de façon que l'arbre puisse former un éventail parfait. Seulement on a soin d'allonger un peu plus les côtés de l'arbre, pour que le centre, qui est plus vertical, ne puisse s'emporter et rompre l'équilibre qui doit exister entre toutes les branches. La charpente, établie ainsi, consiste en une quantité de branches moyennes, divisées et garnies de productions fruitières.

L'arbre une fois formé, on ne gagne plus de nouvelles branches ; on fait seulement, à l'extrémité, des tailles courtes de 10 centimètres, mais pas plus courtes, pour ne pas ruiner l'extrémité des branches (*fig.* 257).

Quand une branche vieillit et se dénude, on profite des gourmands pour reformer une nouvelle branche; cette nouvelle branche est conduite et palissée contre l'ancienne, qui est supprimée quand la nouvelle a une force convenable, puis on palisse celle-ci à sa place. Seulement, il faut se garder de l'établir trop promptement, car elle resterait maigre et dénudée.

Conduite des productions fruitières de la série à petits fruits (*fig.* 270). — Les productions fruitières des arbres en espalier sont seules soumises à la taille, dans le but de les conserver durables et productives. La taille consistera simplement à les maintenir à une longueur moyenne et à supprimer les productions trop fortes ou mal constituées qui se développeraient sur elles ; en général, 10 à 15 centimètres, en moyenne, sont une longueur parfaite pour une production fruitière taillée.

Si la production est trop courte, on ne taille pas ; si elle dépasse 15 centimètres, on la rapproche. Les brindilles sont laissées entières pour profiter de leur première fructification, puis raccourcies l'année suivante sur des lambourdes de côté A. Les parties de la production qui sont supprimées, sont celles qui sont faibles, verdâtres et non aoûtées B ; on ne les conserve que dans le cas où leur suppression laisserait la branche dénudée. Ces rameaux et ramilles non aoûtés sont communs sur cette série, surtout quand un mauvais pincement les provoque.

Les rameaux C, développés sur une production fruitière, sont cassés en juin à 10 centimètres, puis rabattus, à la taille, sur cette production ou taillés à deux ou trois yeux, si on veut s'en servir pour continuer la production.

Les productions fruitières trop divisées ou ruinées sont réduites sur leurs parties saines D.

Cassement des rameaux inutiles de la série à petits fruits. — Cette série produit une quantité de rameaux inutiles et de gourmands qui sont transformés, par le cassement, en productions fruitières. Pincer ces rameaux à l'état herbacé, donne des résultats déplorables : l'abricotier, le prunier et le cerisier ne supportent pas le pincement. Nous avons dit que la portion pincée ne s'aoûte pas, s'affaiblit et est souvent détruite en hiver par la gelée. Les yeux qui se trouvent sur cette partie restent maigres et ne se transforment pas en boutons à fleur bien constitués. Souvent ils se développent, dans l'année, en une masse de ramilles ou feuillage jaunâtre qui périssent en hiver.

En cassant, comme ceux du poirier, les rameaux inutiles au moment où ils sont ligneux et aoûtés, ils forment de bonnes productions fruitières. Ce cassement se fait la seconde quinzaine de mai, à la longueur de 10 à 12 centimètres environ (*fig.* 271, rameau de cerisier cassé). Les yeux de la partie cassée se développent en ramilles anticipées ; on les pince à 10 centimètres, en moyenne, puis, à la taille, on raccourcit la production sur les yeux qui se trouvent au-dessous des ramilles. On n'a pas à craindre, comme pour le poirier, de faire partir à bois les yeux qui se rapprochent de la coupe ; il en reste toujours un assez grand nombre, proche l'empatement, pour donner une quantité de boutons à fleur (*fig.* 272).

Le cassement se fait principalement sur l'espalier et sur les jeunes arbres en vase, pendant les premières années de leur formation. Avant de casser un rameau, il faut s'assurer s'il n'est pas convenable pour garnir la muraille et former une branche.

Rameaux inutiles qui n'ont pas été cassés en mai. — Ces rameaux ne doivent pas être taillés *à l'épaisseur d'un écu*, cette plaie resterait gommeuse et dénudée ; ils seront taillés en crochet, c'est-à-dire très-courts à 8 ou 10 centimètres. Il se développera, sur ce bout de rameau, des boutons à fleur et des bourgeons à bois ; ces bourgeons seront cassés court et de bonne heure, en mai ; puis supprimés l'hiver suivant. On obtiendra les mêmes résultats que la *fig*. 264.

En résumé, la conduite de la série à petits fruits consiste à abuser le moins possible de la taille, que ces arbres redoutent ; à les abandonner à eux-mêmes après une première taille de formation s'ils sont en plein-vent, se contentant de remédier aux inconvénients produits par l'épuisement ou un défaut d'équilibre. Si l'arbre est en espalier, on multiplie le plus possible les branches moyennes, les seules fertiles, en les divisant, conditions parfaitement remplies par l'éventail. La taille des rameaux sera assez courte pour que ces branches ne soient pas dénudées ou épuisées. On se contentera, par une taille moyenne, de maintenir les productions fruitières convenablement vigoureuses ; puis on transformera, par le cassement, les rameaux inutiles en bonnes productions fruitières.

L'ABRICOTIER.

L'abricotier est originaire de l'Asie et des parties de l'Afrique qui avoisinent la Méditerranée. On le trouve à l'état sauvage sur les montagnes du Nepaul; son fruit y est bon mais petit. Il est commun en Chine et au Japon; selon le voyageur Grosier, les montagnes qui se trouvent à l'ouest de Pékin sont couvertes d'abricotiers sauvages. Il est également abondant sous les palmiers des oasis du Sahara. Mais c'est en Syrie et en Arménie, d'où les Romains le tirèrent, que ce fruit atteint son plus haut point de mérite. Des voyageurs l'ont comparé à une boule de miel parfumé.

L'abricot était anciennement connu dans nos provinces méridionales; mais ce ne fut qu'au seizième siècle qu'il fut introduit vers les rives de la Seine. Champier, médecin de François Ier, en parle comme d'un fruit nouveau qui commençait à devenir assez commun, mais qui d'abord avait été assez rare pour être vendu un denier pièce. « Dans les commencements, dit-il, il n'était guère plus gros qu'une prune de Damas; l'art de nos jardiniers l'a beaucoup perfectionné et l'a fait gagner tant en beauté qu'en grosseur. »

En France, certaines provinces sont renommées pour leurs abricotiers; entre autres la Limagne d'Auvergne et l'Anjou. Cet arbre vient parfaitement dans les cours et jardins abrités de l'intérieur des villes; ceux fort nombreux qui se trouvent dans les jardins des faubourgs de Paris, sont souvent remarquables par leur développement et leur fertilité. Le mot abricotier vient de l'arabe *berkoche*.

L'abricotier aime la chaleur. Un sol léger, chaud et sablonneux, mais substantiel, lui convient parfaitement. Il végète assez bien sur les sols calcaires de bonne qualité et les fruits y sont excellents. C'est l'arbre des vallées ; il se plaît à l'abri des bâtiments, dans les chantiers et cours pavées, surtout si le fonds de terre est composé de débris de démolitions. Les terres fortes, argileuses et froides lui sont contraires ; il y pousse bien, mais y est fort sujet à la gomme, et la fructification y est presque nulle ; les fruits y sont fades et pourrissent avant la maturité.

L'abricotier fleurissant de très-bonne heure au printemps, sa floraison est le plus souvent compromise ou détruite par les gelées, et surtout par les brouillards si fréquents dans les vallées humides, où les abricotiers fructifient rarement. Les hauteurs, battues des vents mais sèches, si elles ne valent pas les coteaux abrités, donnent parfois de bonnes récoltes. Nous avons eu deux abricotiers plantés sur une hauteur sèche, calcaire et battue des vents, qui nous ont donné trois années de suite une récolte complète ; nous attribuons ce résultat à l'absence de brouillards et à une floraison plus tardive par suite d'une position plus froide.

L'abricotier ne peut souffrir d'être planté en groupe avec d'autres arbres. *Il lui faut beaucoup d'air et de lumière ; aussi ne doit-il être jamais planté qu'isolément, pour qu'il puisse former une belle tête arrondie.* Dans un jardin, on le place avec avantage au milieu d'un carré planté de légumes.

La fructification chanceuse de l'abricotier en plein-vent le fait souvent placer en espalier ; le fruit est, il est vrai, plus assuré et gagne en grosseur, mais il y perd toute sa qualité. On a remarqué que ce fruit était meilleur et plus coloré si le mur est en terre. De toute façon, il sera bon d'éloigner quelque peu le treillage de l'espalier, pour que l'abricot ait plus d'air.

Multiplication. — L'abricotier se multiplie de semence, dans le centre de la France. Généralement les fruits qu'il produit sont de bonne qualité, mais ils sont loin de valoir les variétés de choix greffées.

En Touraine, où les abricotiers venus de semence sont fort communs, on fait choix de noyaux de la variété dite Alberge, qui se reproduit presque identiquement, puis on les stratifie dans du sable et à la cave, à la mi-décembre. Fin mars, on plante au plantoir et en lignes ces noyaux dont on a soin de retrancher l'extrémité du pivot de la radicelle pour la faire se ramifier. Les noyaux sont espacés de 45 centimètres entre eux, et les lignes de 80 centimètres. Une légère couverture de litière, dans les terrains un peu secs, ne peut que favoriser le semis. On doit le laisser végéter librement, la première année; seulement on se contente de le favoriser par quelques légers binages.

L'année suivante le jeune plant sera rebotté, non pas à la fin de l'hiver, mais au moment où la séve se met en mouvement, quand les feuilles commencent à s'épanouir; cette séve, alors refoulée, fait partir immédiatement des bourgeons vigoureux. Si on rebottait le plant avant le mouvement de la séve, la végétation serait moins prompte et moins forte, la séve ayant de la peine à se mettre en mouvement, puisque les yeux n'existent plus pour faire appel de séve. Ce ravalement ou rebottage se fait à 6 centimètres du sol; il forme à l'arbre une flèche droite et vigoureuse, au lieu que le sujet de semis, non rebotté est longtemps faible et le plus souvent contourné.

Le jeune arbre est taillé en crochet, c'est-à-dire que la flèche terminale est laissée entière ou taillée longue, tandis que les branches latérales sont taillées très-courtes, à 8 centimètres, et sont toutes conservées. Une fois la tige d'une force convenable, on forme la tête, comme nous l'avons dit plus haut; puis, cette tête formée, on supprime tous les rameaux qui se trouvent sur le corps de la tige. Nous avons remarqué dans l'Anjou de ces arbres venus de noyaux, qui formaient une belle tête, seulement leur tige est presque toujours contournée.

Dans les pépinières des environs de Paris, on ne cultive pas l'abricotier venu de noyau ni même greffé sur lui-même, car il forme une moins belle tige que sur prunier. L'abricotier greffé sur lui-même est d'une formation plus lente ; sa tige est plus basse et moins régulière. Assez rustique, du reste, il est moins sujet à la gomme que celui greffé sur prunier.

L'abricotier se greffe sur prunier venu de noyau ; celui venu de drageon convient peu, il est plus sujet à la gomme et s'épuise par de nombreux rejetons sortant des racines.

L'abricot précoce et les autres variétés soumises à l'espalier et contre-espalier seront greffés sur cerisette et myrobolan. L'abricot blanc, celui de Portugal se greffent sur damas noir. L'abricot commun et l'abricot-pêche, moins vigoureux que ces derniers, ont plus de vigueur et sont plus fertiles étant greffés sur saint-julien. On a remarqué que l'abricotier greffé sur cerisette prend moins de développement, mais donne des fruits plus savoureux. Quelques pépiniéristes se louent beaucoup du myrobolan comme sujet.

L'abricotier greffé sur amandier pousse d'abord vigoureusement, mais la greffe est sujette à se décoller. Aussi est-il peu usité.

L'abricotier ne se greffe qu'en écusson et de préférence sur des sujets d'une grosseur moyenne ; la greffe en fente lui est contraire ; la plaie devient chancreuse et gommeuse, et l'arbre est de peu de durée. On ne doit planter que des greffes d'un an ; les arbres plus âgés sont naturellement garnis de vieux bois. Ce vieux bois, par l'effet de sa transplantation, se durcit ; l'écorce se dessèche, devient gommeuse ; la séve circule difficilement et le jeune arbre n'a qu'une faible végétation. Si on avait à planter des arbres plus âgés, ils devraient être taillés extrêmement court, mais seulement sur le jeune bois, pour que les quelques yeux conservés produisent des bourgeons vigoureux.

Végétation de l'abricotier. — Sous notre climat, l'abricotier ne se trouve pas dans sa condition normale. En effet, cet arbre, entrant en séve de fort bonne heure, est exposé à voir la circulation de cette séve contrariée par des changements brusques de température. De là cette végétation capricieuse, si souvent contrariée par la gomme; certaines branches, qui se sont développées avec une vigueur extraordinaire, sont subitement frappées et ruinées; d'autres, au contraire, mal placées, chétives et dépérissantes, se développent sans cause connue avec une grande puissance et attirent à elles toute la séve de l'arbre.

On voit qu'il est impossible, pour cette raison, de donner à l'abricotier une forme régulière; mais, par contre, cette espèce est, entre toutes, celle qui fait développer le plus facilement de nouveaux bourgeons sur toutes les parties de l'arbre, même sur les plus grosses branches; ces gourmands s'aoûtent parfaitement et forment un nouveau bois parfait. Cette faculté que possède l'abricotier de repousser sur le vieux bois, fait que son mode de végéter et sa conduite sont forts différents du pêcher, ce dernier repoussant rarement sur les vieilles branches. De plus, l'abricotier n'a pas, comme le pêcher, la faculté de faire développer régulièrement les yeux de la base des rameaux, par l'effet d'une taille courte. Ce rameau taillé court ne poussera le plus souvent qu'à l'extrémité, ou bien la séve l'abandonnera pour former plus loin une nouvelle végétation.

L'abricotier se distingue encore du pêcher par ce fait singulier que la séve préfère circuler dans des branches légèrement irrégulières que dans des branches tenues parfaitement droites. Nous avons remarqué que le fait seul de palisser un rameau d'abricotier parfaitement droit suffisait pour que la séve l'abandonnât. Il en résulte qu'une direction parfaitement régulière est plus nuisible qu'utile à l'abricotier; au lieu de régulariser la circulation de la séve, cette régularité la trouble dans ses caprices. Il faut donc éviter de vouloir diriger et maintenir la végétation; on doit se contenter de profiter des parties nouvelles, n'importe où elles se trouvent et de retrancher simplement les parties ruinées ou celles qui rompraient l'équilibre en longueur qui doit exister entre les branches.

Étude des parties de l'abricotier. — Les parties qui constituent la charpente de l'abricotier ressemblent assez à celles du pêcher. La fructification se rencontre également sur le bois de l'année précédente ; il a de même ses boutons à fleur accolés aux yeux à bois. Le dessin que nous avons donné des yeux du pêcher, page 14, convient également à l'abricotier, seulement celui-ci présente une légère variation : sur ses yeux latéraux, il se trouve parfois un nombre considérable de boutons à fleur, quand, sur le pêcher, ils ne dépassent pas trois.

258

Pour l'abricotier, plus les yeux se rapprochent de l'extrémité, plus le nombre des fleurs qui s'y trouvent accolées augmente (*fig.* 258). En général, il est de une ou deux fleurs latérales sur la partie moyenne du rameau ; vers l'extrémité, ce nombre arrive à 5, 6, 10 et même à 20 à l'extrémité. Dans ce dernier cas, la plus grande partie des boutons avortent ; l'œil à bois, lui-même, est souvent détruit par suite d'épuisement.

Sur l'abricotier, il est assez difficile de distinguer, avant les premiers mouvements de la séve, l'œil à bois du bouton à fleur ; l'œil est plus large à la base et moins renflé. L'empatement qui supporte les yeux et les boutons est considérable, et les yeux sont fort rapprochés. Les yeux de la base sont latents, non apparents et ne se développent qu'incidemment.

L'œil de l'abricotier, s'il se trouve à l'extrémité d'un rameau, donne des rameaux à bois peu nombreux, le plus souvent au nombre de deux ou trois (*fig.* 259 A) ; plus bas, il se trouve quelques brindilles, puis des dards et en dernier des lambourdes ; les derniers yeux de la base sont latents. Nous allons étudier chacune de ces productions.

Fig. 259 A. Le rameau est arqué, coudé à la base et garni d'yeux à bois accompagnés d'un plus ou moins grand nombre de boutons à fleur. Ce rameau sera taillé court, car il ne se développe, le plus souvent, que le tiers ou le quart des yeux qu'il supporte, la partie inférieure restant dénudée. Mais la séve capricieuse de l'abricotier fait souvent développer des bourgeons vigoureux sur une partie quelconque de la branche, ce qui offre une ressource pour qu'elle ne soit pas trop dégarnie. Il se développe souvent des ramilles anticipées sur le rameau de l'abricotier ; mais ces ramilles ne sont pas aoûtées : elles restent vert-rougeâtre et périssent le plus souvent par les gelées de l'hiver.

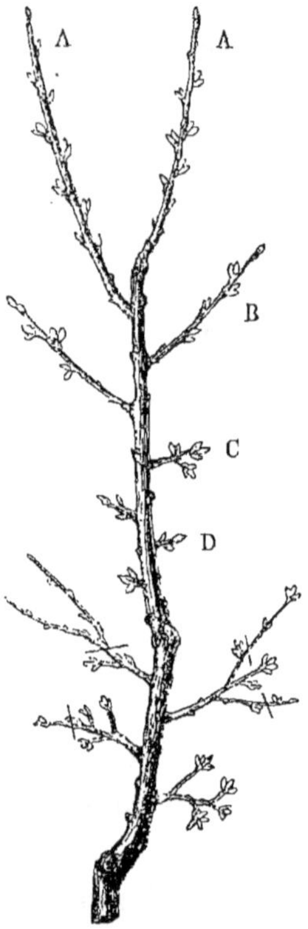

A A B C D

259

La *brindille* B, a comme celle du pêcher des boutons à fleur isolés sur toute sa longueur, et un œil à bois placé à l'extremité. Les yeux de la base sont latents et ne présentent que les traces du point d'attache des feuilles ; l'œil à bois de l'extrémité est assez prononcé (quelquefois il s'en trouve plusieurs) : il développe l'année suivante un bourgeon plus ou moins vigoureux. Cette production se renouvelle plus souvent que celle du pêcher, par des bourgeons inattendus qui se développent de la base à l'extrémité.

Le *dard* C est presque épineux sur les sauvageons d'abricotier ; il est garni d'un ou plusieurs yeux à bois à l'extrémité, puis de boutons à fleur latéraux ; la moitié de ce dard est dénudée. Le dard est une excellente production fruitière, quand il n'est pas trop affaibli ou mal aoûté. Les yeux à bois qui se trouvent à l'extrémité donnent de nouvelles productions fruitières.

La *lambourde* D est un petit dard en raccourci, également terminé par un œil à bois, entouré de boutons à fleur rapprochés, mais qui ne se trouvent pas sur le même empatement.

La lambourde fructifie convenablement, mais elle est fort sujette à l'épuisement. Souvent, après la première fructification, elle périt et laisse la branche dénudée. Pour qu'elle soit durable, il faut qu'il se développe, de l'œil de l'extrémité, une production plus ou moins vigoureuse.

Conduite des productions fruitières de l'abricotier soumis à l'espalier. — Cette conduite est simple : on cherche à les conserver d'une vigueur moyenne, en les maintenant à une longueur convenable. Nous avons dit que ces productions ne se renouvellent pas par le remplacement régulier comme les productions du pêcher, mais le plus souvent par les bourgeons de l'extrémité. Quelquefois, il est vrai, il se développe des bourgeons vers la base de la production, mais ces bourgeons n'offrent rien de régulier dans leur conduite ; il faut donc ménager l'extrémité de la production où se trouvent les bourgeons futurs, ou bien, si on raccourcit la production, tailler sur une lambourde latérale qui ait des yeux à bois terminaux.

La conduite de la production se résume à la maintenir d'une longueur moyenne ; trop courte, elle dépérit et laisse la branche dénudée ; trop longue, elle s'affaiblit ; ou bien, si elle est vigoureuse, elle s'emporte à bois. On laisse sans être taillées les productions qui ne dépassent pas 12 centimètres ; les brindilles sont laissées entières, si elles n'ont pas d'yeux sur leur longueur.

La production fruitière de l'abricotier demande à être un peu abandonnée à elle-même : la nature saura, mieux que l'arboriculteur, la faire fructifier et la renouveler. On n'a, comme nous l'avons dit, que le soin de la maintenir à une longueur moyenne. Cette production ne doit pas être palissée trop près du mur. Le treillage carré est le meilleur système, car il permet de palisser en tous sens. Les opérations d'été se résumeront au cassement des rameaux et au palissage des principales productions fruitières ; ce palissage ne doit avoir pour but que de maintenir la production sans chercher à lui donner une direction régulière.

Cassement des rameaux inutiles. — Nous avons dit que les branches de l'abricotier doivent se diviser chaque année ; les rameaux latéraux sont donc utilisés pour former la charpente de l'arbre ; mais il se développe, sur le corps des branches et en avant de l'arbre, une quantité de rameaux qui sont cassés à 10 centimètres, quand ils commencent à s'aoûter. Le pincement de ces rameaux à l'état herbacé donnerait des résultats déplorables ; la partie pincée trop tôt reste verdâtre, se dessèche par l'extrémité et ne s'aoûte pas ; aussi périt-elle le plus souvent en hiver. Si la partie pincée est vigoureuse, ses yeux se développent en une multitude de ramilles anticipées, au feuillage jaunâtre, qui ne s'aoûtent pas et périssent en hiver.

Si les rameaux inutiles n'ont pas été cassés, ils seront taillés à 8 ou 10 centimètres sur quelques bons yeux qui donneront des productions fruitières ; il faut se garder de les tailler plus court sur les yeux latents : le chicot se dessécherait sans végéter.

Fructification de l'abricotier. — Les récoltes de cette espèce sont fort chanceuses, à moins que l'arbre ne soit en espalier ou garanti par des corps de bâtiment. Cependant la fleur supporte assez bien un froid sec et modéré. Dans les cas où la floraison a réussi, l'arbre est surchargé de fruits qui restent petits et deviennent galeux. Il est convenable de le décharger des fruits trop nombreux, quand ils ont atteint la grosseur d'une cerise. Ceux qui restent deviennent beaucoup plus beaux.

Souvent, à l'époque de la maturité, il arrive des sécheresses prolongées, le fruit reste petit et sa chair est sèche et fade. Il est bon, dans ce cas, de mettre un paillis au pied de l'arbre, puis, le soir, d'arroser autour de la tige à une certaine distance. Les années pluvieuses, l'abricot reste pâle, fade, ne mûrit pas et pourrit par l'extrémité.

On doit effeuiller avec précaution les fruits de l'abricotier ; frappés trop fortement du soleil, ils ne grossissent pas et deviennent galeux. Les piqûres ou gales sont formées par les gouttes d'eau qui se trouvent sur le fruit et qui, frappées du soleil, font l'office de loupe et désorganisent la peau.

Abricotier en plein vent. — Il est bon que la tige de

l'arbre n'ait pas trop de hautenr, pour que la floraison soit moins exposée. L'arbre, planté en greffe d'un an, sera conduit comme nous l'avons exposé plus haut; seulement la première taille de formation sera faite courte. Ce n'est qu'en concentrant la séve et supprimant le plus possible de vieux bois qu'on pourra former une charpente bien constituée.

A la troisième taille, une fois l'arbre abandonné à lui-même, on se contentera de raccourcir légèrement quelques rameaux qui détruisent l'harmonie, puis de supprimer quelques branches formées qui seraient trop basses. Il faut bien se garder de tailler régulièrement un abricotier formé : la fleur coule par le trop de concentration de la séve; l'arbre, au lieu de fruits, ne donne qu'un épais et large feuillage.

Tant que l'arbre est bien portant, on n'y touche pas; s'il vient à s'épuiser ou faire fouillis, on dégage quelques fortes branches en surplus, puis on raccourcit, à 10 ou 20 centimètres des fourches, toutes les branches moins fortes que le pouce; dans ce cas, l'arbre n'a conservé que sa charpente jusqu'à la quatrième et cinquième division; il se développera sur cette charpente de nouveaux rameaux, qui feront reprendre à l'arbre sa forme dans la même année; ce jeune bois donne une fort belle fructification.

On aurait tort de faire cette opération régulièrement tous les quatre ou cinq ans; les années de production de l'abricotier sont assez éloignées sans que ce ravalement vienne encore les diminuer ; car il peut se trouver que l'année où l'arbre a été rabattu soit précisément son année de grande production. Cette opération ne doit donc être faite que si l'arbre est épuisé par une quantité de faibles productions fruitières.

Si la haute tige âgée n'a de jeune bois qu'à l'extrémité de fortes et longues branches dénudées, il est bon, mais dans le seul cas où elles commenceront à s'épuiser, de retrancher toute la charpente sur la deuxième ou troisième division, proche la tige.

L'époque la plus convenable pour faire les raccourcissements et ravalements ci-dessus est immédiatement après la floraison, une année où la fleur a été gelée. La séve alors en mouvement fait développer avec force des bourgeons vigoureux qui ont le temps de s'aoûter avant l'hiver. Les tailles, suppressions partielles et raccourcissements se feront avant la chute des feuilles, fin septembre ; la plaie sera séchée avant l'hiver et ne deviendra pas gommeuse.

ABRICOTIER EN ESPALIER. — On lui donne la forme en éventail, sans se soucier d'une parfaite régularité ; seulement, pour éviter l'épuisement de l'arbre, on taillera court, puis on espacera convenablement les branches et les productions. Certains arboriculteurs ont l'habitude de faire la taille de toutes les parties tellement court, qu'ils diminuent fortement la production et font développer une masse de gourmands infertiles. Il faut tailler long les productions fruitières à la taille, quitte à faire le rapprochement des parties faibles pendant la végétation, au moment où les fruits sont noués.

Le rajeunissement de l'abricotier en espalier peut se faire peu à peu, c'est-à-dire qu'une branche trop forte ou ruinée est remplacée par une jeune branche sortie de sa base et conduite parallèlement dans sa longueur ; une fois cette branche nouvelle à demi formée, on supprime l'ancienne rez la nouvelle, d'abord à 10 centimètres de celle-ci, puis on supprime le chicot, l'année suivante, quand la séve s'est formé de nouveaux canaux. On évite de cette façon de faire des plaies gommeuses sur les arbres fruitiers à noyau. On doit toujours agir ainsi quand on supprime sur ces arbres une branche un peu forte.

MALADIES ET INSECTES NUISIBLES A L'ABRICOTIER. — L'abricotier est sujet comme le pêcher à la gomme, au blanc et à la jaunisse ; ces maladies doivent être traitées comme celles du pêcher. La gomme se montre plus fréquemment, mais cet arbre forme si facilement de nouvelles branches, que celles qui sont gommeuses peuvent être promptement remplacées ; de plus, la partie gommeuse ne prend pas une aussi grande étendue que sur le pêcher.

Les insectes sont en général peu funestes à l'abricotier; les limaces et colimaçons font des ravages considérables sur les feuilles et les fruits; une visite attentive en diminuera le nombre.

CHOIX DES MEILLEURES VARIÉTÉS D'ABRICOTS.

La latitude naturelle de l'abricotier se trouve située entre le Niger et le Caucase, c'est donc un fruit exotique; les variétés que nous cultivons sont peu nombreuses, et conviennent plus particulièrement dans certaines zones plus ou moins chaudes. Ainsi l'abricot d'Alexandrie convient pour la Provence, le blanc précoce et le gros blanc tardif pour l'Auvergne, l'albergier et l'angoumois pour les rives de la Loire, l'abricot commun et l'abricot-pêche pour le climat de Paris, celui de Hollande et le Moorpark pour le nord de la France, la Belgique et l'Angleterre. Naturellement, plus ces variétés se rapprochent du Midi, plus leurs fruits gagnent en qualité.

On cultivait autrefois aux environs de Paris le petit abricot précoce dit abricotin, variété d'un petit volume, pâteuse et sans saveur; mais elle n'est plus cultivée depuis que les chemins de fer transportent les abricots du Midi. Cette variété ne mérite pas la culture, car l'abricot ne supporte pas le médiocre. Il en est de même de l'abricot blanc, presque aussi précoce, mais qui n'a de valeur qu'en Auvergne où il est fort cultivé pour les confiseurs, ainsi que le blanc tardif, à cause de la fermeté de sa chair. C'est avec ces variétés que sont préparées les pâtes d'Auvergne si renommées.

KAISHA, ou de Syrie (Commencement Juillet).

Variété introduite de Syrie en Angleterre depuis quelques années, par M. Barker, consul à Damas; on sait que c'est aux soins de cet amateur zélé que nous devons l'introduction de quelques bons fruits de cette contrée.

Cette variété étant nouvelle, nous ne la connaissons que de vue, ayant eu l'occasion de goûter des fruits expédiés de l'Orléanais. Le fruit est moyen, fort précoce, d'un jaune clair orangé et ponctué de pourpre au soleil; la chair est jaune pâle, suave, fondante, très-juteuse, très-sucrée et parfaite; le noyau, petit, arrondi, contient une amande douce. Ce fruit mûrit partout et tous les ans, même en Angleterre.

ANGOUMOIS (Mi-Juillet).

Arbre de faibles dimensions, mais rustique et peu difficile sur le choix du terrain; il convient plus particulièrement au climat du Midi, et nullement en espalier. Bourgeons lisses, menus, allongés, rouge-brun vif; yeux généralement triples; fleurs petites, à pétales pointus; feuilles oblongues, finement serretées et longuement pétiolées.

Fruit assez gros, arrondi, mais plus haut que large, et peu profondément sillonné; peau jaune orange, fortement colorée de rouge au soleil; chair jaune orange rougeâtre, fondante, hautement parfumée, vineuse et agréable; noyau isolé de la chair, renflé, très-dur, et ne se fendant pas; il est percé de quelques petits trous dans lesquels un crin peut passer; l'amande est douce et de la saveur de la noisette.

ALBERGIER (Courant Juillet et commencement Août).

Nous avons dit que sous ce nom on désigne, dans le centre de la France, les abricotiers venus de noyau et non greffés; en général, le fruit est petit, à peau dure et chair ferme, mais hautement parfumée; aussi est-il préféré pour confitures. Plus au nord, il ne mérite pas la culture. Nous avons à Paris un albergier qui ne donne que des fruits petits, crottés et de mauvaise mine. Ces arbres venus de noyau produisent autant de variétés plus ou moins bonnes, parmi lesquelles on distingue *l'albergier de Mongamet*, village près Châtellerault, renommé pour le mérite de ses abricots. Cette variété, fort bonne vers la Loire, est inférieure sous le climat de Paris.

Fruit assez gros, ovale, moins galeux que le type; peau rouge-jaunâtre, assez pâle, parsemée d'aspérités; chair jaunâtre, vineuse, aromatisée et excellente au point parfait de maturité.

Arbre assez vigoureux, fort touffu, aussi doit-il être éclairci; les rameaux sont fluets, rougeâtres, et les yeux sont assez éloignés entre eux; feuilles petites, longuement pétiolées et légèrement serretées.

Ce sont les fruits de l'albergier qui arrivent en quantité considérable des rives de la Loire sur les marchés de Paris. Cueillis généralement trop tôt, ils sont le plus souvent pâteux et jaune pâle. Chaque lot de ces arrivages présente autant de variétés plus ou moins méritantes, et qui diffèrent comme forme et couleur.

ABRICOT COMMUN (Mi-Juillet).

Arbre très-vigoureux, à charpente forte et élancée; mais dans sa jeunesse cet excès de vigueur nuit à sa fructification; il est fertile à la condition d'être isolé, parfaitement aéré, et planté dans un sol sec; il est surtout cultivé à Paris et dans ses environs, car il exige moins de chaleur pour mûrir que la plupart des autres variétés. Il est surtout estimé pour confitures; sa chair, quoique parfois de deuxième qualité, devient parfumée à la cuisson; elle a de la fermeté, aussi est-elle préférable, pour cet objet, à l'abricot-pêche. Bourgeons allongés, verdâtres, yeux gros et groupés; feuilles larges, d'un beau vert brillant et fortement serretées; fleurs souvent échancrées, elles supportent assez bien les gelées. L'arbre est, du reste, un des plus rustiques du genre.

Fruit gros, arrondi, profondément sillonné, jaune pâle, coloré de rouge et fortement taché au soleil; jaune-verdâtre à l'ombre. Les années humides, il a l'inconvénient de se fendre au sommet et de pourrir avant la maturité. Chair ferme, peu juteuse, légèrement sucrée et parfumée, agréable à parfaite maturité, mais souvent fade et sèche, surtout s'il y a excès de fruits. Si l'arbre se trouve en espalier, le fruit change complétement de forme, il grossit, s'allonge et s'aplatit, mais reste fade et verdâtre à l'ombre. Le noyau est lisse, aplati, large à la base et pointu à l'extrémité; il contient une amande très-amère.

ABRICOT DE HOLLANDE, ou de Breda (Fin Juillet).

Selon Miller, cette variété serait originaire d'Afrique; elle est surtout estimée en Belgique et en Angleterre. Arbre assez vigoureux, peu élevé et très-fertile; rameaux gros, allongés, brun foncé, pointillés de rouge clair et de gris; feuilles moyennes, allongées, d'un vert gai; pétioles rougeâtres et de longueur moyenne; fleurs très-belles.

Fruit moyen, arrondi, peu allongé, peu profondément sillonné; de couleur orange, fortement lavé de pourpre vif au soleil; il vient par bouquets. Chair jaune-rougâtre, vineuse, relevée, savoureuse et très-agréable. Il a quelque ressemblance avec l'angoumois, mais il est plus arrondi; noyau petit, renflé; amande douce, saveur de l'aveline. Ce fruit est communément cultivé en espalier dans le Nord; il y est régulièrement productif. On dit que pour prospérer l'arbre doit être greffé sur saint-julien.

ABRICOT ROYAL (Mi-Août).

Variété très-vigoureuse et très-fertile, qui a été obtenue en 1808 par Hervy, directeur de la pépinière du Luxembourg. En 1815, le duc de Grammont la présenta à Louis XVIII; Sa Majesté l'ayant trouvée bonne, on lui donna le non de *royal*.

Feuilles larges, supportées par un long pédoncule.

Fruit d'un beau volume, mais moins gros que l'abricot-pêche; il est rond, peu coloré et mûrit quelques jours plus tôt que celui-ci. Peau fine, transparente, jaune orange au sommet et peu colorée de rouge, elle est blanc-verdâtre vers le pédoncule; la chair est jaune, très-fine, fondante et légèrement acidulée; elle convient moins pour confitures que l'abricot commun, qui a la chair plus ferme. Le noyau est ovale et sert à le faire reconnaître des abricots commun et pêche par une large rainure qui divise son noyau ; il n'adhère pas à la chair et n'a pas, comme celui de l'abricot-pêche, une gouttière dans laquelle une épingle peut être introduite.

L'abricot royal est une bonne variété qui mérite de prendre place à côté de l'abricot-pêche, quoiqu'il lui soit un peu inférieur en qualité.

ABRICOT-PÊCHE, de NANCY par erreur (Mi-Août).

Il est à remarquer que nos espèces fruitières présentent ce fait curieux qu'une de leurs variétés semble résumer en elle toutes les perfections dont l'espèce est susceptible. Ainsi la reine-claude laisse loin derrière elle toutes les autres variétés de prunes; il en est de même du chasselas pour la vigne, et du beurré gris qui n'a pas encore été surpassé par les autres variétés de poires, etc.

Pour l'abricot, c'est l'abricot-pêche qui tient le premier rang. Cette variété n'est pas très-ancienne; elle est citée pour la première fois en 1770, par l'abbé Schabol, qui la dit « originaire du Piémont, et qu'il ne faut point confondre avec celui de Nancy ». On doit son introduction à un amateur, M. Charpentier, qui, vers 1745, le vit à Pézenas; il en prit des greffes et le multiplia dans son jardin de Monceaux à Paris; il fut bientôt répandu par les Chartreux, qui le confondirent d'abord avec l'abricot de Nancy; mais ils réparèrent bientôt cette erreur, faite également par Duhamel et tant de fois copiée depuis.

Arbre moyen, évasé et très-productif, mais qui craint les grands vents. Rameaux gros; yeux très-rapprochés et fortement renflés à la base ; l'écorce est plus foncée en couleur que la plupart des autres variétés; feuilles larges, épaisses, étoffées, pendantes comme flétries, et d'un beau vert, nervures rouge vif; fleurs grandes à pétales épais.

Fruit le plus gros du genre, arrondi, profondément sillonné et renflé d'un côté; peau orange vif uni tirant sur le fauve, et plus verdâtre à la base ; elle se colore faiblement de rouge au soleil et est rarement galeuse; chair jaune-rougeâtre, qui, à la maturité, se fond en un jus mielleux, parfumé, vineux et exquis; le noyau est assez gros, dur, renflé, sujet à se fendre, légèrement rugueux et présentant ce caractère remarquable, qu'une épingle peut facilement passer dans une ouverture latérale; amande très-amère.

L'abricot-pêche est le plus beau et le plus délicieux de l'espèce ; le peu de consistance de sa chair le rend moins convenable pour confitures. Soumis à l'espalier il devient énorme, plus aplati, d'un jaune uni moins vif, et y perd toute sa qualité.

ABRICOT DE NANCY, Moorpark en Angleterre.

Variété plus ancienne que l'abricot-pêche; elle est citée pour la première fois par l'abbé Nollin (*Agr. parfaite*, 1755). Le fruit est plus pâle, plus allongé que l'abricot-pêche, et l'amande est plus douce, le feuillage est différent et l'arbre plus vigoureux. Thompson, pomologiste anglais, et plusieurs pomologistes belges ont reconnu l'identité de l'abricot de Nancy avec le moorpark, qui fut importé du continent par W. Temple, au milieu du dernier siècle, et planté dans son jardin à Moorpark. Cette variété est très-répandue en Angleterre, mais elle a à peu près disparu du continent, remplacée par l'abricot-pêche, de meilleure qualité. Cependant le moorpark a le grand avantage de fleurir tardivement et de réussir vers le Nord.

Fruit gros, allongé et renflé d'un côté, jaune pâle à l'ombre, jaune orangé au soleil, avec quelques taches et marbrures rouge-brun. Noyau gros, dont la tranche se trouve rejetée sur le côté; il se transperce longitudinalement avec une épingle, comme celui de l'abricot-pêche. Cette variété ne se rencontre en pépinière que sous son nom anglais.

BEAUGÉ (Commencement Septembre).

Variété moderne peu connue, qui a du mérite comme variété tardive. Ses caractères sont peu tranchés. L'arbre est de vigueur moyenne et paraît productif.

Fruit gros, arrondi, jaune pâle, peu coloré au soleil. Chair assez ferme, bonne, mais moins méritante que celle de l'abricot-pêche.

Voici également quelques variétés locales ou peu connues; ne les cultivant pas, nous avons pu quelquefois goûter leurs fruits, excepté ceux du *noor*, variété qui nous est inconnue :

Abricot de Portugal. — Fruit petit, ambré et parfumé, qui se détache difficilement du noyau. Ce fruit est particulier au centre de la France.

Abricot d'Alexandrie. — Fruit assez précoce, à floraison hâtive, et qui exige de la chaleur; il est fort cultivé en Provence.

Noor. — Lelieur dit que cette variété est préférable à l'abricot-pêche, qu'elle mûrit également bien à l'ombre, et qu'elle est plus juteuse, plus sucrée et plus tardive. Cependant cette variété, qui a, dit-on, le mérite d'être très-tardive, est fort peu répandue.

On doit se contenter de cultiver les meilleures variétés d'abricotiers; entre autres l'abricot-pêche particulièrement pour la table, et l'abricot commun pour confitures; deux ou trois arbres de chacune de ces variétés de choix suffisent pour fournir une forte maison.

LE PRUNIER.

Le prunier cultivé (*prunus insititia*) est originaire de l'Asie et du centre de l'Europe. Il est probable que les nombreuses variétés cultivées ne proviennent pas toutes de cette espèce ; ainsi la mirabelle a beaucoup de rapports avec le prunellier (*prunus spinosa*). Les Gaulois recherchaient les prunes produites par leurs forêts. On conserve une lettre de l'évêque Fortunat, qui, dans une pièce de vers adressée à ses sœurs, leur annonce l'envoi, « dans un panier tressé de sa main, de prunes sauvages que lui-même a cueillies dans la forêt. » Plus tard, dans les premiers temps de la monarchie, le prunier était déjà soumis à la culture. Charlemagne recommande, dans ses Capitulaires, de planter dans ses jardins plusieurs variétés de prunes.

Nos variétés indigènes paraissent avoir pour type la quetsche des Allemands ; elles se distinguent des variétés cultivées plus particulièrement pour la table, par leur forme allongée, et parce que les yeux du bois de l'année sont le plus souvent doubles au lieu d'être simples comme ceux de presque toutes nos prunes rondes de table, originaires de Syrie. Le prunellier a également les yeux doubles.

Cette différence constituerait-elle deux espèces de notre prunier? Celui indigène, garni de deux yeux, et le prunier de Syrie introduit au retour des croisades, qui paraît avoir produit nos meilleures variétés de table à fruits arrondis, variétés dont le jeune bois est garni d'yeux solitaires.

Le prunier, par suite de sa fertilité et du mérite de son fruit à l'état frais et sec, est le plus important de nos arbres à noyau; il est rustique et donne des produits parfaits, soumis à la haute tige et non régulièrement taillé. Il ne supporte aucune contrainte et veut s'étendre librement; on l'établit sur une tige plus ou moins élevée, pour former de beaux arbres à tête arrondie, mais de dimensions variables, selon la variété. La mirabelle forme un petit arbre fort touffu, la reine-claude forme un arbre moyen à tête basse et large. Certaines variétés à fruits oblongs, dites à pruneaux, ont une tête forte et élancée, aussi se cultivent-elles plus communément en plein champ.

Le prunier ne supporte pas d'être soumis dans nos jardins à une forme réduite; quelques variétés de vigueur moyenne se placent avec avantage en espalier, la reine-claude et la mirabelle plus particulièrement. Son fruit acquiert, du reste, en plein vent une maturité parfaite et un beau volume. L'espalier est en général peu productif; les fruits, il est vrai, gagnent en grosseur, mais perdent de leur qualité, excepté la reine-claude récoltée en espalier, qui devient exquise au moment où elle commence à se rider par excès de maturité; elle surpasse alors tout ce qu'il y a de plus parfait parmi nos meilleurs fruits.

Sol et expositions convenables au prunier. — Le prunier est l'arbre des coteaux; c'est un des moins délicats sur la nature du sol. Il se plaît surtout dans les sols légers et sablonneux, mais sans excès de sécheresse, et convient également pour les sols calcaires. Dans ceux-ci, les fruits sont parfaits, mais sujets à tomber. Le prunier réussit mal dans les sols argileux et humides. Il y pousse vigoureusement dans sa jeunesse, mais plus tard l'arbre se dégarnit, devient chancreux et ne donne que quelques fruits acides et véreux.

Le prunier veut être isolé et aéré; c'est dans ces conditions qu'il donne sa plus belle fructification, cependant une double ligne éloignée des autres plantations est fort productive; cette ligne, nous l'avons dit, étant moins fatiguée par le vent que les arbres isolés, surtout s'ils se trouvent sur une hauteur; car dans ce cas le fruit tombe facilement. Cet arbre en plein vent ou en espalier vient, du reste, à toute exposition, même au nord, seulement il redoute les vents d'ouest, dans les provinces peu éloignées de la mer; et les coteaux exposés au midi, dans les parties chaudes de la France. Vers le centre, la prune atteint toute sa perfection; au nord de Paris, elle perd de sa qualité. Certaines variétés sont, du reste, propres au Nord, d'autres au Midi. On fait de préférence la plantation du prunier à l'automne; faite tardivement au printemps, l'arbre végète parfois tardivement; il languit, et son écorce se durcit.

Sujets convenables au prunier. — Le prunier se multiplie de noyau, par ses rejetons et par la greffe.

Les noyaux donnent des sujets sains, vigoureux et formant une belle tige; ils ne reproduisent le plus souvent qu'un diminutif de la variété, généralement inférieur en qualité. Cependant on dit que la prune dite robe-de-sergent, qui fournit les pruneaux d'Agen, se reproduit constamment de noyau.

C'est sur le prunier venu de noyau que sont greffées nos meilleures variétés. On préfère les noyaux des variétés rustiques à petits fruits, tels que le saint-julien et le damas noir pour les arbres à haute tige. Les arbres soumis à l'espalier et ceux qui doivent être placés dans un petit jardin, sont greffés sur cerisette et myrobolan.

Le prunier se reproduit également par les rejetons qui se développent abondamment de ses racines; ces rejetons sont, il est vrai, d'une croissance plus prompte, mais le plant est de grosseur inégale; de plus, il produit des arbres d'un moins beau développement, qui ont l'inconvénient de s'épuiser à produire une quantité de rejetons. Ceux-ci proviennent, du reste, le plus souvent de cette mauvaise pratique de travailler profondément la terre autour de l'arbre. Chaque racine séparée de l'arbre forme un nouvel individu que les suppressions multiplient à l'infini, les racines du prunier étant fort vivaces.

Greffe. — Les pépiniéristes se procurent du plant d'un an et le plantent en lignes espacées entre elles de 70 centimètres, et entre eux de 35 centimètres en moyenne; ils le greffent en écusson à œil dormant. Le sujet dont l'écusson n'a pas repris ou celui qui est trop fort, est greffé en fente.

La greffe en écusson se fait depuis la mi-juillet jusqu'à la mi-août, la séve du prunier s'arrêtant de bonne heure ; la greffe en fente se fait fin mars. Toutes les variétés de pruniers ne réussissent pas également greffées en fente ; la reine-claude est celle qui réussit le mieux. La greffe reproduit sûrement les meilleures variétés ; les arbres greffés ont une tige droite et une tête arrondie, pourvu que les branches n'aient pas été trop multipliées sur la greffe, pendant la jeunesse de l'arbre.

Végétation du prunier. — Cet arbre pousse vigoureusement dans sa jeunesse et donne une quantité considérable de rameaux; mais, plus tard, il est surchargé d'une masse de productions fruitières qui l'épuisent. Ses longs rameaux se couvrent, sur la plus grande partie de leur longueur, d'un grand nombre de dards, d'un nombre moindre de rameaux et brindilles à l'extrémité, et de lambourdes à la base. A la troisième végétation du rameau, les productions fruitières qu'il supporte fructifient; puis elles allongent par le développement en bourgeon des yeux de l'extrémité. Cependant il se trouve que par exception certains rameaux fructifient à leur deuxième végétation ; cela se rencontre plus communément sur certaines variétés et sur des rameaux qui se sont aoûtés de bonne heure.

La végétation du prunier est assez régulière ; la séve, quand l'arbre a formé sa tige, a une grande tendance à se répartir également dans les branches latérales ; aussi la forme pyramidale est-elle antipathique à cette espèce. Les productions fruitières demandent à végéter librement ; une taille annuelle des productions en plein vent nuirait fortement à leur durée et à leur fructification.

Une fois formé, le prunier plein-vent doit être abandonné à lui-même, car la taille régulière diminue la quantité des fruits ; de plus, son influence est nulle sous le rapport de leur beauté et de leur qualité ; s'ils ne sont pas en excès, et si l'arbre est sain et de vigueur convenable.

Étude des parties du prunier. — L'œil du prunier est solitaire (*fig.* 260). Il a ce caractère particulier avec le cerisier, et comme lui il se transforme en bourgeon ou en bouton à fleurs selon qu'il reçoit plus ou moins de séve. Cette différence avec les yeux du pêcher et de l'abricotier est importante à connaître. On sait que sur ces deux dernières espèces le bouton à fleur est axillaire, c'est-à-dire accolé à un œil à bois. Que l'on vienne à tailler sur un bouton à fleur isolé du pêcher, il ne se développera pas de bourgeons; cette taille, faite sur un bouton à fleurs du prunier et du cerisier, en fera sortir un rameau à bois, car ce bouton contient la fleur et le bourgeon.

26

261

S'il y a excès de séve, l'œil est à bois et ne développe qu'un bourgeon; si la séve est modérée, l'œil contient un bourgeon et les fleurs, s'il y a défaut de séve, l'œil ne contient que des fleurs. Ainsi, sur le prunier, l'œil placé à l'extrémité de toutes les productions, de même que l'œil latéral favorisé par la séve, est à bois et donne des rameaux plus ou moins vigoureux.

L'œil latéral, placé sur les productions de vigueur moyenne, placées elles-mêmes sur du bois de deux ans, produit en se développant, une rosette de deux à quatre fleurs et un bourgeon feuillu plus ou moins vigoureux.

L'œil latéral placé sur les parties peu favorisées par la séve ne produit qu'une rosette de deux à quatre fleurs, cependant il se trouve quelquefois une ou deux feuilles à la place du bourgeon; mais ces feuilles n'ont que des yeux avortés à la base du pétiole.

Toutes les variétés du prunier n'ont pas leurs yeux solitaires; plusieurs d'entre elles présentent deux yeux accolés (*fig.* 261) et paraissent plutôt être indigènes; ainsi le prunellier, la quetsche, variété à pruneaux si cultivée sur les bords du Rhin, présentent deux yeux accolés placés sur le jeune bois.

L'œil du prunier développé en bourgeon produit le rameau à bois, la brindille, le dard et la lambourde.

Le rameau du prunier est droit, lisse et atteint souvent une longueur considérable. Les arbres jeunes et vigoureux sont garnis d'un grand nombre de rameaux ; ils sont rares sur les arbres âgés, et surchargés de productions fruitières. Les gour-

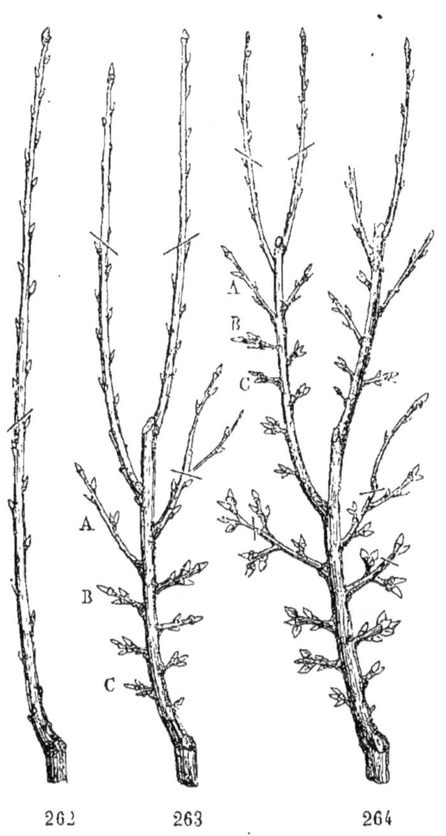

262 263 264

mands sont peu communs sur cette espèce, cependant une taille courte faite sur le vieux bois en fait développer facilement un grand nombre.

Le rameau est garni sur toute sa longueur, l'année de son développement, d'yeux placés à la base d'une feuille (*fig*. 262).

A la seconde végétation, ces yeux se développent en rameaux et productions fruitières; ces dernières sont garnies d'une rosette de feuilles (*fig*. 263). A la troisième végétation, toutes les productions fruitières qui se trouvent sur ce rameau de deux ans fleurissent, et les yeux de l'extrémité de ces productions les divisent en se développant en productions fruitières (*fig.* 264).

La *brindille* A. — Cette production fruitière est garnie de boutons à fleurs sur toute sa longueur ; quelques yeux de l'extrémité donnent des bourgeons ; ceux au-dessous ne contiennent que des fleurs et se dessèchent ensuite. Il se développe souvent sur le prunier des brindilles, à la séve d'août ; mais ces brindilles non aoûtées sont de mauvaises productions qui périssent le plus souvent par les gelées.

Quoique la brindille du prunier ait l'inconvénient de se dénuder, il ne faut pas la raccourcir à la première taille, car on perdrait la plus grande partie des fruits qui la garnissent sur toute sa longueur ; ce n'est qu'après cette première fructification qu'on la diminue de longueur.

Le *dard* B. — Sur le prunier, les dards sont en grand nombre et garnissent parfois toute la longueur d'un rameau non taillé. Ils sont épineux sur le prunier sauvage et sur les jeunes arbres venus de noyau. Le dard ne se taille pas, seulement on dégage et raccourcit les productions trop nombreuses ou trop longues qui se développent sur lui les années suivantes.

La *lambourde* C du prunier n'est en réalité qu'un dard raccourci, qui, par ce fait, est ridé et n'a plus de bois ; on peut dire également que la brindille n'est elle-même qu'un dard allongé et plus flexible. L'œil terminal de la lambourde est à bois, puis il se trouve, comme sur le pêcher, des boutons latéraux en bouquets. Cette production fructifie parfaitement à sa seconde végétation, mais elle périt le plus souvent d'épuisement après cette fructification, et laisse la branche dénudée ; on évite ce résultat par une taille convenable, qui refoule la séve vers la lambourde et fait développer en bourgeon son œil terminal.

On voit souvent de longues branches non taillées se dénuder entièrement, parce qu'elles n'étaient garnies, sur toute leur longueur, que de faibles dards ou lambourdes.

La floraison de la lambourde est extrême ; les boutons nombreux qu'elle supporte donnant chacun de deux à qnatre fleurs, elles forment au printemps un charmant pompon de fleurs accumulées. Mais leur grand nombre nuit à la fructification; à peine sur ce bouquet reste-t-il un ou deux fruits.

Fructification.—Le prunier donne surtout une belle fructification quand il est garni de rameaux vigoureux arrivés à leur troisième végétation, et munis d'une quantité considérable de productions fruitières nées l'année précédente. Si ces productions sont plus âgées et fort divisées, elles ne fructifient parfaitement que si elles se sont reposées l'année précédente: sans cela elles fleurissent, mais souvent la fleur mal constituée ne noue pas. Sur les arbres trop vigoureux ou taillés trop court, les fleurs sont souvent exposées à couler par excès de séve. Dans le cas où les fruits sont en excès, ils restent petits, verdâtres, et leur peau se durcit. On doit alors secouer les branches après la pluie avec une perche terminée par un crochet tamponné avec un linge; les fruits véreux et mal conformés qui surchargeaient inutilement l'arbre tombent à terre; ils doivent être recueillis et écrasés sur un chemin, pour détruire les insectes qu'ils contiennent. Si l'arbre est en espalier, il est bon d'effeuiller légèrement avant l'époque de la maturité.

Prunier en haute tige. — Cette forme est la seule convenable au prunier plein-vent; car, hors le cas où il se trouve en espalier, il ne supporte pas la contrainte, qui le rend infertile, surtout s'il se trouve conduit en pyramide ou en vase régulier et soumis à une taille annuelle. On réduit avec avantage la hauteur de la tige sur les sols exposés aux vents; c'est alors une demi-tige; mais cette demi-tige ne peut se mettre qu'au milieu d'un carré ou en plein champ, pour que les branches trop basses ne puissent gêner. Les demi-tiges sont peu recherchées; ce sont en général des arbres de second choix en pépinière, de plus ils sont d'un aspect peu gracieux.

Le jeune prunier est sujet au durcissement de l'écorce, par suite de la transplantation. On fera la seconde année trois incisions longitudinales, pour que l'écorce puisse se dilater. On sait que cette opération ne doit pas se faire l'année de la plantation. Ce jeune arbre est également sujet à la langueur les années qui suivent la plantation; cette langueur est causée principalement par la mauvaise constitution et l'excès des branches surchargées de productions fruitières. On n'hésitera pas dans ce cas à reformer cette charpente, en ne conservant de celle-ci que les premières divisions des branches, pourvu que l'arbre soit encore jeune. On retranche entièrement les branches en excès, puis on rabat celles qui sont conservées à une hauteur égale, sur la seconde ou troisième fourche, à 10 centimètres environ de cette fourche. On a soin de ne laisser aucune production fruitière pour mieux concentrer la séve. Par suite de ce recepage vigoureux, il se développe une grande quantité de forts rameaux, qui sont taillés assez longs pendant une ou deux années, puis abandonnés à eux-mêmes.

Le recepage donne de superbes résultats sur le jeune arbre. Aussi le conseillons-nous dans le cas où ce jeune arbre est languissant. Cette opération serait mauvaise, faite sur un arbre âgé et sur les fortes branches, car le bois du prunier se décompose promptement; quand cette décomposition part d'une forte plaie, elle se prolonge dans le corps de l'arbre, puis gagne partiellement l'écorce qui se chancre et se couvre de champignons agarics. Aussi voit-on les pruniers recepés périr le plus souvent en peu d'années.

Quand le prunier haute tige est trop surchargé de branches et productions fruitières, on doit retrancher avec prudence celles qui sont trop nombreuses et qui dérangent son équilibre, puis on évide l'intérieur de l'arbre des menues branches épuisées et infertiles, parce qu'elles sont privées de lumière. Les branches par trop inclinées sont légèrement raccourcies, mais sans fortes amputations.

Nous avons eu récemment l'occasion de visiter dans le Midi des plantations de pruniers à pruneaux. On sait que les plus renommées sont celles d'Agen et de Tours. Les arbres sont abandonnés à eux-mêmes; ils proviennent le plus souvent de rejetons et ne sont pas greffés. Il est fâcheux qu'ils ne soient pas soumis à une première taille de formation, qui leur donnerait une tête plus régulière que celle qu'ils ont habituellement. On les plante à 14 mètres de distance et en lignes, espacés par d'autres cultures. La vigne de plant commun ne craint pas le voisinage du prunier; ces deux espèces sympathisent parfaitement.

Le prunier prenant beaucoup de place et ne souffrant pas le voisinage d'autres arbres, doit être planté en petit nombre dans les jardins de moyenne étendue. Dans les grands jardins, il sera placé isolé dans les parties aérées, pour qu'il puisse former librement une tête arrondie. Un ou deux arbres ainsi isolés donneront plus de fruits qu'une ligne de pruniers rapprochés. Il faut se garder de bêcher la terre autour du prunier, pour ne pas multiplier les rejetons; on sait, du reste, que les labours faits au moment de la floraison occasionnent la coulure des fleurs par l'excès d'humidité qui se dégage de la terre fraîchement remuée.

On met peu le prunier en espalier; nous avons dit qu'excepté la reine-claude, le fruit y est peu méritant et le plus souvent en petite quantité. Fleurissant plus tardivement que le pêcher, l'abri ne lui est pas indispensable. Du reste, un abri un peu prolongé serait nuisible, la fleur du prunier s'étiolant facilement si elle n'est pas parfaitement aérée. Le prunier en espalier est soumis à l'éventail; les rameaux étant nombreux, on fera beaucoup de cassements et de tailles en crochet.

Maladies et insectes nuisibles au prunier. — Le prunier est un arbre rustique, peu sujet aux maladies, les chancres et la gomme sont provoqués le plus souvent par de fortes suppressions; ce cas excepté, ils font peu de ravages. Les jeunes arbres ont souvent, par suite de la transplantation, leur écorce brûlée et chancreuse, on doit alors enlever légèrement avec la serpette les parties attaquées, faire quelques incisions longitudinales sur toute la longueur de la tige, enduire le tout d'onguent de saint Fiacre, et décharger l'arbre des branches ruinées.

Les insectes qui nuisent au prunier sont nombreux, mais en général leurs ravages ne s'étendent pas au point de le faire périr.

Les hannetons dévorent le feuillage au printemps; il faut le matin secouer les branches avec une perche en crochet; cet insecte étant assez casanier, ses ravages sur les arbres secoués seront grandement diminués par cette petite chasse, si elle est faite régulièrement chaque matin.

Les chenilles sont funestes au feuillage du prunier, entre autres la livrée, chenille du *bombyx Neustriæ*; ses œufs sont enroulés en forme d'anneaux autour des jeunes branches et sont assez difficiles à découvrir. Le papillon est nocturne, paraît en juillet et périt immédiatement après avoir pondu. L'année suivante, les chenilles paraissent à la mi-avril et restent en société jusqu'à leur troisième mue; elles se rencontrent rassemblées le matin en masse et légèrement enveloppées de fils soyeux. En juin, la chenille a atteint tout son développement, elle est alors rayée longitudinalement de jaune noir et rouge, avec une raie blanche sur le dos.

Le bombyce à cul doré, *bombyx chrysorrhæa* est une chenille qui forme ces paquets soyeux qui se trouvent à l'extrémité des branches. On les enlève avec soin, puis on les brûle, c'est du reste une des chenilles les plus funestes aux arbres fruitiers. Ce bombyce est un papillon blanc nocturne qui paraît à la mi-juin, pond ses œufs sous une feuille, au nombre de 2 à 300, et les couvre avec le duvet doré de son ventre. Les jeunes chenilles éclosent à la mi-juillet, vivent en société, et forment des paquets soyeux qui leur permettent de supporter les froids les plus rigoureux de l'hiver. Cette chenille est de couleur foncée avec plusieurs raies rougeâtres et fortement couverte de poils.

On rencontre également sur les arbres fruitiers: le *bombyce dispar*, grande chenille moins commune que les précédentes et d'un plus fort volume; elle se distingue par sa forte tête jaunâtre, la longueur de ses poils et six paires de points rougeâtres sur les côtés du dos; le *bombyce pudibond*, qui se distingue par quatre fortes touffes serrées de poils jaunâtres sur le milieu du corps, du côté de la tête. On rencontre plus particulièrement ces deux espèces sur les arbres forestiers, elles se trouvent rarement en quantité sur les arbres fruitiers.

Outre l'échenillage d'hiver, qui détruit une quantité de bourses du bombyce chrysorrhæa, on enlèvera avec soin les anneaux d'œufs du *bombyx Neustriæ.* Au printemps, on échenille le matin les jeunes chenilles réunies en paquets ; on doit mettre des gants pour faire cette opération et avoir les bras et la poitrine couverts, car les poils qui se détachent des chenilles causent une forte démangeaison qui dure deux ou trois jours.

Il est possible de détruire également les *papillons nocturnes* qui procréent ces chenilles ; les entomologistes en prennent de grandes quantités en engluant de miel ou de mélasse une portion de la tige ou des branches des arbres, à l'époque où ces papillons paraissent en juin et juillet. Nous avons eu l'idée d'appliquer ce procédé, pour détruire cette multitude de papillons et autres insectes dont les larves font tant de tort aux fruits et aux bourgeons. Nous nous étions servis pour cela de feuilles de papier, mais il nous paraît plus simple d'enduire des parties de la tige ou des grosses branches ; la mélasse peut suppléer au miel, elle est plus gluante et d'un prix moins élevé, on peut y ajouter en petite quantité une dissolution légère de colle forte, elle aura plus de consistance.

L'allante noire, *allantus nigerrima*, est une mouche à scie dont la larve limace est noire et gluante. De juin à septembre, celle-ci dévore le feuillage du prunier et du cerisier au point de n'en laisser que les nervures. On détruit facilement cette larve en saupoudrant le feuillage avec de la chaux éteinte en poudre.

La prune est attaquée par de nombreuses larves d'insectes qui la rendent véreuse.

Le charançon cuivré, *curculio cupreus.* — Ce charançon à reflets métalliques est nommé communément perce-prune, parce qu'il introduit ses œufs dans la prune au moment où elle atteint la grosseur d'une cerise; il en sort une larve qui la détruit en cinq ou six semaines environ, puis une fois le fruit tombé, elle s'enterre et sort au printemps à l'état d'insecte parfait. Ce charançon est l'insecte qui produit le plus de ravages sur les fruits du prunier.

La mouche a scie de la prune, tenthredo morio. Cette mouche attaque la prune quand elle a atteint la grosseur d'un pois; de l'œuf qu'elle y a introduit, il sort une larve blanchâtre qui se loge dans le centre du noyau; la prune continue à grossir, mais finit par tomber; puis l'insecte s'enfonce dans la terre, pour reparaître à l'état de mouche au printemps.

Le ver rouge de la prune, *tortrix nigricana*, cause des dégâts moins grands que les deux précédents; la prune arrive à maturité, mais l'intérieur est endommagé par le sillon rouge et les excréments produits par ce ver.

D'autres insectes moins connus, parce que leurs ravages sont moins considérables, attaquent également le prunier. Nous avons dit qu'il était avantageux de secouer les branches pour faire tomber les fruits véreux, qui seront immédiatement ramassés et détruits.

CHOIX DES MEILLEURES VARIÉTÉS DE PRUNES.

Toutes les variétés de prunes réussissant convenablement en plein vent dans les vergers et dans les champs, chaque pays possède des variétés locales innombrables plus ou moins bonnes, mais le plus souvent médiocres.

Nous devons nous restreindre ici à un choix peu étendu de nos meilleures variétés de table, ne repoussant pas pour cela les variétés locales quand elles ont été reconnues méritantes.

Peu de fruits subissent, du reste, comme la prune, l'influence du climat et du sol certaines; variétés méritantes dans telle contrée, devenant âpres et véreuses dans telle autre. Ainsi, la questche d'Allemagne est médiocre à Paris, quoique la température y soit plus élevée. De même, c'est vainement que l'on voudrait obtenir, au nord de la Loire, des pruneaux d'une qualité égale à ceux du sud de ce fleuve. Cependant quelques variétés de table, telles que la reine-claude, sont toujours et partout méritantes, quoiqu'à un moindre degré que celles venues vers le centre de la France.

Les Américains ont obtenu un grand nombre de variétés, dont quelques-unes sont d'un mérite reconnu, sans toutefois les mettre en parallèle avec la reine-claude, qui est incomparable. Elles ont, en genéral, le défaut de manquer de cette finesse qui distingue nos bonnes variétés d'Europe.

DE MONTFORT (Fin Juillet-commencement Août).

Variété nouvelle et méritante obtenue, vers 1822, par madame Hébert, à Montfort-sur-Rille, près Pont-Audemer (Eure). Arbre assez vigoureux et très-fertile. Rameaux gris-brun foncé, partiellement rougeâtres. Feuilles grandes, ovales, aiguës. Serreture régulière et arrondie ; elles sont supportées par un pétiole gros et jaune-verdâtre.

Fruit moyen, ovale arrondi, supporté par un pédoncule vert clair. Peau épaisse, violet-noirâtre, amère, fortement couverte d'une fleur bleuâtre, qui s'enlève facilement. Chair assez fondante, jaune-verdâtre, fort douce, assez sucrée et agréablement savoureuse. Noyau lisse, plat et pointu aux deux extrémités.

ROYALE DE TOURS (Fin Juillet-commencement Août).

Ancienne variété citée dans le catalogue des Chartreux, 1736. Il ne faut pas la confondre avec le gros damas de Tours, ni avec la royale. Arbre fort et vigoureux, mais irrégulièrement fertile, qui convient plus particulièrement au centre de la France.

Bourgeons très-gros et assez courts, brun-verdâtre, teintés de rouge vif, finement pointillés de gris, yeux prononcés et rapprochés entre eux. Feuilles planes, allongées, profondément et irrégulièrement serretées, et vert-foncé.

Fruit assez gros, presque rond, largement sillonné vers sa base et un peu aplati au sommet. Pédoncule fort, vert pâle et peu profondément enfoncé. Peau rouge-pourpre-violacé, parsemée de points jaunâtres et couverte d'une fleur abondante. Chair très-fine, jaune pâle, très-juteuse, agréablement acidulée et plus relevée que celle de la prune de monsieur; elle quitte le noyau, qui est large, aplati et rugueux. Cette prune est une de nos bonnes variétés hâtives.

MONSIEUR HATIF (Fin Juillet).

Selon Triquel, la prune de monsieur serait la brignolle violette; selon Merlet, qui paraît mieux renseigné, c'est l'ancien damas gris, à qui on aurait donné le nom de Monsieur, frère du roi Louis XIV. Elle est citée, pour la première fois, par Lelectier, 1628. On connaît deux variétés de monsieur, le hâtif, qui mûrit huit jours plus tôt que le monsieur ordinaire, et qui doit lui être préféré.

Arbre vigoureux, élevé et d'une fertilité extrême. Rameaux gros, de longueur moyenne, rouge-brun et duveteux. Feuilles grandes, rugueuses, allongées et vert-foncé.

Fruit gros, ovale arrondi, assez large et légèrement sillonné. Pédoncule mince et court, peu enfoncé dans une étroite cavité. Peau fine, qui se fend facilement les années pluvieuses. Elle est pourpre-violacé, plus foncée au soleil et fortement couverte d'une fleur blanchâtre. Chair vert-jaunâtre, qui se détache du noyau. Sans avoir une saveur des plus relevées, elle est juteuse et agréable, mais peu sucrée. L'arbre est très-cultivé aux environs de Paris; il est plus méritant dans un terrain sec.

MONSIEUR ORDINAIRE (Commencement Août).

Cette variété est plus tardive que la précédente et le fruit est un peu moins gros et plus arrondi. L'arbre est plus touffu ; mais, en général, leurs caractères sont peu différents. Les étamines des fleurs du tardif se distinguent par leur nuance jaune-aurore.

MONSIEUR A FRUITS JAUNES (Commencement Août).

Obtenu, vers 1825, par M. Jacquin, grainetier-fleuriste, à Ollainville, près Arpajon, d'un semis de reine-claude et monsieur.

Arbre assez vigoureux et très-fertile. Rameaux courts, de couleur brun-verdâtre. Branches lisses, brun-grisâtre. Feuilles assez grandes, ovales, rugueuses, finement et régulièrement serretées.

Fruit assez gros, ovale et solitaire sur le bouton. Pédoncule moyen. Peau fine, qui se détache facilement. Elle est jaune-ambré, lavée de jaune d'or et tachée de pourpre, puis recouverte d'une poussière florale abondante. Chair adhérente au noyau. Elle est jaune marbré de lilas clair. Douce, savoureuse, sucrée et exquise à l'état parfait de maturité. Cette belle et bonne variété mérite d'être répandue ; dans certains sols, vers le centre de la France, elle atteint un haut point de mérite, et doit être mise en première ligne.

DRAP D'OR D'ESPEREN (Mi-Août).

Obtenu par le major Esperen, célèbre pomologiste belge, d'un semis fait en 1832, qui a fructifié en 1843.

Arbre d'une grande vigueur et d'une taille élevée, il convient pour plein-vent ; il est très-fertile. Rameaux assez vigoureux et allongés, brun-rougeâtre. Feuilles moyennes, ovales, aiguës, rétrécies vers la base et fortement serretées. Elles sont supportées par un pétiole mince et court.

Fruit assez gros, ovale et légèrement sillonné. Pédoncule mince et verdâtre. Peau fine, transparente, jaune pâle, en partie verdâtre, et lavée faiblement de jaune d'or. Chair fine, fondante à la parfaite maturité; alors elle est juteuse, sucrée et savoureuse. Noyau moyen, allongé et non adhérent. Cette variété est classée comme étant de première qualité. Elle est parfaite pour confitures.

REINE-CLAUDE VERTE (Mi-Août).

Cette admirable variété paraît être originaire des bords de la Loire. Elle doit son nom à la reine Claude, première femme de François Ier, née en 1499, à Romorantin. La prune de reine-claude est citée, pour la première fois, par Lelectier, d'Orléans, en 1628. Elle fut longtemps rare; sous Louis XIV, on la faisait venir de Touraine dans des boîtes garnies de coton.

Arbre assez vigoureux. Dans son jeune âge, ses branches sont élancées; plus tard, il forme une tête large et arrondie. Rameaux gros et courts, plus allongés dans la jeunesse de l'arbre. Ils sont verdâtres et faiblement colorés de brun-grisâtre; les yeux sont moyens et pointus, saillants et rapprochés entre eux. Feuilles épaisses, arrondies à la base du rameau et plus allongées vers le sommet; elles sont lisses, vert-foncé en dessus, plus pâle en dessous, profondément et doublement serretées.

Fruit moyen, qui diminue de grosseur s'il y a excès de fructification. Il est rond, aplati des deux bouts, ce qui le rend presque carré dans le sens longitudinal. Il est légèrement sillonné. Pédoncule gros, de longueur moyenne et fortement enfoncé dans le fruit.

Peau très-mince, adhérente et de couleur variable, selon le plus ou moins de maturité. Elle est vert d'eau à l'ombre, tournant au jaune ambré. Le côté exposé au soleil est maculé de roux, avec quelques taches rouge sang. La chair est extrêmement fine, d'un jaune-verdâtre ambré. Elle se fond à la maturité en une pulpe molle, douce, sucrée, très-juteuse, gommeuse et exquise, surtout quand elle provient d'arbres bien exposés et aérés. Le noyau est petit, très-dur et adhérent à la chair.

Nous avons dit que, soumise à l'espalier, la reine claude devient incomparable comme saveur et délicatesse. C'est, du reste, la variété du prunier qui supporte le mieux la taille et l'espalier. On a reconnu que, greffée sur pêcher de noyau, elle a, en espalier, une végétation moins forte et produit des fruits supérieurs en beauté.

La reine-claude est, par suite de sa finesse, sujette à se fendre les années pluvieuses, et à tomber avant la maturité. On sait quelle énorme consommation il se fait de ce fruit pour confitures et conserves à l'eau-de-vie ; seulement, il faut se procurer la franche, car les semis de reine-claude ont inondé nos vergers d'un grand nombre de variétés inférieures à fruits jaunâtres et pâteux. Cependant, on distingue la reine-claude diaphane, très-beau fruit, de bonne qualité, il est vrai, mais qui n'est pas comparable à la verte.

ROYALE (Mi-Août).

Ancienne variété citée par Merlet, 1690. C'est une belle et bonne prune, qui tient sa place parmi nos meilleures variétés.

Arbre vigoureux et de première grandeur, qui convient plus particulièrement au centre de la France, pour le verger.

Rameaux vigoureux et allongés, colorés de violet, lavés de grisâtre ; les yeux sont petits et pointus. Feuilles belles, allongées, renflées vers la pointe, repliées en gouttière, largement et peu profondémont serretées.

Fruit gros, arrondi, légèrement sillonné, un peu rétréci vers le pédoncule, qui est gros, long, verdâtre et implanté peu profondément. Peau rouge violacé, tiquetée de points roux et couverte d'une poussière florale abondante, qui se conserve facilement. Chair ferme, verdâtre, hautement parfumée, transparente, juteuse et sucrée. Le noyau est presque adhérent.

MIRABELLE (Mi-Août).

Selon quelques historiens, nous serions redevables de cette variété au bon roi René; elle est citée pour la première fois par Lelectier, d'Orléans, 1628.

Arbre d'une petite stature, fort touffu et prenant naturellement une forme arrondie; les branches se divisent en une multitude de dards et de brindilles qui finissent par l'épuiser, si on n'y remédie par un éclaircissement raisonné des productions superflues. Cet arbre, quand il charge, est d'une extrême fécondité. Rameaux menus et diffus. Feuilles petites, planes, allongées, vert sombre et finement serretées.

Fruit petit, mais de grosseur variable, selon que l'arbre est plus ou moins vigoureux. Il est légèrement ovale, et sans sillon sensible; son pédoncule est mince, de longueur moyenne et implanté à fleur du fruit.

Chair assez ferme, peu juteuse, parfois sèche, mais sucrée, douce et agréable. Cuite, elle a une saveur relevée et parfumée que ne possède aucune autre prune, aussi elle est plus communément cultivée pour confitures. Le noyau quitte facilement la chair, et il est assez gros pour le fruit.

Il est fâcheux que ce petit prunier ne soit pas employé pour former des haies productives et d'une bonne défense. Il se reproduit de noyau ou bien de rejetons venus autour des arbres francs de pied, qui, du reste, sont préférables aux sujets greffés.

DRAP D'OR, Mirabelle double (Fin Août).

Variété de damas citée par les Chartreux en 1736. Elle est plus grosse et plus succulente que la mirabelle, mais un peu inférieure pour confitures. L'arbre est plus élevé, moins touffu et moins productif. Rameaux gros, assez longs, verdâtres et teintés de rouge-brun au soleil. Feuilles moyennes, allongées, vert-jaunâtre et finement serretées. Pétales de la fleur rétrécis.

Fruits au-dessous de la moyenne, arrondis, avec un léger sillon sur le coté. La peau est jaune d'or ambré, légèrement tiquetée de rouge.

Chair fine, jaune, transparente, juteuse, sucrée et agréable crue ou cuite.

JEFFERSON (Fin Août-commencement Septembre).

Cette prune tient le premier rang parmi les nombreuses variétés américaines, et mérite une place dans tous les jardins. Elle a été obtenue de nos jours dans le jardin du juge Buel à Albany. Arbre élevé et vigoureux, d'une grande et constante fertilité. Rameaux bruns et légèrement duveteux. Feuilles ovales, planes et largement serretées.

Fruit gros, ovale, régulier. Peau fine, jaune d'or, légèrement lavée de jaune ambré et de vermeil.

Chair jaune orange, très-fine, fondante, sucrée, savoureuse et d'un goût parfait. Elle se détache facilement du noyau, qui est long, ovale, aigu.

REINE-CLAUDE VIOLETTE (Septembre).

Variété du premier mérite, citée pour la première fois, mais sans description, par Leberryais, *Traité des jardins*, 1789. Puis pour la seconde fois par Noisette, *Manuel du jardinier*, 1828. Elle lui était nouvellement connue, car il ne l'avait pas citée dans son *Jardin fruitier*, 1821. Dire que cette prune est peu inférieure à la reine-claude, c'est faire son éloge; elle est extrêmement fertile, et elle a l'avantage de mûrir quand la reine-claude verte est déjà passée.

Arbre assez vigoureux, mais plus ramassé que la reine-claude verte, il se distingue par ses branches irrégulières et divergentes, mais plutôt horizontales, elles sont couvertes de nombreuses productions fruitières, fortement ridées. Rameaux courts, arqués, brun-violacé. Feuilles assez grandes, ovales arrondies, rugueuses, épaisses et fortement serretées.

Fruits en bouquets, ils sont arrondis, plus larges que hauts et aplatis des deux bouts. Sillon large et renflé d'un coté. Ils ont l'avantage de mûrir successivement et de tenir longtemps sur l'arbre. Peau épaisse, non susceptible de se fendre et d'être attaquée des insectes; mais parfois elle suinte de la gomme; elle est violet-noirâtre, plaquée de brun et de vert, pointillée de roux, marbrée de quelques veines sinueuses et abondamment fleurie.

Chair ferme à parfaite maturité, elle est verdâtre, sirupeuse, douce, non acide, savoureuse, exquise.

KIRKE (Mi-Septembre).

Cette excellente variété anglaise a été découverte vers 1820, par M. Kirke, pépiniériste à Brompton, faubourg de Londres. Passant un jour devant l'étalage d'une fruitière, il y vit un panier de prunes d'une variété inconnue et s'enquit du jardinier qui les récoltait; celui-ci lui raconta qu'il avait reçu l'arbre du continent et lui remit des greffes de cette variété jusqu'alors inconnue.

Arbre vigoureux et fertile, élancé et à branches lisses. Rameaux assez forts, brun-violacé au soleil, fauve à l'ombre. Feuilles ovales, renflées, aiguës, fortement serretées, supportées par un pétiole assez court.

Fruit de première grosseur, ferme et très-beau; il est arrondi, plus haut que large et diminue vers l'extrémité. Sillon léger. Pédoncule presque à fleur du fruit. Peau rouge pourpre-violacé, obscure, pointillée de fauve, tavelée de gris et couverte d'une fleur abondante assez persistante.

Chair jaune-verdâtre, consistante, juteuse, sucrée, succulente et agréable. Elle se sépare facilement du noyau, qui est moyen, irrégulier, long, aplati et séparé par une profonde rainure. Ce fruit est beau et excellent; il tient une belle place parmi nos meilleures variétés.

PERDRIGON VIOLET (Mi-Août Septembre).

Les perdrigons sont des prunes allongées fort estimées dans nos campagnes : elles le méritent par une saveur hautement relevée en parfait état de maturité. Ces fruits sont cultivés depuis un temps immémorial; Olivier de Serres cite trois perdrigons en 1600. Un auteur anglais de 1582 dit qu'il y a longtemps que la prune appelée perdrigevena fut introduite d'Italie par lord Cromwell à son retour d'un voyage. Lelectier d'Orléans compte six perdrigons. Les plus renommés sont le violet, le blanc et le normand. Ayant eu souvent l'occasion d'en cueillir les fruits, nous croyons le dernier préférable, mais en général les perdrigons sont plutôt des fruits de verger. Il n'est pas facile de les distinguer entre eux.

REINE-CLAUDE DE BAVAY (Fin Septembre).

Superbe variété de reine-claude obtenue à Malines en 1843, par le major Esperen et dédiée par lui à M. de Bavay, arboriculteur belge distingué. Ce beau fruit, trop vanté par les uns, trop dénigré par les autres, est, il est vrai, inférieur à la reine-claude, mais venu dans un sol sec et s'il est parfaitement mûr, il peut être considéré comme de première qualité. Il faut éviter de le cueillir trop tôt; un peu flétri, il est très-bon.

Arbre très-vigoureux et productif, qui peut être soumis à l'espalier. Rameaux assez longs et verticaux. Feuilles moyennes, ovales, aiguës, vert clair, régulièrement serretées et munies de glandes jaunâtres.

Fruit très-gros, ovale arrondi, légèrement aplati aux deux extrémités; sillon peu profond; pédoncule gros et court, profondément enfoncé dans une étroite cavité. Peau lisse qui se détache facilement, elle est verdâtre et prend une teinte jaune à la maturité, marbrée légèrement de roux avec quelques taches violacées.

Chair jaune d'or, ferme, juteuse, douce, sucrée, agréable; mais peu relevée, si elle n'a pas mûri dans de bonnes conditions.

POND'S SEEDLING (Mi-Septembre).

Ce fruit n'est estimé que pour sa beauté, car il est de seconde qualité. Il fut découvert par Samuel Pond, pépiniériste, dans le jardin de M. Hervey Hill à Boston, aux États-Unis. Nous trouvons la citation suivante dans le *Traité des jardins* de Claude Mollet, 1652 : « Le prunier d'Inde rapporte son fruit gros comme des œufs de poule d'Inde, il est jaspé et de couleur rouge, mais il est plus beau que bon. » Cette prune d'Inde nous paraît bien proche parente de la Pond's seedling. Ce ne serait pas la première fois qu'une ancienne variété oubliée reparaîtrait sous un nom nouveau. C'est en 1843 que la Pond's seedling fut introduite en France.

Arbre très-vigoureux, élevé et assez fertile, branches lisses, feuilles grandes, planes et renversées ; les nervures sont très-saillantes.

Fruit solitaire sur le bouton, il est très-gros, ovale, allongé et du volume d'un œuf de poule ; la peau est fine, et le fruit n'est pas d'une longue conservation, il est rouge vineux violacé, plus clair à l'ombre et légèrement fleuri.

Chair jaunâtre, peu fine, assez molle et légèrement acide ; on la dit assez bonne pour pruneaux.

COE'S GOLDEN DROPS (Septembre-commencement Octobre).

Obtenu vers 1800 par Servais Coe, maraîcher à Bury Saint-Edmonds, Suffolk, Angleterre. C'est une superbe variété qui tend à se répandre dans nos jardins.

Arbre moyen, élancé et fertile, branches lisses, feuilles moyennes, garnies de glandes globuleuses à leur base.

Fruit gros, ovale, se terminant en pointe vers les extrémités, faiblement sillonné et parfois rétréci vers le tiers inférieur. Le pédoncule est raide, mince, de longueur moyenne et à fleur du fruit. Peau mince, transparente, d'un beau jaune d'or peu foncé, fortement tiquetée de pourpre vif au soleil.

Chair jaune de miel, consistante, peu juteuse, mais douce, sucrée et agréablement savoureuse. Noyau en partie adhérent, aigu et aplati.

Cette belle variété a le mérite d'être tardive et de se conserver longtemps sur l'arbre ainsi que dans le fruitier. Les plus beaux fruits, enveloppés de papier mou et placés dans une armoire, peuvent se conserver jusqu'en novembre. C'est notre meilleure variété tardive.

WASHINGTON (Septembre).

Superbe variété américaine, mais qui n'est pas partout de première qualité et pèche par la saveur. Le pied mère, acheté tout jeune au marché, fut planté à la ferme Delançay, à l'est de Bovery, faubourg de New-York. C'est en 1818 que M. Bomer fit connaître ce fruit.

Arbre d'une grande vigueur et des plus fertiles, qui se fait remarquer par son port élevé et son beau feuillage ; il redoute une exposition chaude et demande à être aéré. Rameaux forts, allongés et roux clair. Feuilles vert tendre, larges et étoffées.

Fruit très-gros, arrondi, plus long que rond, légèrement sillonné. Pédoncule moyen, recourbé et verdâtre. Peau fine, lisse, verdâtre, tournant au jaune ambré, et se détachant facilement.

Chair jaune pâle, fondante, juteuse, assez sucrée, mais faiblement savoureuse. Le fruit tient bien à l'arbre et doit être cueilli en état parfait de maturité.

Voici les trois variétés les plus communément cultivées pour pruneaux :

La sainte-catherine (mi-septembre). — Fruit moyen, ovale, jaune de cire, légèrement fléuri, très-productif. C'est cette variété qui produit les excellents pruneaux dits de Tours, mais qui proviennent particulièrement de Chinon et Châtellerault.

Le prunier robe-de-sergent. — Fruit moyen, ovale, régulier. Peau mince, fleurie, d'un violet foncé, tiquetée de brun. Chair jaunâtre, molle, sucrée et savoureuse. Noyau jaune clair, ovale, aigu, se détachant partiellement de la chair. Cette variété est cultivée sur les bords du Lot et de la Gironde, et fournit les pruneaux dits d'Agen, si estimés.

La quetsche. — C'est la prune nationale des Allemands. On la cultive plus particulièrement vers les bords du Rhin, dans la Hesse, en Saxe, en Bohême et en Hongrie, etc. Cette prune est oblongue et fortement sillonnée. Elle est violet-bleuâtre et fleurie. La chair est douce, moelleuse, fondante et légèrement acidulée ; mais elle a le défaut de devenir véreuse et de tomber facilement.

Si l'on n'a que cinq ou six pruniers à planter dans un jardin, on se contentera des meilleures variétés, telles que les reine-claude verte et violette, la mirabelle, la kirke et la coe.

Sous le climat de Paris, le choix suivant peut convenir à un jardin de moyenne étendue :

1 Montfort.
1 Monsieur hâtif.
1 Royale.
3 Reine-claude verte, dont un en espalier.
2 Mirabelle, pour confitures.
1 Drap d'or, pour confitures.
2 Reine-claude violette.
1 Jefferson.
1 Kirke.
2 Coe's golden drop, comme fruit de garde.

Ce choix fournira des prunes pendant trois mois. Un jardin plus étendu permettra d'y ajouter les variétés omises, ainsi que les variétés locales souvent estimables.

LE CERISIER.

On cultive pour leurs fruits deux espèces distinctes du cerisier : la cerise douce en cœur et la cerise ronde acide ou griotte. La cerise douce a pour souche le merisier de nos forêts (*cerasus avium*); elle comprend les races suivantes : le guignier, le cerisier d'Angleterre et le bigarreautier. La seconde espèce comprend le cerisier acide (*cerasus caproniana*), qui a pour types principaux : la montmorency et la griotte à ratafia, d'un rouge presque noirâtre.

Le merisier est indigène et se trouve en abondance au centre de l'Europe. Son jeune bois est fort et élancé, ses fruits se développent sur des productions fruitières placées sur les rameaux de troisième végétation. Ceux de la cerise acide se trouvent au contraire sur les rameaux de deuxième végétation ; différence importante dont il faut tenir compte dans la conduite de ces deux espèces.

La cerise acide paraît provenir du sud-est de l'Europe et de l'est de l'Asie centrale ; elle ne se rencontre pas dans l'épaisseur de nos grandes forêts. Les cerisiers qui se trouvent sur la lisière des bois paraissent provenir des noyaux du cerisier cultivé, semés par les oiseaux. Ce serait donc cette espèce qui aurait été introduite à Rome par Lucullus, de Cérazonte, ville du Pont (actuellement Zephano). Une race qui croît naturellement en Dalmatie est la souche de nos cerises noires à ratafia ; elle y produit le fameux marasquin.

Le cerisier acide est un arbre moins fort et beaucoup

moins élevé que le merisier, il est même parfois de très-petite taille; ses rameaux sont grêles, horizontaux et divergents; ses feuilles sont moins grandes et non pendantes; il est plus sensible au froid que les cerisiers qui proviennent du merisier. Au Mont-d'Or, les guigniers et bigarreautiers réussissent à une élévation où le cerisier acide ne dure que huit années à peine.

On dit que certaines variétés proviennent du croisement de ces deux espèces, les cerises anglaises entre autres. Rien n'autorise cette supposition, la végétation de ces variétés ayant conservé tous les caractères du type merisier, puisqu'elles fleurissent sur les rameaux de troisième végétation; ce n'est que par exception qu'on voit quelques fleurs à la base du rameau d'un an. A l'époque de la floraison, il est facile de constater la différence qui existe entre ces deux espèces.

Le cerisier est un arbre élégant qui charme les yeux par le contraste tranché du rouge pourpre de ses fruits avec les tons vifs de son vert feuillage. C'est le premier fruit qui nous fait oublier les privations de l'hiver; aussi avec quelle joie l'enfant le voit-il, aux premières chaleurs, passer du vert clair au brillant nacarat!

Sol et expositions convenables au cerisier. — Le cerisier se plaît dans la plupart des sols, même dans ceux de médiocre qualité; on le voit réussir dans des calcaires presque purs et fortement pierreux; il vient moins vigoureusement dans les sols humides à sous-sol imperméable; les sables frais et ferrugineux lui conviennent parfaitement. Une plaine de sable ferrugineux située au milieu de la forêt de Montmorency est couverte de superbes avenues de cerisiers greffés sur merisier; malheureusement les branches fragiles du cerisier sont souvent brisées par les vents qui règnent sur ce plateau élevé.

Le cerisier à fruits acides réussit parfaitement dans un sol calcaire ou sablonneux de bonne qualité. Il vient moins bien que le merisier dans les sols calcaires à l'excès; mais il réussit mieux dans un sable sec et caillouteux. Il périt promptement dans certaines vallées d'alluvion, au sol sablonneux mais compacte par excès de finesse, et redoute surtout les sols argileux en excès, froids, tourbeux et imperméables.

Le cerisier greffé sur sainte-lucie (*prunus mahaleb*), se plaît dans la plupart des sols, mêmes ceux calcaires à l'excès : il convient moins que le franc dans les sables secs et les sols trop humides.

La cerise est meilleure dans les sols calcaires ; elle est également bonne dans un sable sec ; mais dans un sol froid, et les années humides, elle est souvent acide et amère.

L'exposition est moins à considérer pour le cerisier, pourvu qu'il soit abrité des vents, son bois étant très-cassant. En général il redoute l'excès de chaleur ; le midi, en espalier, lui est défavorable, son écorce s'y durcit et son feuillage jaunit. Il réussit au couchant et même au nord, où il forme une magnifique tapisserie et fructifie convenablement.

Sujets convenables au cerisier. — Le merisier à fruits rouges venu de noyau est le sujet le plus convenable pour obtenir des cerisiers haute tige d'un beau développement. On se sert également de drageons venus au pied des merisiers, mais ils forment des sujets moins droits et moins vigoureux. On a remarqué que la greffe de cerisier réussissait moins bien sur le merisier à fruits noirs, cependant il convient au guignier et au bigarreautier.

Dans les champs, on a le plus souvent l'habitude de planter de jeunes merisiers, puis de les greffer plus tard, quand ils ont pris une certaine force, soit en écusson sur les branches nouvelles, soit en fente sur tige ou sur branches, quand l'arbre a trop de grosseur. Le merisier formant une belle tige, on greffe assez haut à 3 et 4 mètres.

Le cerisier est de tous les fruits à noyau le seul qui réussisse parfaitement greffé en fente. Quelques variétés de pruniers, la reine-claude entre autres, y réussissent également. Cette greffe en fente doit être faite assez tard, quand le merisier est en pleine séve, et que les feuilles commencent à s'épanouir : de la mi-avril à la mi-mai. On a même remarqué que les greffes tardives sont plus assurées et se développent plus promptement; au bout de huit jours elles sont déjà feuillues. Quelques personnes font cette greffe avec succès avant la chute des feuilles. La greffe sur place est préférable pour le cerisier, surtout pour celui haute tige, cultivé dans les champs et non habituellement taillé dans son jeune âge. Dans les jardins, on trouve plus prompt de se procurer des sujets greffés, mais la transplantation les affaiblit et durcit leur écorce. On remédie à cet inconvénient en ne plantant que des greffes d'un an, puis on cherche à obtenir du jeune bois, par une taille rigoureuse, faite les premières années. Dans tous les cas, le cerisier doit être taillé très-court l'année de la plantation. Si cet arbre greffé en pépinière était abandonné à lui-même, il resterait languissant pendant plusieurs années, et serait loin de valoir le sujet greffé sur place.

Le cerisier venu de noyau est un sujet excellent pour greffer sur lui la plupart de nos cerises acides, ainsi que certaines variétés anglaises en basse tige, mais il est rarement usité; on lui préfère les rejetons qui poussent avec abondance au pied de l'arbre. Ce procédé est avantageux si l'arbre multiplié ainsi se trouve être une bonne variété; mais il arrive le plus souvent que, par insouciance du cultivateur dans le choix de ces rejetons, ils reproduisent des variétés médiocres et acides à l'excès.

Le prunus mahaleb est parfait comme sujet pour les arbres de nos jardins qui doivent être réduits dans leurs dimensions, en basse tige ou espalier. Il convient surtout pour les sols calcaires à l'excès, et principalement pour les variétés anglaises.

La greffe n'étant pas pour le cerisier, comme pour d'autres espèces fruitières, une condition indispensable pour en obtenir de beaux fruits, il serait à désirer que nos bonnes variétés pussent être multipliées de bouture et franc de pied. Jusqu'à présent ces boutures n'ont donné que de médiocres résultats; un procédé curieux de multiplication à été publié dans *l'Horticulteur nantais*. Nous nous proposons de l'expérimenter. « On

« prend les rameaux de taille, puis on les met dans un vase plein « d'eau, renouvelée de temps en temps, sans supprimer leur « extrémité. Les feuilles de ces rameaux se développent, puis il « sort de la base un chevelu délicat. Quand ce chevelu a atteint « un demi-centimètre, on plante le rameau dans une bonne « terre fraîche et à l'ombre. Si les racines étaient conservées « plus longues dans l'eau, elles seraient vouées à une mort cer- « taine. » Si ce procédé d'amateur tient ce qu'il promet, il permettra de multiplier nos bonnes variétés franc de pied. Il est probable que nos autres espèces à noyau peuvent également se multiplier ainsi.

Végétation du cerisier. — Nous avons dit que la cerise acide fructifiait à la deuxième végétation du rameau qui supporte la production fruitière, et que les guigniers, cerisiers d'Angleterre et bigarreautiers fleurissaient comme le type merisier, à la troisième végétation du rameau qui supporte les productions fruitières, lesquelles fleurissent à leur seconde végétation. Ce n'est que par exception qu'il se trouve des fleurs sur les rameaux de deuxième végétation. Une variété de médiocre qualité, le cerisier de la Toussaint, fleurit jusqu'aux gelées à l'extrémité des bourgeons de l'année.

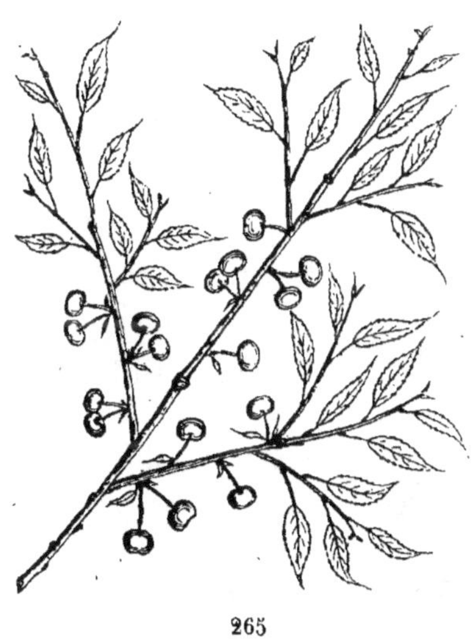
265

Les deux espèces de cerisiers ont un aspect différent. La griotte (*fig.*265) est un arbre de moyenne taille, à rameaux grêles, tombants et à branches divergentes; cette espèce ne supporte pas une taille régulière ni la contrainte de l'espalier.

Le guignier et le cerisier d'Angleterre ont de nombreux rameaux, vigoureux et verticaux, qui n'ont des feuilles que pendant deux végétations et se couvrent de fruits à la troisième. Quand l'arbre vieillit ces rameaux s'affaiblissent et sont plus divergents (*fig.* 266).

Le guignier prend de fortes dimensions, aussi est-il plus communément cultivé dans le verger. Le cerisier d'Angleterre prend moins de développement, mais diffère peu comme aspect et végétation. Il peut être soumis à une taille régulière en espalier ou en vase réduit.

266

Le bigarreautier (*cerasus duracina*) pourrait bien ne pas avoir pour souche le merisier, quoique son fruit soit doux et qu'il vienne également à la troisième végétation du rameau ; mais le port de l'arbre et ses productions fruitières diffèrent du merisier.

A l'exception du cerisier d'Angleterre, toute contrainte, toute taille régulière, est nuisible au développement, à la durée et à la fructification du cerisier. Cet arbre redoute la serpette, les plaies lui sont funestes, et au lieu de reprendre une nouvelle vigueur par le recépage, il dépérit promptement. Ses branches sont assez nombreuses et assez garnies pour former naturellement une belle tête; il n'est jamais plus beau que quand il est abandonné à lui-même.

Le cerisier exige une première et forte taille de formation dans sa jeunesse, et plus tard, la suppression faite avec prudence de quelques branches dépérissantes ou en surplus, car les plaies faites sur le cerisier se cicatrisent difficilement et sont le plus souvent atteintes de la gomme.

Étude des parties du cerisier. — L'œil du cerisier est unique et sans yeux latéraux (*fig.* 267) ; il peut, comme celui du prunier, donner du bois ou des fleurs selon qu'il reçoit plus ou moins de séve, car il contient le germe du bourgeon et la rosette des fleurs, qui sont au nombre de une à quatre sur la même base. Leurs queues sont groupées sur un court pédoncule, si elles appartiennent à l'espèce acide; ce pédoncule n'existe pas sur l'espèce merisier.

Si par suite de sa position à l'extrémité du rameau, l'œil est favorisé par la séve, l'œil à bois existe seul, et les fleurs sont avortées. Si l'œil reçoit une quantité moyenne de séve, le

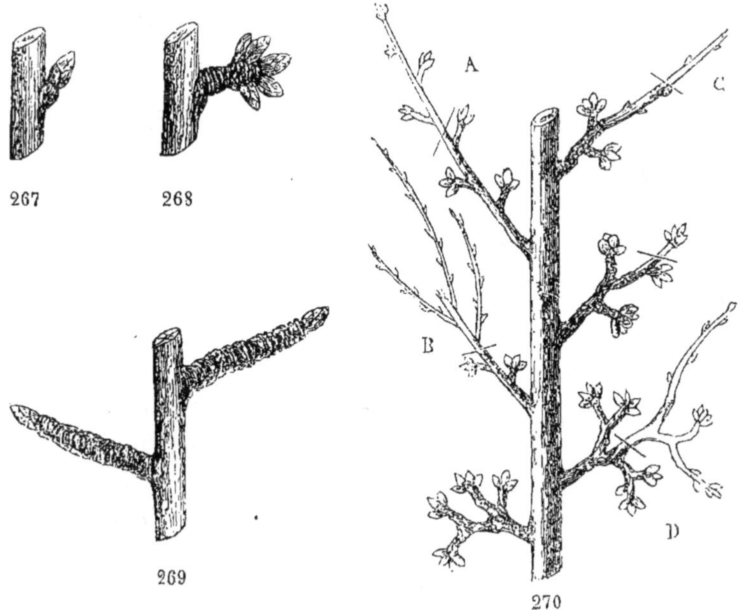

267 268 269 270

bouton fleurit, puis il s'y développe un bourgeon. Si l'œil se trouve vers la base d'un rameau et sur les parties latérales d'une production fruitière, il ne contient qu'une rosette de fleurs ; l'œil de pousse est avorté. Il s'y trouve parfois quelques feuilles, mais sans yeux constitués à leur base ; aussi ce bouton laisse-t-il la branche dénudée, après avoir fructifié.

Si on taille sur n'importe quel œil du cerisier, on le fait se développer en bourgeon ; cet œil se trouve plus favorisé par la séve, puisqu'il devient terminal.

L'œil du cerisier acide est à bois, s'il est terminal ; les yeux latéraux sont à fleurs. Sur le cerisier à fruits doux (*fig.* 266, cerisier d'Angleterre), l'œil a une feuille sur le rameau de l'année, puis une rosette de trois à six feuilles sur le rameau de deux ans, s'il ne s'est pas développé en bourgeon. Il fructifie à la troisième végétation du rameau qui le supporte. C'est alors une production fruitière ridée, terminée le plus souvent par un œil à bois, entouré d'un bouquet de boutons à fleurs (*fig.* 268).

L'œil du bigarreautier (*fig.* 269) fructifie également à la troisième végétation du rameau qui le supporte, mais il diffère du précédent parce qu'il produit une lambourde ridée, allongée et terminée par un seul œil qui contient également l'œil de pousse et la rosette de fleurs.

271

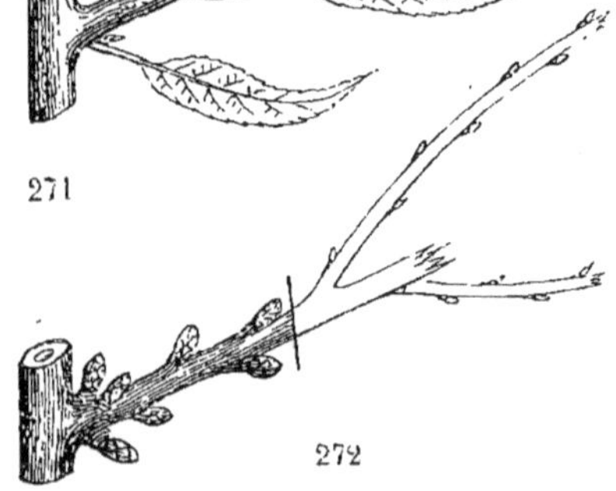

272

L'œil du cerisier produit, quand il se développe en bourgeon, le rameau, la brindille, le dard et la lambourde. Le rameau se garnit assez facilement de productions fruitières; ces productions seront conservées plutôt longues que trop courtes (*fig.* 270). Les rameaux inutiles ainsi que les gourmands sont cassés à 8 ou 10 centimètres au moment où ils commencent à s'aoûter (*fig.* 271). A la taille, on rabat la portion du cassement dont les yeux se sont emportés en ramilles, les autres forment des productions fruitières et des boutons à fleurs (*fig.* 272). Nous renvoyons page 137 pour plus de détails.

Le rameau du cerisier se garnissant facilement de productions sur toute sa longueur, on ne doit pas craindre de faire des tailles longues, sur cette espèce, à la moitié en moyenne, à moins que l'on ne veuille former des divisions plus courtes; on taille, dans ce cas, à la hauteur où on veut obtenir ces divisions.

Le guignier est peu cultivé dans le jardin fruitier, c'est plutôt un fruit de verger ; il est remplacé avec avantage par le cerisier d'Angleterre. Le bigarreautier, de même, prend un tel développement qu'il ne peut être cultivé qu'en plein champ et isolé. Cependant nous le recommandons vivement comme arbre d'ornement dans un parc étendu, sur le bord d'une pelouse et d'un massif; il produit un effet superbe par son port élégant, ses rameaux pleureurs et son large feuillage vert tendre : peu d'arbres d'agrément peuvent l'égaler sous ce point de vue.

Les variétés du cerisier acide ne seront cultivées qu'en haute et demi-tige, isolées et au milieu d'un carré, à cause de leur branches pendantes.

Les variétés anglaises, royales, etc., sont seules soumises au vase basse tige, taillé ou non taillé ; elles supportent une taille régulière. Il ne faut pas oublier que le cerisier ne peut se soumettre à la forme pyramidale. L'anglaise hâtive est la seule cerise qui mérite d'être soumise à l'espalier ; on peut y ajouter pour le Nord, la cerise morello de Charmeux, pour obtenir des fruits tardifs. La reine-hortense, à cause de ses rameaux diffus, ne doit jamais être placée en espalier. Les autres variétés sont meilleures et presque aussi belles en vase qu'en espalier.

Haute tige. — On provoque une végétation vigoureuse et on forme un bon commencement de charpente, par une taille courte, les deux ou trois premières années ; puis on abandonne l'arbre à lui-même, se contentant, comme nous l'avons dit, de retrancher le fouillis et les branches ruinées. Il est à remarquer que les branches du cerisier sont fort nombreuses, principalement sur le guignier et le cerisier d'Angleterre : on peut donc en laisser un plus grand nombre, à la première taille de formation.

Vase nain. — Les variétés anglaises aux branches fortes et verticales se soumettent parfaitement à cette forme, elles y sont productives. Rien de beau comme une double rangée de ces cerisiers formant allée. Depuis trente ans la culture de la cerise anglaise en vase nain s'est beaucoup répandue dans la vallée de Montmorency. Ces arbres sont plantés en double rangée et assez rapprochés entre eux ; l'arbre, taillé seulement les deux premières années, est ensuite abandonné à lui-même ; aussi la fructification est-elle belle et abondante. Mais dans un jardin où on tient particulièrement à la régularité de l'arbre, on doit maintenir cette régularité par une taille annuelle, faite d'après les principes suivants :

Première année (*fig.* 273). — Un sujet nain greffé sur sainte-lucie, et en greffes d'un an, est taillé à 40 centimètres de terre, sur deux yeux de côté. Si ces yeux s'étaient développés en ramilles anticipées, on utiliserait celles-ci pour former la première fourche, en les taillant à 15 centimètres, sur des yeux de côté.

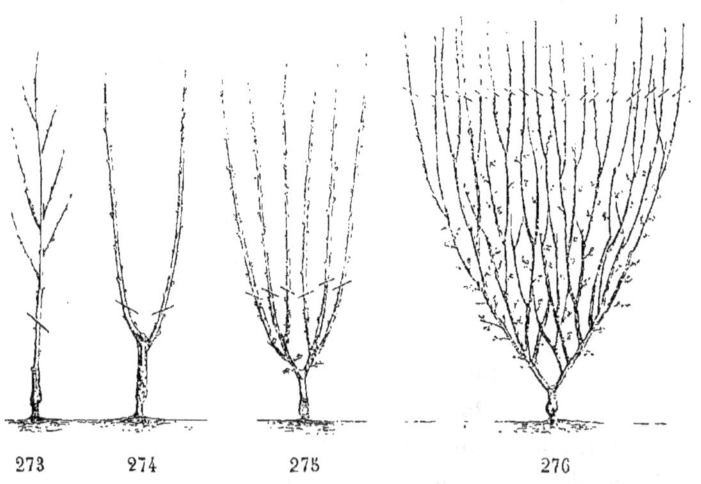

273 274 275 276

Deuxième année (*fig.* 274). — On choisit, pour former la fourche, deux yeux de côté et de force égale, puis on les taille à 15 ou 20 centimètres, toujours sur des yeux de côté. Pendant la végétation, on conserve les deux ou trois plus belles pousses de chaque côté ; celles qui sont en surplus, inférieures ou mal placées, sont soumises au cassement, fin mai.

Troisième année (*fig*. 275). — Tous les rameaux conservés sont taillés à égale hauteur, à 20 ou 30 centimètres. Les années suivantes, les tailles seront plus longues. Les rameaux en surplus ou mal placés seront cassés en été, ou taillés à 8 centimètres, à la taille d'hiver.

Il n'est pas indispensable, pour former ces vases, de se servir de cerceaux; une taille convenable faite sur des yeux de côté, ainsi que quelques attaches et bouts de bois, pour rapprocher ou écarter une branche qui dévie, suffisent grandement pour obtenir un vase régulier.

Cerisier en espalier. — Le cerisier en espalier, soumis à l'éventail, forme une superbe tapisserie et son produit est assez important. Cet arbre est surtout précieux parce qu'il permet d'utiliser les murs au nord et de les rendre d'un aspect agréable. Un ou deux cerisiers de royale hâtive seront avantageusement placés au levant pour obtenir ces superbes cerises si estimées comme premier fruit de la saison.

L'espalier du cerisier en éventail s'établit facilement et promptement, les rameaux étant nombreux et bien garnis, ce qui permet une taille longue. On divise le plus possible; on fait en mai le cassement des rameaux inutiles, ou bien à la taille d'hiver on les taille en crochet à 8 centimètres, et on laisse entières les nombreuses brindilles qui fructifient sur toute leur longueur.

La taille du cerisier faite quinze jours avant la chute des feuilles réussit admirablement; la plaie est cicatrisée de suite avec bourrelet, sans perte de substance et sans crainte de la gomme.

Maladies et insectes nuisibles au cerisier. — Cet arbre est rustique et peu sujet aux maladies. *La gomme* est causée le plus souvent par des plaies ou une mauvaise taille; elle est moins funeste au cerisier qu'au pêcher. Le cerisier est également sujet au *rouge* et au *durcissement de l'écorce*, causés par la mauvaise qualité du sol. Cette dernière maladie est funeste aux cerisiers nouvellement plantés. On doit, dans ce cas, débrider l'écorce circulaire du cerisier par trois ou quatre incisions verticales pratiquées le long de la tige.

Une multitude d'insectes attaquent le cerisier, mais sans lui faire un tort considérable. Cependant, le fruit est parfois détruit par certaines larves, que nous n'avons pas encore étudiées; elles font tomber le fruit vert ou rongent l'intérieur du fruit mûr, plus particulièrement ceux du guignier et du bigarreautier. Il faut, pour l'espalier et le vase nain, dégager les fruits noués quand ils ont atteint la grosseur d'un pois, en enlevant les fleurs flétries et les fruits jaunâtres.

CHOIX DES MEILLEURES VARIÉTÉS DE CERISIERS.

Chaque contrée possède une multitude de variétés locales, dont quelques-unes sont de qualité supérieure. Nous parlerons ici plus particulièrement de celles qui sont universellement connues comme de première qualité, et qui peuvent être admises dans un jardin fruitier, par suite de la végétation moyenne de l'arbre. Ainsi, le guignier n'est pas admis dans le jardin fruitier comme fruit de table; il en est de même du bigarreautier, à cause des fortes dimensions de l'arbre, et parce que leurs fruits sont sujets à être véreux et d'une digestion difficile.

Groupe des guigniers.

Arbre un peu moins élevé que le merisier; ses branches sont plus nombreuses et plus touffues; verticales dans la jeunesse de l'arbre, pendantes quand il devient plus âgé. Racines pivotantes. On le greffe habituellement sur le merisier rouge. Rameaux grisâtres, feuilles grandes, peu ouvertes. Floraison sur les rameaux de troisième végétation.

Fruit mou, en cœur, supporté par un long pédoncule. Chair fondante, juteuse, douce, mais peu relevée ; elle se conserve peu de temps.

GUIGNIER A GROS FRUITS NOIRS HATIFS (Mi-Juin).

C'est une des meilleures variétés de cette série ; elle est très-productive ; l'arbre a un feuillage touffu qui enveloppe les fruits. Rameaux grisâtres, peu arrondis et fort longs ; feuilles grandes, larges, allongées vers la pointe, irrégulièrement serretées et repliées en dedans.

Fruit assez gros, en cœur, aplati sur le côté. Peau fine, luisante, rouge pourpre presque noir. Pédoncule long et arqué. Chair molle, fort sucrée ; jus abondant, rouge vineux ; saveur agréable, mais peu relevée.

Ce fruit est recherché des enfants, mais n'est pas digne de paraître sur la table.

On cultive également une variété de guigne à fruit noir, en cœur, et à pédoncule mince et fort long ; le guignier rouge hâtif, celui à fruit blanc, la précoce de Tarascon, etc.

Groupe des bigarreautiers.

Arbre le plus élevé du genre, et qui, pour cette cause, ne peut être placé qu'en plein champ. Racines pivotantes. Tête élancée et formant le dôme. Branches fortes et tombantes. Feuilles molles, très-grandes, tombantes ; vert clair, jaunâtre, teinté de rouge vers le pédoncule et la pointe ; pétiole rouge, mince, en gouttière.

Fruit qui se distingue de la guigne, parce qu'il est croquan et fortement sillonné. Fleurs ouvertes et blanc rosé. Le pédoncule des fleurs est très-court à l'épanouissement, et fort long quand elles sont passées.

BIGARREAU JABOULAY (Mi-Juin).

Variété recommandable, trouvée par Jaboulay, pépiniériste à Oullins (Rhône); elle est répandue dans le Midi. Arbre un peu moins vigoureux que les autres bigarreaux ; il est très-fertile et précoce.

Fruit très-gros, rouge vif ; chair juteuse, moins croquante et moins indigeste que les autres variétés de bigarreaux.

BIGARREAU A GROS FRUITS ROUGES (Mi-Juillet-Août).

Arbre de grandes dimensions et des plus fertiles ; il doit être greffé sur merisier rouge. Rameaux gros et courts, brun clair luisant; feuilles grandes ; fleurs peu ouvertes.

Beau fruit, renflé d'un côté, aplati de l'autre ; fortement sillonné et presque carré dans le sens horizontal. Pédoncule long, mince et recourbé. Peau ferme, luisante, striée de rouge vif ; fond blanc de cire du côté de la gouttière. Chair ferme, surtout vers la peau ; elle est succulente, juteuse et vineuse. C'est un des meilleurs bigarreaux ; il a sur les autres l'avantage de ne pas être véreux. Noyau ovale, lisse et jaunâtre.

BIGARREAU ELTON (Juillet).

Cette superbe variété anglaise a été obtenue, en 1806, par Knight, d'un noyau de bigarreau, fertilisé par le pollen de la guigne blanche. Sa végétation est moins exagérée en étendue que celle des autres bigarreautiers ; aussi peut-il prendre place dans les grands jardins. C'est une des plus belles et meilleures cerises. Arbre vigoureux, feuillage large, à nervures jaunâtres.

Fruit gros, en cœur, presque pointu. Peau striée et lavée de rouge clair au soleil, jaune vif à l'ombre.

Pédoncule long et mince. Chair tendre, juteuse, sucrée et hautement savoureuse ; aussi ce fruit doit-il être placé en première ligne.

NOIR DE TARTARIE, Black tartarian en Angleterre (Fin Juin).

Bonne variété, très-fertile, qui mérite une culture étendue. Elle fut introduite de Russie en Angleterre en 1796. C'est un arbre des plus vigoureux et d'une croissance rapide. Feuilles larges.

Fruit très-gros, en cœur, irrégulier, généralement isolé sur le rameau, déprimé sur un côté, creusé à l'extrémité. Chair pourpre-noirâtre, demi-tendre, très-juteuse, sucrée et délicieuse.

Groupe des cerisiers d'Angleterre.

Variétés d'une végétation moyenne et régulière. Rameaux forts, nombreux et verticaux. Fruits abondants et en bouquets, longuement pédonculés. Ils se trouvent sur les rameaux de troisième végétation. Chair fondante, d'une saveur sucrée légèrement acidulée, et plus relevée que celle des précédents. Le fruit n'est pas bosselé et le noyau est plus petit.

ROYALE D'ANGLETERRE HATIVE, Mayduke (Juin).

Cette cerise, si parfaite et si productive, est la cerise de table hâtive par excellence. Elle est citée par Ray, auteur anglais, en 1688. Selon un auteur de cette contrée, elle serait originaire du Médoc, puis introduite en Angleterre. Elle y est nommée *mayduke*, prononciation anglaise de Médoc ; de là, une traduction risquée de certains pomologistes français, *duc de mai*.

Arbre de vigueur moyenne, formant naturellement un beau vase. Rameaux forts, verticaux, nombreux et grisâtres. Feuilles grandes, tombantes, fermes et s'élargissant vers la pointe. Floraison splendide, extrêmement abondante et de la plus grande blancheur. Fertilité prodigieuse.

Fruit assez gros, légèrement ovale. Pédoncule très-long et assez fort. Peau lisse, passant du pourpre clair à la teinte noirâtre. Chair ferme, d'un beau rouge vineux, juteuse, douce, sucrée, légèrement acidulée avant la parfaite maturité, et d'une saveur agréable. Le noyau est petit, ovale et légèrement teinté de rose. Le fruit vient en bouquets; il mûrit successivement.

L'arbre présente ce fait curieux que, sans cause connue, certaines branches ont leurs fruits encore verts, quand les autres cerises de l'arbre sont parfaitement rouges.

Des greffes prises sur ces branches à fruits tardifs ont créé une sous-variété plus tardive, qu'il ne faut pas confondre avec la suivante.

ROYALE D'ANGLETERRE TARDIVE, CHERRY DUKE de Duhamel, JEFFREY'S ROYAL des Anglais (Juillet).

Cette variété a été répandue en Angleterre, vers le milieu du dernier siècle, par les soins de M. Jeffrey, pépiniériste à Brompton, près Londres. Elle est citée par Duhamel.

Variété moins fertile que la précédente, mais plus tardive. Elle vient à la même époque que les *montmorency*, qui sont de beaucoup préférables. Arbre un peu moins régulier, mais vigoureux, touffu et garni d'une grande quantité de rameaux forts et allongés. Les yeux sont peu prononcés. Feuilles larges, fortes et vert foncé.

Fruit gros, presque rond, légèrement creusé vers le pédoncule. Il se trouve généralement par bouquets de trois à quatre cerises. Peau rouge très-foncé. Chair rouge pâle, assez ferme, juteuse, sucrée et acidulée. Pédoncule vert pâle.

Cette variété est surtout avantageuse pour obtenir des cerises tardives, sur un mur exposé au nord. Elle est moins bonne que l'*angleterre* hâtive.

BELLE DE CHOISY, de La Palembre (Fin Juin).

Cette belle variété d'amateur a été trouvée, en 1760, à Choisy, près Paris, par Gondouin, jardinier du roi.

L'arbre a la même végétation que le cerisier d'Angleterre; seulement, ses rameaux sont plus écartés et sa tête est plus élancée. Il est peu fertile; aussi, ne convient-il que dans les jardins où l'on tient plus à la qualité qu'à la quantité. Rameaux assez longs, yeux très-écartés. Feuilles larges, assez arrondies, et profondément serretées.

Fruits presque ronds, accouplés, un peu moins gros que l'angleterre. Peau fine et transparente, couleur de cire ambrée à l'ombre, rouge vif au soleil. Chair pâle, jaunâtre, tendre, juteuse, douce, sucrée et d'une délicatesse extrême. Ce fruit ne convient pas à l'espalier. Il vient bien en vase sur sainte-lucie; de préférence, sur haute tige.

REINE-HORTENSE (Commencement Juillet).

Superbe variété, qui semble plutôt tenir des bigarreaux, par son fruit, que des cerises anglaises. Ce fruit est revendiqué par divers amateurs français et belges. Les recherches faites à ce sujet par la Société d'horticulture de Paris ont constaté que, vers 1816, un nommé Gros-Jean, vigneron à Groslay, dans la vallée de Montmorency, trouva, dans sa vigne, un jeune cerisier venu de semence. Il donna à ce fruit nouveau le nom de *Louis XVIII*. Plus tard, vers 1832, M. Laroze, ancien jardinier en chef de la Malmaison, lui donna le nom de *reine-hortense*.

Arbre moyen et touffu, branches verticales et élancées. Rameaux longs, faibles, et se soutenant mal. Yeux écartés. Par suite de sa végétation particulière, cet arbre ne convient pas à l'espalier. Il est peu fertile.

Fruit très-gros, en cœur, et d'un beau rouge vif assez clair. Peau rose foncé, striée de fibres blanchâtres et radiées. Chair molle, juteuse, assez sucrée, mais généralement d'une saveur peu relevée, surtout dans les sols froids et humides. Il existe parfois un espace libre entre la chair et le noyau, qui est large, oblong et blanchâtre.

Cette cerise est plutôt cultivée pour sa beauté que pour son mérite.

CERISE DE PLANCHOURY (Commencement Juillet).

Le docteur Bretonneau, amateur distingué, obtint de semis cette cerise et la suivante ; nous avons goûté leurs fruits, mais nous ne les avons pas encore vus sur pied. La cerise de Planchoury a été obtenue a Tours en 1832 ; c'est un fruit magnifique, rouge foncé, à chair fine et excellente.

CERISE DUCHESSE DE PALLUAU (Courant de Juin).

Cette superbe variété a été également obtenue à la même époque, par le docteur Bretonneau. L'arbre pousse, dit-on, avec une grande vigueur; le fruit est presque rond, rouge foncé, tendre et légèrement acidulé.

BELLE MAGNIFIQUE, DE SCEAUX (Août).

Gagnée en 1795 par Chatenay dit Magnifique, pépiniériste à Vitry. Arbre rustique, vigoureux et assez fertile. Feuilles nombreuses et fortement développées.

Fruit gros, presque rond sur les côtés, aplati au sommet. Pédoncule implanté dans une large cavité. Peau rouge clair, plus foncée à parfaite maturité. Chair jaune tendre, juteuse et agréable, librement séparée du noyau. Cette cerise est une de nos belles et bonnes variétés.

Groupe des cerisiers.

Fruits ronds et acides.

Le cerisier acide est un arbre moyen, peu élevé, à tête arrondie. Branches grêles, tombantes, divergentes ; racines traçantes. Fruits se développant sur les rameaux de l'année précédente. Feuilles petites, raides et rétrécies vers le pétiole.

Fruits ronds, acides ; pédoncule fort et assez court. Noyau petit et arrondi, la chair est jaunâtre et le jus incolore. Une race distincte qui prend le nom de griotte, a la peau noire et le jus rouge vineux. La peau des cerises acides se détache facilement ; celle des cerises douces est adhérente.

INDULLE, Cerise précoce (Mi-Mai).

Le seul mérite de cette variété est d'être le fruit le plus précoce de l'année ; on la cultive peu depuis que les chemins de fer transportent les cerises du Midi.

Arbre nain, à tête touffue. Rameaux grêles et flexibles. Feuilles petites, ovales et rétrécies aux deux extrémités.

Fruit petit, aplati vers le pédoncule. Peau luisante, rouge clair. Chair blanche, acide, peu agréable ; noyau gros.

CERISE COMMUNE HATIVE (Juillet).

Sous le nom de cerises communes on désigne les cerises acides, dont les variétés sont innombrables ; parmi les meilleures, on distingue la cerise dite hâtive, communément cultivée aux environs de Paris et plus particulièrement dans les plaines sablonneuses à l'ouest de cette ville, cette variété préférant une terre chaude et légère.

Arbre petit, à rameaux nombreux, grêles et assez courts. Feuilles petites et redressées. Il se multiplie de rejetons.

Fruit moyen, aplati, rouge clair brillant. Chair blanche, juteuse et acide, douce et sucrée à parfaite maturité; mais on n'attend pas généralement cette époque pour la consommer.

Comme toutes les cerises communes, cette cerise a sur les variétés à gros fruits, montmorency, etc., le mérite d'être d'une extrême fécondité et peu sujette à la coulure.

La cerise commune tardive dite de la madeleine est également estimée. On cultive peu une variété curieuse dite à trochets, qui présente sept ou huit cerises groupées sur la même queue.

MONTMORENCY A LONGUE QUEUE (Commencement Juillet).

C'est une des plus belles et plus anciennes variétés de la cerise acide ; malheureusement elle est peu productive, comme toutes les variétés de cette espèce dont les fruits dépassent le volume de la cerise commune. Cet inconvénient n'empêche pas la culture de ce fruit ; aussi est-il communément cultivé à cause de sa beauté; étant particulièrement recherché, ainsi que le suivant, pour la table et pour conserves à l'eau-de-vie.

Arbre d'assez grandes dimensions, surtout s'il est greffé sur merisier ; mais les fleurs sont sujettes à la coulure ; aussi doit-il être planté dans un sol abrité, où il est plus productif. On le reproduit par la greffe. Rameaux moins grêles et formant des branches mieux soutenues ; feuilles et fleurs plus fortes, feuilles d'un vert plus foncé et plus arrondies.

Fruit d'un beau volume, longuement pétiolé, rouge brillant, plus foncé à parfaite maturité, qu'on lui laisse rarement atteindre, car il doit être cueilli à demi mûr pour conserves. La cerise est alors acide ; mais parfaitement mûre, la chair est blanche, juteuse, sucrée et douce, tout étant relevée d'une petite pointe d'acidité.

Cet excellent fruit ainsi que le précédent sont surtout recherchés par les distillateurs et pour la table ; ils sont d'un mérite hors ligne.

MONTMORENCY A COURTE QUEUE, GROS GOBET (Juillet).

Fruit anciennement connu, cité en 1651 dans le *Jardinier français* sous le nom de montmorency à courte queue. C'est la plus belle de toutes les cerises acides ; elle est de quinze jours plus tardive que la précédente.

Arbre étalé et de très-petite taille ; rameaux assez longs, grêles et en partie dénudés ; ils sont brun-jaunâtre à l'ombre et rougeâtres au soleil. Feuilles petites, ovales, étroites, à nervures saillantes. Fleurs nombreuses, délicates et sujettes à la coulure.

Fruits souvent par bouquets; ils sont très-gros, fortement aplatis à la base et au sommet; sillon profond qui, sur certains arbres, s'enfonce jusqu'au noyau. Pédoncule gros, raide, très-court et profondément enfoncé. Peau rouge brillant et jaunâtre, plus foncée à parfaite maturité ; fine et presque transparente. Chair fine, molle, très-juteuse, légèrement acidulée et rafraîchissante ; elle est blanc-jaunâtre vers la peau et rougeâtre auprès du noyau, qui est petit, arrondi et blanchâtre.

Cet arbre est, il est vrai, peu fertile, mais sa qualité hors ligne rachète, et au delà, ce désavantage. Nous avons remarqué que sur les jeunes arbres les fruits étaient beaux et plus nombreux que sur les arbres âgés ; on devra donc renouveler souvent ces arbres, qui du reste sont d'un prompt rapport.

Groupes des griottiers.

Fruits noirs, acides; jus rouge vineux.

GRIOTTE DE PORTUGAL (Juillet).

C'est une des griottes les plus parfaites. Arbre arrondi et élevé ; dans un bon sol, il est assez productif; la fleur est parfois sujette à la coulure. Branches grêles et horizontales ; feuillage léger et vert sombre. Il doit être greffé sur merisier rouge.

Fruit d'un beau volume, arrondi, fortement déprimé à la base et au sommet ; sillonné sur un côté. Peau luisante, rouge-noirâtre ; chair rouge pourpre foncé, un peu croquante, mais douce, sucrée, légèrement amère et acidulée. Pédoncule de longueur moyenne et coloré de rouge.

Cette cerise est recherchée pour la table et pour la liqueur dite ratafia ; elle tient dignement sa place en haute tige dans un jardin.

MORELLO de Charmeux (Fin Août-Commencement Septembre).

Nous avons vu, au premier septembre, encore couvert de fruits, le pied mère de cette variété, chez M. Charmeux horticulteur à Thomery, où il est venu de semis le long d'un mur. Ce pied nous a paru avoir une vingtaine d'années environ, c'est un arbre de moyenne vigueur et assez fertile ; les fruits sont en cœur, longuement pédonculés et d'un rouge foncé, presque noirâtre ; la chair est juteuse, légèrement acidulée et assez agréable ; c'est une variété tardive dont il est bon de placer un ou deux pieds en plein nord ; elle y remplacera avantageusement la cerise du Nord, variété superbe, qui va jusqu'aux gelées, mais à fruits détestables. On remarque que les cerises tardives sont peu recherchées ; aussi doit-on se contenter d'un petit nombre d'arbres à fruits tardifs.

CHOIX DES MEILLEURES VARIÉTÉS POUR UN JARDIN.

4 Royale d'Angleterre hâtive : 1 espalier au levant, 2 vases, 1 haute tige.
1 Belle de Choisy, vase.
1 Reine-hortense, haute tige.
1 Belle magnifique, vase.
1 Bigarreau elton, haute tige.
2 Montmorency à longue queue, haute tige.
2 Montmorency courte queue, haute tige.
1 Griotte de Portugal, haute tige.
1 Morello de Charmeux, espalier au nord.

SIXIÈME PARTIE.

—

LA VIGNE.

D'après les botanistes, il existerait soixante-douze espèces de vignes, dont six produiraient des fruits comestibles; mais une seule, la vigne cultivée (*vitis vinea*), donne plus particulièrement des fruits propres à l'alimentation de l'homme. Une autre espèce, d'origine américaine, est également soumise à la culture ; mais ses fruits sont inférieurs à ceux de la première espèce.

La vigne cultivée est originaire des parties tempérées de l'Asie et de l'ouest de l'Europe ; elle se trouve à l'état sauvage en Sicile, en Crimée et surtout en Circassie. Sa culture dans le Midi et le centre de l'Europe paraît être antérieure aux âges connus. La question de savoir si elle était introduite dans les Gaules avant l'ère romaine, est restée indécise. L'histoire raconte qu'à l'arrivée des Grecs qui fondèrent Marseille, la fille d'un des chefs de cette contrée leur offrit une coupe remplie de vin, ce qui prouverait que la vigne était déjà cultivée dans la Gaule cisalpine. D'un autre côté, Plutarque et Pline attribuent au désir de se procurer les jouissances du vin l'expédition des Gaulois contre Rome, expédition qui ne s'arrêta qu'au pied du Capitole. Pline raconte à ce sujet qu'un Helvétien nommé Ellicon rapporta à son retour d'Italie quelques paniers de figues et de raisins secs, ainsi que du vin. Les chefs gaulois, transportés d'admiration pour une contrée qui donnait de pareils produits, s'y précipitèrent à l'envi et la ravagèrent.

Cette relation de Pline ne doit être admise que pour ce qu'elle vaut, car elle ne détruit en rien cette probabilité, que la culture de la vigne était déjà étendue dans certaines parties de la Gaule. Les auteurs anciens, en citant depuis le nombre considérable des variétés de vignes cultivées par les Gaulois, leur mode de culture déjà si perfectionné, l'usage des tonneaux qui leur était particulier, ne font que confirmer cette supposition.

Nous avons dit que l'Amérique du nord était la patrie d'une espèce de vigne à fleur dioïque (*vitis labrusca*) qui se distingue de la nôtre par son sarment grêle, l'ampleur de son feuillage plane, et son fruit petit à saveur de cassis. Les meilleures variétés sont l'isabelle et le catawba ; elles s'élèvent à la cime des arbres les plus élevés.

Ce travail ayant particulièrement pour but l'étude de la culture de la vigne afin d'en obtenir des raisins de table, nous remarquerons que cette culture établie en espalier n'est pas fort ancienne. Les murs et tourelles des manoirs du moyen âge et de la Renaissance n'étaient pas utilisés par des treilles de vignes, du moins les dessins et descriptions de l'époque n'en présentent aucune trace. Claude Mollet, jardinier d'Henri IV à Fontainebleau, ne parle nullement de la vigne en espalier ; il donne des détails sur sa culture, mais en ceps ; on remarque, en outre, que parmi les variétés de raisins qu'il cite : muscats, bondalès, mesliers, morillons, il ne parle pas du chasselas. Ce n'est que plus tard que la culture du chasselas prit de l'extension à Fontainebleau par la création d'une superbe treille, encore existante, de la longueur de 1384 mètres.

En 1730, un habitant de Thomery, François Charmeux, eut l'idée d'imiter cette culture à Thomery, village voisin ; il n'obtint l'autorisation d'établir des murs, qu'en y laissant des ouvertures pour la facilité des chasses du roi. Mais ce n'est qu'au commencement de ce siècle que cette culture prit une grande extension à Thomery. Elle comprend maintenant 200 hectares de treilles. Celles, entre autres, de Rose et Constant Charmeux fournissent des raisins d'une beauté et d'un mérite hors ligne.

Les méthodes de culture, dans nos vignobles, varient grandement selon la localité. Une sage expérience locale peut seule modifier en mieux ces méthodes dans ce qu'elles peuvent avoir de défectueux. Il n'en est pas de même de la culture en espalier, ce mode de culture ayant pour but de hâter l'époque de maturité du raisin dans des contrées où il n'acquiert pas toutes ses qualités, s'il est cultivé à l'air libre, il est indispensable de connaître toutes les opérations qui peuvent produire ce résultat, ainsi que les méthodes de taille les plus rationnelles. Ce n'est que par leur application judicieuse qu'il sera permis, en favorisant la végétation de la vigne, d'éviter cette terrible affection qui ruine nos espaliers depuis quelques années. Il est vrai que le soufre est un remède efficace pour combattre l'oïdium, mais on ne sait pas assez combien une taille raisonnée peut aider à produire ce résultat, en maintenant saines et vigoureuses toutes les parties de la vigne.

VÉGÉTATION DE LA VIGNE.

La vigne est un arbrisseau sarmenteux qui a besoin d'un support pour végéter convenablement. Abandonnée à elle-même, son mode de végéter varie selon qu'elle est privée de ce support, ou qu'elle peut s'étendre et s'élever contre un arbre ou un rocher.

La vigne privée d'un support forme une touffe basse et étalée (*fig.* 277) ; les longs sarments grêles qui se développent du collet des racines s'élancent d'abord vigoureusement, puis leur faiblesse les force à s'incliner vers la terre ; quelques-uns même s'y enracinent et produisent de nouveaux pieds de vigne. Ces sarments inclinés forment des branches grêles qui, par suite de leur inclinaison, sont peu favorisées par la séve et se couvrent de mauvaises brindilles épuisées. Peu à peu la séve abandonne ces branches ; il s'en forme constamment de nouvelles au collet ou vers la base des branches, lesquelles remplacent les anciennes et sont remplacées à leur tour après s'être inclinées comme elles.

Si la vigne rencontre un arbre qui lui permette de se soutenir, sa forme et son étendue se modifient considérablement ; sans support, elle n'avait pu former une tige ni conserver des branches durables ; pouvant maintenant s'élancer, on la voit gagner la cime des arbres les plus élevés et s'y attacher au

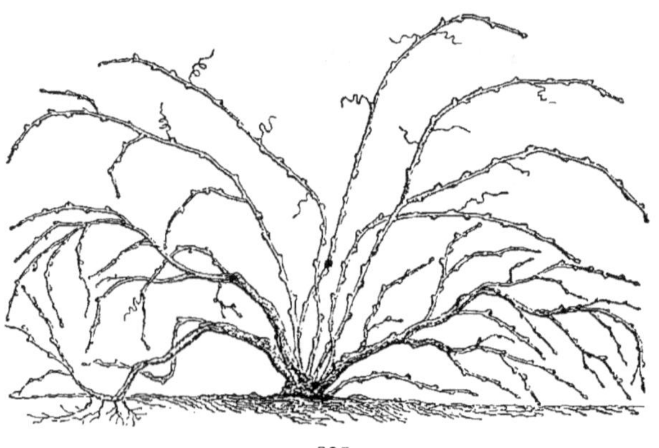

277

moyen des vrilles dont elle est munie. La séve, circulant avec facilité dans ces sarments soutenus, ne s'arrète pas au collet de la tige pour former de nouveaux sarments ; trouvant un support, ils forment des branches durables et vigoureuses (*fig*. 278).

Si le support est élevé et étendu, la vigne peut prendre un développement prodigieux. Dans le premier cas, c'était un arbrisseau rampant, dans celui-ci, elle peut égaler en stature l'arbre qui la supporte. Strabon, qui vivait au siècle d'Auguste, dit qu'on voyait de son temps dans la Margiane des ceps de vigne que deux hommes pouvaient à peine embrasser. Il existe à Castellane dans les Basses-Alpes un cep se divisant en quatre branches, chacune de la grosseur du corps, dont le produit s'élève jusqu'à dix-huit quintaux dans certaines récoltes.

Ces deux modes de végéter de la vigne, sans support et avec

support, ont une influence toute particulière sur la fructification; on peut, par l'étude de leurs résultats, s'expliquer la cause des nombreux modes de conduite de la vigne dans nos vignobles. Les vignes basses de nos contrées ont le premier mode de végéter; les *hautains* du Midi et de l'Italie, qui s'élancent sur les ormes et les peupliers, ainsi que quelques vignes en espalier, s'accordent au second, puisqu'elles sont supportées.

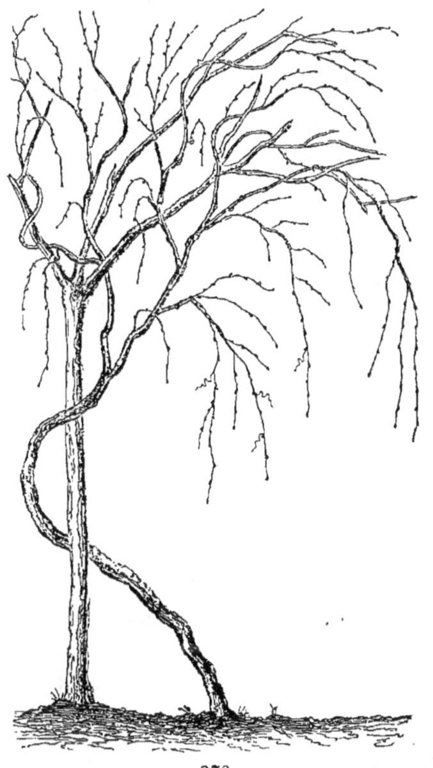

278

L'effet produit sur la fructification par la faible végétation d'une vigne abandonnée à elle-même et sans supports, et par conséquent d'une étendue réduite, est remarquable. Ses branches inclinées donnent, avant de devenir stériles par l'épuisement, des raisins d'un faible volume, mais fort abondants; nos vignerons les nomment des raisinettes; mais par suite du peu de vigueur de la vigne et de son rapprochement de terre, ce raisin se trouve être d'une maturité régulière, plus hâtive, et posséder des qualités vinifères remarquables; conditions précieuses qui ont été reproduites en soumettant la vigne à la taille, ce qui a permis d'obtenir de nos contrées des vins préférables à ceux des contrées plus chaudes où le raisin serait brûlé par l'excès de la chaleur s'il se trouvait trop rapproché du sol.

L'excès d'épuisement de ces vignes réduites, et, par suite, le peu de grosseur du fruit ont été combattus avec succès par une taille rigoureuse qui concentre la séve et renouvelle les sarments fructifères.

Les avantages d'une taille réduite de la vigne sont dans nos contrées :

1° Que le bois est aoûté plus tôt, et, par conséquent, que le raisin est plus hâtif. (Nous avons dit que la maturité du fruit allait de pair avec l'aoûtement du bois.)

2° Que la vigne réduite est naturellement plantée plus rapprochée, ce qui modère la végétation du cep ; le raisin se trouvant plus près du sol, subit l'effet de sa réverbération bienfaisante, puisque les rayons du soleil viennent s'y briser. De plus, la terre échauffée neutralise l'effet du refroidissement des nuits sur les raisins rapprochés du sol. De cette remarque il résulte que, plus la vigne s'approche du Nord, plus le vigneron doit concentrer le cep vers la terre.

Pour la vigne en espalier, le mur fait l'office du sol ; mais, recevant plus directement les rayons du soleil et plus abrité, il reverbère une chaleur plus sèche, favorable surtout au développement complet de la matière sucrée du raisin. Par une cause encore inconnue, le mur n'a pas la propriété de donner au raisin les qualités vinifères de celui du vignoble ; ce raisin d'espalier donne un vin plat et non susceptible de se conserver, mais il est parfait comme fruit de table.

La vigne supportée par un arbre donne, il est vrai, de belles grappes et en abondance ; mais, par suite de sa forte végétation, elle reçoit une telle quantité de séve que ses sarments s'aoûtent plus tard ; les plus élevés continuent même à végéter jusqu'aux gelées. Cette vigne donne, dans ce cas, une fructification irrégulière ; on voit sur les sarments inclinés des raisins parfaitement mûrs, quand ceux des parties élevées sont encore verdâtres : cet effet se produit, non-seulement dans nos contrées, mais encore en Espagne et en Italie, pays où les vignes sont souvent conduites en hautains ; et même, dans ces climats chauds, le vin produit par ces hautains n'a aucune qualité vinifère, le raisin étant privé de la réverbération du sol.

Si les vignes soumises à l'espalier prennent trop d'étendue, elles ont une végétation plus tardive, le bois s'aoûte plus tard et irrégulièrement; il en résulte, sous notre climat, qu'un pied de vigne en espalier trop étendu et trop vigoureux, produit de nombreuses et fortes grappes, mais la maturité en est irrégulière, tardive et incomplète. A Thomery, c'est en rapprochant les pieds de vigne et en leur donnant peu d'étendue que l'on obtient l'aoûtement du bois plus tôt, et, par suite, une prompte et régulière maturité du raisin.

Sous notre climat, *par suite d'une chaleur insuffisante, la vigne doit être réduite dans ses dimensions, affaiblie par une plantation rapprochée, maintenue proche du sol ou contre un mur, renouvelée par la taille, et maintenue par l'ébourgeonnement et le pincement, pour qu'elle puisse produire des raisins d'une maturité parfaite et régulière.*

La vigne fructifie sur le bourgeon de l'année; il supporte de une à quatre grappes vers sa base. Après la fructification, il ne sert plus que de support aux bourgeons qui se sont développés sur lui. Il s'agit donc d'obtenir de nouveaux bourgeons, et de supprimer les anciens qui ont fructifié. Si on laisse le sarment entier, le nombre des yeux qu'il porte est trop considérable pour que ces yeux puissent tous se développer convenablement. Comme ce sont les plus beaux bourgeons qui donnent les plus belles grappes, et que la vigne non taillée ne produit que des brindilles, le plus souvent infertiles et épuisées, on aura pour but d'obtenir, par une taille courte de la vigne, de nouveaux bourgeons vigoureux pour remplacer celui qui a fructifié. La taille de la vigne est alors des plus simples; elle consiste à raccourcir l'ancien sarment sur deux ou trois yeux, pour qu'il puisse être remplacé par deux ou trois nouveaux sarments; ceci fait comprendre combien la taille de la vigne doit être courte.

ÉTUDE DES PARTIES DE LA VIGNE.

Comme puissance de végétation, peu d'arbres peuvent, sous notre climat, être comparés à la vigne. Mais cette forte végétation n'a lieu que lorsque les cordons peuvent rencontrer des supports, et qu'une taille courte a concentré la séve sur un petit nombre de sarments.

Les racines de la vigne partent principalement du premier collet de la souche enterrée; elles sont traçantes, d'un faible volume, souvent fort longues, mais peu ramifiées. Leur puissance d'absorption des sucs du sol est prodigieuse, ce qui permet à la vigne de végéter fortement où les autres arbres périraient de sécheresse. Du collet des racines sort une ou plusieurs tiges plus ou moins longues qui se nomment souches, si elles sont maintenues courtes; elles supportent des cordons si la vigne doit avoir une certaine étendue, ou des coursons si elle est maintenue en cep. Ces cordons et coursons supportent à leur tour les sarments fructifères, garnis d'yeux sur toute leur longueur.

Œil de la vigne (*fig.* 279). — L'œil se trouve à la base du pédoncule de la feuille; il est double, c'est-à dire que deux yeux sont accolés ensemble; le plus souvent un des deux se développe immédiatement, végète en même temps que le bourgeon qui le supporte, et produit une ramille anticipée (faux bourgeon, entre-feuille). Cette ramille est placée alternativement sur la longueur du sarment, à droite et à gauche de l'œil qui ne se développe que l'année suivante; ce deuxième œil, beaucoup plus gros, produit le sarment.

279

L'œil de la vigne est toujours accompagné d'un sous-œil qui remplace l'œil principal, s'il vient à périr par la gelée, ou par toute autre cause; ce sous-œil se développe quelquefois en même temps que lui, s'il y a excès de séve. *L'œil à bois* est rougeâtre, pointu et peu prononcé ; il ne contient que des bourgeons stériles. *L'œil mixte* contient le bourgeon fructifère ; il est plus pâle, arrondi et renflé sur les côtés; s'il présente la forme d'un ∞ renversé, il contient un sarment fructifère, d'autant plus fertile que l'œil sera supporté par un sarment fort et parfaitement aoûté.

L'œil de la vigne produit *le sarment*. Si l'œil se développe sur un sarment de l'année précédente, il formera un sarment fructifère ; les yeux inattendus et non apparents (yeux adventices) qui se développent communément sur le vieux bois, produisent des sarments infertiles. Les yeux qui se développent de suite sur le bourgeon de l'année, donnent des *ramilles anticipées;* les yeux peu apparents qui se trouvent sur l'empatement du sarment produisent de faibles *brindilles*, parfois fructifères sur les variétés de vigueur moyenne, presque toujours infertiles sur les variétés vigoureuses.

Le sarment. — Le sarment se développe au printemps, il atteint souvent une longueur considérable ; sa couleur varie entre le jaune canelle et le brun violacé, selon la variété ; il se nomme bourgeon jusqu'à la vendange, époque où il prend le nom de sarment, étant alors parfaitement aoûté.

Sur la vigne, le fruit se trouve sur le bourgeon de l'année; ce bourgeon supporte de une à quatre grappes vers sa base ; il est fertile s'il s'est développé sur un sarment de l'année précédente, venu lui-même sur un sarment d'un an ; si le bourgeon est sorti sur le vieux bois, il sera stérile pendant deux végétations; cependant si le sarment venu sur le vieux bois est taillé long, les yeux éloignés de sa base fructifient quelquefois.

Plus le sarment sera vigoureux et aoûté, plus les bourgeons qui se développeront sur lui seront garnis de belles grappes. On doit donc s'attacher à obtenir chaque année sur la vigne un nombre convenable de sarments bien constitués ; il est reconnu qu'un sarment ne peut produire plus de deux ou trois nouveaux sarments, si on veut qu'ils soient d'une vigueur convenable. Il suffit donc de tailler le sarment sur deux ou trois yeux bien constitués pour produire ce résultat.

Plus les yeux s'éloignent de la base du sarment, plus les bourgeons qu'ils produisent sont fructifères.

Plus la variété de vigne est vigoureuse, plus les bourgeons fructifères sont éloignés de la base du sarment.

De ceci il résulte que la taille doit être plus ou moins longue, selon que la variété est plus ou moins vigoureuse. Sur nos variétés faibles et moyennes, tous les yeux, même ceux de l'empatement du sarment, donnent des bourgeons fructifères ; sur les variétés vigoureuses, il faut aller jusqu'au troisième et quatrième œil pour obtenir des bourgeons fructifères.

Exemple. Un sarment de chasselas ou de gamay, taillé à deux yeux, y compris celui de l'empatement, peut donner deux bourgeons fructifères. Un sarment de muscat d'Alexandrie, variété vigoureuse, doit être taillé à quatre et cinq yeux pour produire des bourgeons fructifères; les bourgeons qui se développent de l'empatement et des deux premiers yeux étant le plus souvent stériles.

Le sarment taillé long ou laissé entier donnera, il est vrai, une abondante fructification sur les nombreux bourgeons qui se développeront sur lui, mais les années suivantes, il sera épuisé, dénudé et infertile.

Le sarment développé sur le vieux bois est un véritable gourmand, généralement moins aoûté et plus aplati que les sarments ordinaires ; les yeux ainsi que l'empatement sont peu prononcés. Ce sarment est stérile à la première végétation ; de même les bourgeons qui se développent sur lui à la seconde végétation sont généralement stériles ; il n'y a qu'aux végétations suivantes qu'il s'y développe des bourgeons fertiles.

La ramille anticipée A (*fig.* 280), se développant dans l'aisselle des feuilles du bourgeon de l'année, est le plus souvent faible et mal aoûtée ; aussi doit-elle être supprimée à l'ébourgeonnement ; car, étant d'une végétation plus tardive que le sarment qui la supporte, elle a l'inconvénient de retarder l'aoûtement de ce sarment et par conséquent la maturité du raisin. On se rappelle que nous avons dit que *l'aoûtement plus ou moins prompt du bois est la cause d'une maturité plus ou moins hâtive du fruit.*

La ramille est détachée facilement avec les doigts en la courbant brusquement; cependant il est un cas où elle doit être en partie conservée, c'est quand l'œil qui se trouve à sa base, sur le sarment, doit être conservé à la taille pour en obtenir un nouveau sarment (*fig.* 280). On pincera, en été, cette ramille à deux feuilles; ce bout de ramille conservé jusqu'à la taille assure la bonne constitution de l'œil qu'il accompagne et l'empêche de se développer à son tour en ramille anticipée ; ce qui arrive quelquefois quand l'ébourgeonnement a été fait trop tôt.

La brindille B (*fig.* 283) est un sarment affaibli, sorti le plus souvent des faibles yeux de l'empatement développés par suite d'une taille courte. La brindille est faible, irrégulière et d'une longueur de 30 centimètres en moyenne ; elle est souvent stérile ou ne produit que des grappillons: on doit la supprimer à l'ébourgeonnement, à moins qu'elle ne soit utile pour renouveler un courson. On la taillerait alors sur deux yeux, mais il arrive souvent que cette brindille épuisée se dessèche en hiver; aussi ne l'utilise-t-on que faute de sarments convenables.

OPÉRATIONS PRATIQUÉES SUR LA VIGNE.

Les opérations pratiquées sur la vigne une fois plantée sont : la taille, l'ébourgeonnement, l'accolage, la rognure, l'épamprement, l'éclaircissement des grappes et, par exception, la greffe.

Ces opérations ont pour but de concentrer la sève, afin d'obtenir des sarments vigoureux, puis de hâter l'aoûtement de ces sarments, et, par suite, la maturité du raisin, tout en assurant la récolte de l'année suivante. Le sarment non aoûté est plus disposé a donner l'année suivante des bourgeons stériles ; mais la chaleur n'est pas assez forte sous notre climat, pour que cet aoûtement se fasse parfaitement chaque année ; aussi doit-on le provoquer en arrêtant la circulation de la séve par les opérations suivantes. L'aoûtement parfait du sarment ne peut se faire les années froides. Exemple : en 1860, année pluvieuse, le sarment s'est mal aoûté ; en 1861, les bourgeons furent en grande partie stériles.

La taille. — Sous notre climat, cette opération est indispensable à la vigne. Abandonnée à elle-même, on la voit bientôt s'épuiser et rester stérile. La taille se fait généralement après les grands froids; faite plus tard, quand la séve est en mouvement, la vigne *pleure*, c'est-à-dire qu'il s'épanche par les plaies une quantité de séve telle que la terre est souvent mouillée autour du cep. Des expériences répétées nous ont fait reconnaître que l'époque la meilleure pour tailler la vigne est quinze jours environ avant la chute des feuilles; une plaie faite à cette époque se cicatrise immédiatement, sans perte de substance et de séve. La moelle même est vive et fraîche à la surface de la plaie, après avoir supporté les froids de l'hiver. On peut même tailler rez l'œil sans qu'il soit oblitéré, ce qui arriverait si on taillait en février.

A cette époque, on doit faire la taille à un centimètre au-dessus de l'œil pour ne pas lui nuire ; les plaies faites sur la vigne ne se cicatrisant pas, et la mince pellicule qui forme l'écorce n'ayant pas la faculté de recouvrir la plaie, la mortalité descendrait un peu plus bas que cette plaie et désorganiserait l'œil s'il se trouvait trop rapproché.

On se sert du sécateur pour tailler la vigne; les plaies qui lui sont faites ne se cicatrisant pas, cet instrument lui est moins nuisible qu'aux autres arbres; il a du reste un avantage important pour les vignobles, il agit plus vite. On fait la coupe en pente opposée à l'œil, pour que la séve qui s'écoule ne vienne pas noyer cet œil.

Une taille plus ou moins courte a une grande influence sur la vigueur, la durée et la fructification de la vigne. Une taille trop longue la charge en excès et la ruine ; une taille trop courte produit des sarments et des gourmands infertiles; de plus, l'excès de séve produit la coulure de la fleur.

L'ÉBOURGEONNEMENT. — On ébourgeonne sur la vigne tous les bourgeons stériles, ceux en excès, ou mal placés, excepté ceux qui doivent servir à la taille de l'année suivante, et ceux qu'il est nécessaire de conserver pour que la vigne reste garnie d'un nombre suffisant de bourgeons. Cette opération ne doit être faite ni trop tôt ni trop tard : trop tôt, quand les bourgeons n'ont que quelques centimètres, on ne distinguerait pas encore suffisamment les bourgeons utiles de ceux qui doivent être supprimés; de plus, au commencement de la saison, la séve fait immédiatement repartir de nouveaux bourgeons inutiles. Trop tard, la vigne forme un fouillis avant l'ébourgeonnement et souffre des fortes suppressions faites à cette époque.

L'ébourgeonnement doit être fait en deux fois, le premier avant le palissage, au moment où les bourgeons ont atteint 15 centimètres; le second se fait en même temps que le palissage et comprend, outre la suppression des bourgeons en surplus, celle des vrilles et des ramilles anticipées (entre-feuilles), qui se développent à la base des feuilles.

L'ébourgeonnement ne doit pas être exagéré : il serait, dans ce cas, une cause de ruine pour la vigne ; cependant il est bon de concentrer la séve sur quelques sarments vigoureux. *Pour la vigne en treille, chaque courson doit supporter deux sarments; pour la vigne en cep, de deux à trois.*

On supprime les bourgeons avec la serpette ou le sécateur; on ne se sert des doigts que pour les bourgeons encore peu développés, et non pour ceux déjà constitués, ce qui aurait l'inconvénient de former une plaie irrégulière.

L'ébourgeonnement des ramilles anticipées qui naissent à la base des feuilles se fait quand elles ont atteint 10 à 15 centimètres. On maintient le sarment avec la main gauche, puis avec la main droite on courbe subitement la ramille qui se détache à sa base. On retranche également les vrilles : elles paraissent nuire en retardant l'aoûtement du sarment.

Si la ramille anticipée se trouve accolée à un œil qui doit être conservé à la taille, elle sera traitée autrement : au lieu de la supprimer complétement, on la pince à deux feuilles ; ce pincement conserve 8 à 12 centimètres de la ramille. On évite ainsi l'affaiblissement de l'œil provoqué par la suppression complète de la ramille anticipée. Cet œil serait alors plus disposé à donner des bourgeons infertiles. (*Fig.* 280, ramille A, pincée à deux feuilles, puis supprimée à la taille.)

280

L'ACCOLAGE pour le cep, le PALISSAGE pour l'espalier, sont une seule et même opération, qui consiste à attacher les sarments à un support. L'accolage ne sera pas fait avant que le sarment soit en partie aoûté à la base ; car il se casserait comme du verre à la moindre contrainte. Si l'accolage est pratiqué tardivement, la vigne reste trop longtemps sans être dressée, les sarments prennent une mauvaise direction, puis une fois relevés, ils présentent à leur base une courbure désagréable.

On donne aux sarments la direction verticale, excepté à ceux qui forment les cordons, et qui doivent prendre pendant leur développement une direction inclinée. A la taille d'hiver, ils seront palissés horizontalement dans le sens du cordon.

Un premier accolage se fait sur le cep, quand la longueur des sarments permet de les attacher à l'échalas ; le second se fait plus tard, quand ils dépassent cet échalas. On a soin d'écarter régulièrement chaque sarment autour de l'échalas.

Le palissage de la vigne en espalier se fait fin mai ou commencement de juin ; les bourgeons trop faibles seront palissés plus tard ; végétant librement, ils prennent de la force, et forment des sarments convenables.

Le palissage fait trop tôt sur l'espalier affaiblit la vigne ; de plus, le palissage de sarments trop courts est nécessairement incomplet, et force à faire un second palissage, ce qui multiplie les attaches.

Les sarments ne doivent pas s'entre-croiser ni passer sous le treillage.

Les fils de fer espacés entre eux de 25 centimètres sont préférables au treillage pour la vigne en cordons. La vigne en oblique sera plus avantageusement palissée sur un treillage en bois, également en oblique.

Le fil de fer n° 17 est le plus habituellement employé : c'est une erreur de croire qu'un fil de fer fort est plus avantageux. Le fil de fer moyen se maintient plus droit et il est aussi durable. On se sert habituellement de fil de fer galvanisé, mais il est plus cassant que l'ordinaire et d'un prix plus élevé. L'expérience a prouvé que ce dernier est durable et économique.

Les liens qui servent à attacher la vigne sont, pour le cep, la paille de seigle mouillée et la tille ou écorce de tilleul. L'osier a l'inconvénient de blesser les sarments. Les liens pour l'espalier sont les ramilles d'osier pour les tiges et les cordons, et le jonc pour les sarments. Ces liens seront peu serrés pour ne pas rompre le sarment au point d'attache, ni blesser l'écorce. Les palissages sur fil de fer et à la loque ont l'avantage de rapprocher la grappe du mur ; sa maturité est plus assurée par suite de la réverbération de la chaleur sur ce mur.

Le rognage ou pincement consiste à supprimer l'extrémité du sarment pendant la végétation ; cette opération a pour effet de suspendre la circulation de la séve et, par suite, de provoquer l'aoûtement du bois et la maturité du raisin ; aoûtement qui se ferait mal dans nos contrées tempérées, si le sarment continuait à végéter jusqu'aux gelées.

Dans le Midi, où le sarment s'aoûte parfaitement, le rognage produirait des résultats désastreux, à moins qu'il ne fût fait partiellement, tardivement et fort long. Fait court et de bonne heure, ce rognage fait repousser sur les sarments une quantité de ramilles qui fleurissent de suite ; aussi la vigne ainsi traitée est-elle couverte, à l'automne, d'un fouillis de bourgeons garnis, en même temps, de raisins mûrs, de verjus et de fleurs; l'année suivante, cette vigne est fortement affaiblie et infertile.

Le rognage fait trop tôt dans les contrées tempérées affaiblit le cep et provoque également la formation de gourmands et ramilles nuisibles.

Longueur du rognage. — On a donné de nos jours une importance exagérée au plus ou moins de longueur du rognage. Des expériences répétées nous ont fait reconnaître que, *de l'époque seule où le rognage se pratique dépend la réussite de cette opération, qui doit avoir pour effet de hâter l'aoûtement du bois sans nuire à sa force.* Nous avons reconnu également que *le plus ou moins de longueur de la rognure n'a aucun effet sur la beauté et la maturité de la grappe, si on compare deux sarments rognés à la même époque.*

Exemple. Un sarment est rogné au temps convenable, à 60 centimètres, un autre sarment est rogné court, à deux feuilles au-dessus de la grappe : les raisins seront également beaux, seulement, le sarment rogné court sera affaibli et donnera l'année suivante des bourgeons moins bien constitués.

Nous parlerons plus loin de l'épamprement et des opérations qui se rattachent à la fructification.

CONDUITE DU SARMENT QUI DOIT FORMER LA TIGE.

Ce sarment doit avoir le plus de vigueur possible pour former une tige bien constituée; mais, pour produire ce résultat, il doit être taillé à une longueur telle, que la concentration de la séve sur des yeux bien constitués les fasse se développer sûrement et vigoureusement.

L'expérience a fait reconnaître que les sarments vigoureux qui se développent sur un sarment de l'année précédente, dépassaient rarement le nombre trois. Ceux en surplus, qui sont inférieurs, sont plus faibles et peu convenables pour former une tige ou production fruitière bien constituée et durable.

On doit tailler le sarment sur trois à cinq yeux bien constitués, non compris ceux qui se trouvent sur ou proche l'empatement ; ces derniers ne valent pas les yeux supérieurs. Le sarment est taillé de 20 à 60 centimètres (plus ou moins, selon la vigueur de la vigne) ; il se trouve sur cette longueur trois yeux bien constitués susceptibles de donner des sarments convenables.

Une taille plus courte ou plus longue de la tige aurait des inconvénients graves. Taillé trop court, à 10 ou 15 centimètres, le sarment terminal serait accompagné de sarments sortis de l'empatement et d'une vigueur moindre que s'ils étaient développés par de bons yeux. Par cette taille courte, la tige s'établit trop lentement, et la séve circule difficilement dans les coupes accumulées.

On veut quelquefois profiter de la longueur du sarment pour établir promptement la tige ; l'expérience a prouvé qu'une tige ainsi établie reste faible, mal constituée, et ne donne que des produits médiocres.

CONDUITE DU SARMENT QUI DOIT FORMER LES CORDONS.

Nous avons dit plus haut qu'un sarment de vigne taillé ne donne que trois sarments vigoureux. Si ce sarment doit former le cordon, on lui conservera deux yeux bien constitués, un en dessus, pour former la production fruitière, l'autre en dessous, qui se trouve terminal, et produit le sarment qui doit continuer le cordon. Ces deux yeux donneront des sarments vigoureux. Il se trouve, il est vrai, un troisième œil en dessous qui produit un troisième sarment vigoureux, mais il est inutile et doit être supprimé, puisqu'on ne conserve pas de productions fruitières sous le cordon.

En résumé, on ne peut obtenir plus d'une production fruitière par taille sur un côté du cordon. Tailler plus long pour en obtenir un second sur le même côté ne donnerait qu'un deuxième courson, mal constitué et peu durable. Cependant, sur la vigne en oblique, on peut parfois former deux coursons, sans inconvénient ; se trouvant en dessus, ils végètent avec force.

CONDUITE DE LA PRODUCTION FRUITIÈRE.

Le sarment, après une année de production, doit être remplacé par de nouveaux sarments fructifères, qui se développent à sa base. On taille sur deux yeux ces sarments qui ont fructifié,

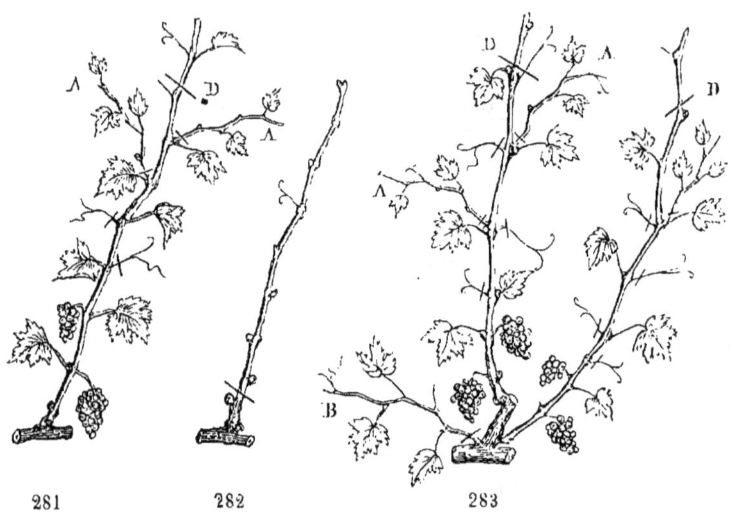

281 282 283

pour en obtenir deux sarments fructifères, qui à leur tour seront remplacés par de nouveaux sarments renouvelés chaque année.

Sarment fructifère (*fig.* 281). — Taille d'hiver de ce sarment (*fig.* 282). — Sarments fructifères sortis de ces yeux (*fig.* 283). — Deuxième taille d'hiver (*fig.* 284). — Rajeunissement du courson (*fig.* 285).

Première année (*fig.* 281). — Les yeux en dessus des sarments qui doivent former ou continuer le cordon, sont seuls convenables pour établir une production fruitière. On doit éviter les faibles yeux qui se trouvent sur l'empatement du sarment.

Au printemps, le bourgeon se développe. *Il supporte de une à quatre grappes qui se trouvent placées à l'opposé de la feuille, depuis la seconde jusqu'à la septième.* Les deux premières grappes sont belles, les autres sont moins fortes, celles-ci se trouvent en excès et doivent être supprimées à l'époque de l'ébourgeonnement.

On palisse le bourgeon fin mai, quand il atteint une longueur de 50 centimètres, puis on supprime au point D, au-dessus d'une feuille, la portion qui dépasse cette longueur. Les ramilles anticipées A sont supprimées entièrement ainsi que les vrilles.

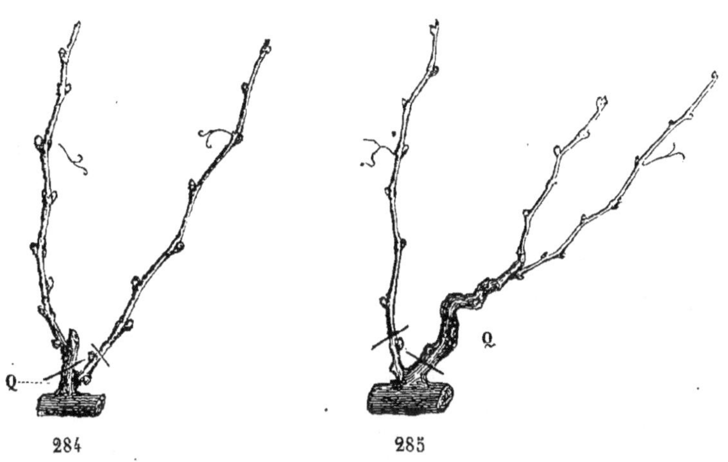

Deuxième année, première taille (*fig.* 282). — Le sarment ayant fructifié l'année précédente ne servira plus que de support aux sarments qui se développeront sur lui. S'il était laissé entier ou taillé long, il ne donnerait qu'un fouillis de faibles sarments en partie infertiles. On le taille court sur deux yeux, celui qui se trouve sur l'empatement et celui au-dessus : on obtient par cette taille deux sarments vigoureux, et on a de plus l'avantage de se débarrasser le plus possible du vieux bois.

Deuxième végétation (*fig*. 283). — Deux bourgeons vigoureux et fructifères D se développent ; on ébourgeonne ceux qui se trouvent en surplus ainsi que les faibles brindilles B qui sortent sur l'empatement. Cette suppression se fait également si ces ramilles supplémentaires sont garnies de grappes, le plus souvent d'un faible volume : deux sarments garnis de deux grappes étant suffisants pour une production fruitière.

Le choix des deux sarments qui doivent être conservés est important. Tout en choisissant de préférence les sarments sur lesquels se trouvent les plus belles grappès, on doit, avant tout, songer au parfait remplacement de la production fruitière. Avant d'ébourgeonner, on examine les bourgeons qui se trouvent sur la production, puis on conserve celui d'une vigueur convenable qui se trouve le plus rapproché du cordon ; quand même ce sarment serait stérile, il devrait être conservé, car de son parfait développement dépend le renouvellement de la production fruitière. Le deuxième sarment à conserver est celui qui supporte les plus belles grappes. Tous les autres sont ensuite supprimés.

S'il ne se trouve pas sur la production deux sarments chargés de grappes, on conservera deux sarments stériles ; de même, s'il ne se trouve qu'un sarment fertile, on conservera un autre sarment infertile ; deux sarments étant indispensables pour que la production fruitière ait une végétation convenable. Un seul sarment ne suffit pas pour qu'une production fruitière soit convenablement garnie. De plus, si ce seul sarment vient à périr, on n'a pas la ressource de tailler sur le second.

Si deux sarments chargés de grappes se trouvent au-dessus d'un sarment infertile, mais parfaitement placé pour le remplacement, à la base du courson, on conservera les trois sarments : les deux plus élevés pour le fruit, et le plus rapproché pour le remplacement. On ne conserve ces trois sarments que si la production fruitière est vigoureuse ; car, si elle était faible, un sarment infertile pour le remplacement et un sarment fertile pour le fruit seraient suffisants.

Troisième année, deuxième taille (*fig.* 284). — Cette seconde taille a pour but, comme la précédente, d'obtenir deux sarments fructifères sur la production, et de se débarrasser le plus possible du vieux bois. On rabat premièrement ce vieux bois sur le premier sarment de la base, puis on taille celui-ci à deux yeux ; les bourgeons qui en proviennent sont conduits comme ceux de l'année précédente.

Chaque année la production est taillée de même, sur le premier courson de la base. Tout en se débarrassant le plus possible du vieux bois, il reste nécessairement la portion qui supporte le jeune sarment ; chaque année ces portions s'accumulent et forment un chicot, nommé *courson.*

Production fruitière âgée, rajeunissement du courson (*fig.* 285). — Les vignes mal conduites présentent des coursons assez longs et contournés qui proviennent du peu de soin apporté à leur traitement.

Il est rare qu'il ne se présente pas, pendant la durée de la formation de ce courson, un bourgeon inattendu, se développant à sa base sur le vieux bois. Au lieu de supprimer ce bourgeon, on favorise son développement, puis on rabat sur lui le vieux courson, à la taille suivante. Si ce bourgeon est faible, on le taille court l'année suivante, pour en obtenir un sarment vigoureux, sur lequel le vieux courson sera rabattu la seconde année.

Toutefois, il est préférable de rajeunir complétement une vieille vigne garnie de longs coursons, plutôt que de chercher à rabattre ces vieux coursons, qui ne sont le plus souvent remplacés que par des productions affaiblies, produisant des grappes d'un faible volume.

La taille sur deux yeux, y compris celui de l'empatement, peut paraître bien courte : en effet, il ne reste plus qu'un ou deux centimètres de la base du sarment ; mais cette faible longueur permet d'obtenir deux sarments fructifères convenables. Cependant il ne faut pas exagérer cette taille courte, et la faire presque sur l'empatement ; car des yeux bien constitués sont plus convenables et plus productifs que les sous-yeux de l'empatement. Aussi n'approuvons-nous pas une taille qui consisterait à rabattre le sarment sur son empatement : en voulant par trop concentrer la séve, on ruinerait la production, la séve l'abandonnant, dans ce cas, pour se porter à l'extrémité du cordon.

Cette taille courte de la production fruitière ne peut convenir que pour les variétés de moyenne vigueur, telles que la madeleine et le chasselas. Les variétés vigoureuses du Midi, taillées ainsi, seraient infertiles ; aussi seront-elles taillées plus longues, à 3 et 5 centimètres, et sur deux bons yeux ; non compris ceux de l'empatement qui, sur ces variétés, produisent des bourgeons infertiles.

ÉPAMPREMENT OU EFFEUILLEMENT.

Les raisins complétement couverts par les feuilles restent verdâtres et acides ; on doit, dans ce cas, retrancher une partie des feuilles, pour dégager la grappe ; mais si cette opération est mal exécutée, elle donnera des résultats déplorables. Faite trop tôt, le raisin reste verdâtre, acide, et sa peau se durcit ; trop tard, il n'a plus le temps de se colorer.

On remarquera que le raisin qui s'éclaircit le premier, est celui qui se trouve à demi caché par les feuilles. Celui qui est complétement découvert reste longtemps terne. Il faut donc faire en sorte que le raisin reste jusqu'à la maturité à demi couvert par les feuilles, pourvu que ces feuilles ne soient pas trop rapprochées des grains.

Le premier épamprement se fait quelque temps après le palissage : il consiste à enlever toutes les feuilles qui touchent la grappe, et les petites feuilles qui ne forment pas le parasol en avant du mur ; elles sont recouvertes par les grandes feuilles qui se présentent à plat en avant. On enlève également celles qui touchent le mur.

L'espace entre le mur et les feuilles qui se portent en avant sera dégagé complétement. On doit voir sans obstacle d'un bout à l'autre du cordon en regardant entre les feuilles et le mur.

Un second épamprement partiel se fait au moment où le raisin commence à tourner; il a pour but d'éclairer à demi les grappes.

Un troisième épamprement plus complet se fait à parfaite maturité, mais sans dénuder complétement la grappe.

SOINS A DONNER A LA GRAPPE.

Les grappes trop fortes et trop serrées sont soumises au *cisellement*. Il consiste à retrancher avec des ciseaux l'extrémité inférieure de la grappe, sur une longueur de 3 centimètres qnand les grains ont la grosseur d'un pois. On a remarqué que l'extrémité de la grappe mûrit moins complétement. Cette extrémité retranchée, les grains s'écartent, atteignent une maturité plus parfaite et sont d'un plus fort volume. On enlève également avec des ciseaux les grains trop serrés et les petits grains avortés. C'est en partie au cisellement que les cultivateurs de Thomery doivent la beauté de leurs produits; aussi attachent-ils une grande importance à ce qu'il soit parfaitement exécuté. Avec le cisellement, on doit obtenir, dans la plupart des jardins, des raisins pour le moins aussi beaux et aussi colorés qu'à Thomery. On n'a pas besoin de dire que cette opération est inutile dans le Midi, où la grappe atteint une maturité complète..

Tout raisin mouillé une fois mûr n'est pas susceptible de se conserver. Au commencement de septembre, on place un auvent au faîte de l'espalier; cet auvent est un paillasson, ou un châssis en bois, tendu de toile bitumée; on lui donne 50 centimètres de largeur sur 2 mètres 50 environ. Les auvents garantissent le raisin de la pourriture, et permettent de le conserver sur la treille jusqu'aux premiers froids.

Les variétés tardives seront favorisées, dans leur maturité, en établissant des châssis vitrés le long du mur; ces châssis permettent également de conserver le raisin sur la treille jusqu'aux grandes gelées. On favorise la parfaite coloration du raisin en projetant une pluie fine de gouttes d'eau, avec une forte brosse de crin, ou une seringue à arroser. Cette opération se fait au milieu de la journée, en plein soleil. Chaque goutte d'eau tache le raisin et lui donne une superbe teinte jaunâtre.

SOL ET EXPOSITIONS CONVENABLES A LA VIGNE.

On sait combien le sol et l'exposition influent sur les produits du vignoble. Mais ne nous occupant ici que de la culture des raisins de table, nous remarquerons que les jardins se trouvant le plus souvent annexés à la maison, on est nécessairement obligé d'y cultiver la vigne, quel que soit le sol, l'exposition ou la contrée. Il s'agit donc de tirer le meilleur parti des expositions et murailles que l'on possède.

Heureusement que le raisin pour la table peut donner d'excellents produits, aux endroits où il ne serait récolté que du vin détestable ; de plus, le chasselas, variété la plus répandue, est celle qui réussit le mieux dans les sols froids et humides. Enfin, l'espalier vient aider puissamment pour obtenir des produits convenables, dans un sol et sous un climat où l'on ne récolterait que du verjus, si la vigne était cultivée en plein air.

Le pied d'une colline calcaire ou sablonneuse exposée au levant ou au midi, et jouissant des vapeurs qui s'élèvent d'un cours d'eau circulant dans la vallée, se trouve dans les conditions les plus favorables pour produire des vins de qualité supérieure. Cependant nos vignobles présentent des différences notables sur ce point, car tel vignoble renommé se trouve regarder le couchant et même le nord. En général, un sol calcaire ou granitique est le plus convenable à la vigne ; mais avec le secours de l'espalier, on peut obtenir du raisin de table convenable, et plus particulièrement du chasselas, dans toutes sortes de sols, même ceux froids et humides; dans ce dernier cas, on ne plantera que des vignes en espalier.

Si le sol du jardin est propice à la vigne, on peut la placer en ceps ou en cordons le long des allées, aussi bien qu'en espalier; dans les sols contraires, on la réservera pour l'espalier seulement.

On doit former un sol factice le long des espaliers, dans un sol froid et humide, par des apports de sable, des deblais de carrière et surtout des débris de démolitions; on y répandra des cendres de bois qui produisent un effet excellent.

En espalier, l'exposition la plus convenable pour la vigne est le sud-est : elle y reçoit le plus longtemps possible la plus grande somme de chaleur; elle y est, de plus, garantie des vents d'ouest et des pluies qui pourrissent le raisin à l'automne.

A l'exposition sud-est, le grain est clair et la peau tendre. Le midi est favorable à la vigne, mais la peau du raisin est plus dure qu'au levant et le grain est plus terne, quoique plus coloré.

Fumure.—La vigne cultivée pour la table demande des fumures peu abondantes, mais souvent renouvelées et mises de préférence en couverture ; les chiffons de laine et rognures de corne sont parfaits et produisent des effets durables; ils doivent être mélangés avec la terre à l'époque de la plantation. De la terre neuve rapportée, des curures de fossés ou de mares, reposées en tas pendant une année, produisent des effets remarquables sur la végétation des vignes âgées et peu vigoureuses.

MULTIPLICATION DE LA VIGNE.

La vigne se reproduit par ses pepins, mais ce procédé de multiplication n'est pas usité dans la pratique. Il est d'une extrême lenteur, et de plus, les sujets obtenus ne sont le plus souvent qu'une dégénérescence de la variété semée, parmi lesquels un heureux hasard peut faire découvrir quelques variétés de choix. Il serait à désirer que des efforts plus suivis fussent tentés dans la voie des semis pour amener la création de nouvelles variétés méritantes, surtout des variétés hâtives.

La vigne est, avec les saules, le végétal qui se reproduit le plus facilement de marcottes et de boutures; il suffit même qu'un sarment vienne à traîner à terre, pour qu'il s'enracine immédiatement et forme un nouveau sujet.

La bouture consiste en une portion du sarment de l'année, retranchée à la taille d'hiver, puis enfoncée en partie dans le sol, où elle prend racine. On lui conserve habituellement une longueur de 50 centimètres.

Ce procédé est simple, mais forme une plantation peu régulière, un certain nombre de ces boutures se desséchant en été.

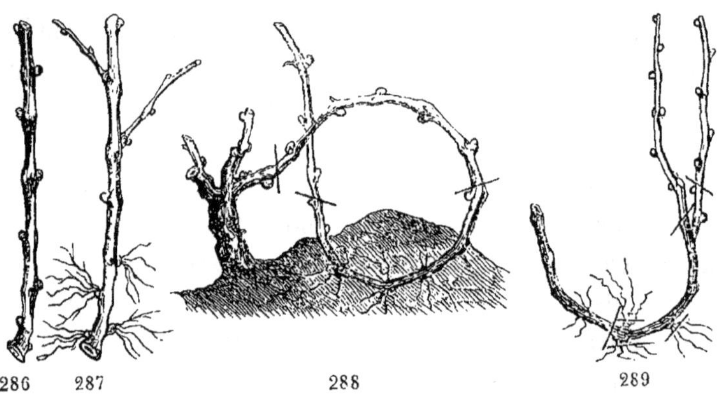

286 287 288 289

De plus, le jeune plant est lent à prendre de la force et à fructifier; aussi lui préfère-t-on la crossette.

La crossette (*fig.* 286) se distingue de la bouture, parce qu'on a conservé une petite portion du vieux bois, ou mieux, l'empatement seul du sarment, sur lequel les racines sont plus disposées à se développer que sur les yeux simples.

Les crossettes se forment avec les brins de taille les plus vigoureux qui ont conservé leur empatement. On les réduit à 50 centimètres de longueur, puis on enlève le vieux bois à fleur de l'empatement. Ce vieux bois a l'inconvénient de pourrir et de désorganiser la base des racines. Un vigneron de l'Anjou a reconnu que si on enlève deux ou trois languettes d'écorce sur 10 centimètres environ, vers la base de la crossette sans offenser les yeux, on favorise d'une manière remarquable l'émission des jeunes racines.

Si on plante sur place, on met deux crossettes rapprochées, pour ne conserver ensuite que la plus vigoureuse; ce mode de reproduction est le plus communément employé dans nos vignobles; il forme des pieds de vigne sains et durables, qui fructifient dès la quatrième année.

Les crossettes plantées avant l'hiver étant susceptibles de se désorganiser par l'humidité et les gelées, on ne doit les mettre en place qu'après les grandes gelées; on les met provisoirement en jauge le long d'un mur, puis on les laisse tremper quelques jours avant de s'en servir.

Crossettes enracinées (*fig.* 287). — La plantation avec crossettes simples laisse plusieurs années le sol improductif; aussi préfère-t-on la former pendant deux ans en pépinière et en lignes. Au bout de ce temps, à la chute des feuilles, on l'enlève avec précaution en soulevant la terre, sans briser les racines; puis, par un temps couvert, on la met immédiatement en place après avoir fait choix du plant le plus beau.

Ce mode de multiplication est moins usité dans les vignobles que le précédent, cependant le plant fructifie dès la deuxième année et forme une vigne plus régulière. Mais, pour obtenir un bon résultat, il faut que ce plant ait été formé par le vigneron, et replanté immédiatement, car s'il avait voyagé, il n'aurait aucun avantage sur la crossette simple. C'est le mode de multiplication préféré par les cultivateurs de Thomery.

La marcotte ou chevelée (*fig.* 288) est usitée pour regarnir les vides dans une vigne ou renouveler partiellement les vieilles souches; elle est, dans ce cas, faite à demeure : on la nomme *provin*. Transplantée, elle prend le nom de *chevelée nue*.

On marcotte au moment où la séve se met en mouvement: le sarment est alors plus flexible. On fait une tranchée proche le cep, puis on enterre un sarment vigoureux sur une longueur de 40 centimètres; on fait cette courbure en anse de panier ou repliée en cercle sur elle-même, puis on fait une butte sur la partie enterrée pour la maintenir fraîche; le sarment dont l'extrémité sort de terre est taillé à deux yeux; excepté les bourgeons de ces deux yeux, tous les autres bourgeons de la partie arquée sont supprimés à l'ébourgeonnement. L'hiver suivant, on châtre la marcotte, c'est-à-dire qu'on la sépare du pied mère, en supprimant complétement toute la partie arquée rez le cep et rez la terre.

On a reconnu que les provins faits en août avec des sarments feuillus de l'année, fatiguaient moins le pied mère, et qu'ils s'enracinaient immédiatement. On retranche les feuilles de la portion enterrée, puis on laisse végéter librement, sans rogner l'extrémité du sarment.

Les chevelées sont déracinées à l'automne et replantées le plus vite possible. Pour leur donner plus d'apparence, quelques pépiniéristes, au lieu de tailler l'extrémité à deux yeux près de terre, la taille à 50 centimètres et plus de longueur à partir du sol, ce qui la surcharge de vieux bois inutile. Il faut rejeter ces mauvaises marcottes, les nouveaux sarments devant se trouver près des racines.

Taille de la chevelée (*fig.* 289). — On se débarrasse le plus possible du vieux bois inférieur, dénudé de racines. On retranche ce vieux bois sur le collet qui supporte les racines les plus fortes, deux ou trois collets au plus seront conservés ; on concentre ainsi la séve sur une moindre longueur, ce qui produit des racines plus vigoureuses.

Si une chevelée est déplantée avec précaution, et remise immédiatement en place, on laissera les racines entières. Si les racines sont restées quelque temps à l'air, on les supprimera complétement sur l'empatement. On a l'habitude de les retrancher à la moitié de leur longueur, mais l'expérience a prouvé qu'elles pourrissent et que c'est de l'empatement seul que sortira le nouveau chevelu. On supprime un des deux sarments avant de planter, en conservant naturellement le plus fort.

Les chevelées se font également en panier. On choisit des paniers ovales de 30 centimètres de diamètre, on fait passer le sarment par un trou fait sur le côté de ce panier, puis on l'enterre rez le sol. Ce procédé permet de transporter la chevelée sans déranger les racines ; mis en place, le panier pourrit dans le sol.

La marcotte en panier est un bon procédé, puisque avec elle on est assuré de la reprise ; mais elle a l'inconvénient d'être fort coûteuse ; de plus, certains pépiniéristes de mauvaise foi se contentent de la faire un mois avant la livraison avec des chevelées à racines nues. On a, du reste, remarqué qu'une plantation faite d'après les deux systèmes présente peu de différence à la troisième année ; aussi se sert-on plus généralement de chevelées à racines nues.

On peut remplacer les paniers, si la plantation à faire n'est pas éloignée, en se servant d'une plaquette de gazon retournée et posée au fond d'une fosse, proche le pied mère ; on couche le sarment sur la plaquette, qui est ensuite recouverte de quelques centimètres de terre sur laquelle on place une nouvelle tranche de gazon retournée. L'hiver suivant, on enlève facilement la motte de gazon avec la chevelée, sans endommager les racines.

PLANTATION.

Il est prouvé que la vigne développe ses racines sur son collet presque à fleur de terre. Il est vrai que d'un sarment enterré, il sortira immédiatement des racines sur tous les nœuds qui se trouvent sur la longueur, fût-elle de 1 mètre et plus ; mais ces racines ne sont pas durables, excepté celles des deux ou trois nœuds qui se trouvent rapprochés du sol.

Cette longue portion de sarment enterrée devient donc inutile et nuit à la bonne constitution du cep. En effet, si on l'arrache plus tard, on s'aperçoit qu'elle est noirâtre et en partie désorganisée. Ceci explique pourquoi le provignage produit des sujets moins vigoureux que ceux formés par la crossette.

Plus la vigne développe ses racines à fleur de terre, plus elle est durable et productive. Celles-ci peuvent, dans ce cas, tracer à la surface du sol ou s'enfoncer vers des couches plus fraîches. Souvent une vigne trop enfoncée à la plantation jaunit et végète faiblement; elle ne reprend de la vigueur que s'il se forme, au collet, de nouvelles racines, à fleur de terre; mais la portion du sarment trop enfoncée se désorganise et nuit au collet de la vigne.

On a une certaine tendance à planter profond, pour assurer la reprise du plant qui est, dans ce cas, moins exposé à la sécheresse, l'année de plantation. Mais pour combattre cet inconvénient momentané qui peut être évité par un buttage provisoire, on tombe dans un vice plus grave, celui d'une plantation trop profonde.

On défonce le sol à 60 centimètres et même 1 mètre pour une plantation; seulement, il faut avoir soin de ne pas mélanger la couche inférieure du sol avec celle supérieure: on stériliserait celle-ci pour longtemps, et de nombreuses fumures suffiraient à peine pour remédier à cette faute; on remet avec soin la couche supérieure à la surface. Combien avons-nous vu de jeunes vignes végéter sans vigueur et avoir le feuillage jaunâtre dans ces terres défoncées et privées d'éléments nutritifs par suite du mélange en forte proportion du sous-sol infertile avec la couche végétale. Les vignerons cherchent à remédier à cet inconvénient en faisant la défonce une année à l'avance.

La vigne en cep, mise en lignes, est le plus habituellement plantée de chaque côté et sur le rebord d'une fosse de 1 mètre de large sur 60 centimètres de profondeur, le plant espacé de 1 mètre. Une fois la plantation faite, la fosse est comblée à moitié; l'intervalle forme le dos d'âne, et peut être cultivé en légumes les premières années qui suivent la plantation. On évite les labours l'année de plantation pour ne pas éventer les jeunes racines et les exposer à la sécheresse.

PLANTATION DE LA VIGNE EN ESPALIER.

On répand le long du mur une forte couche de curures d'égoûts, de débris de démolitions, de terres de surface enlevées au sol des étables et des cours, des curures de mares, gadoues, résidus de fabriques, ainsi que des cendres, os, cornes, lainages, etc., engrais et stimulants supérieurs au fumier pail-

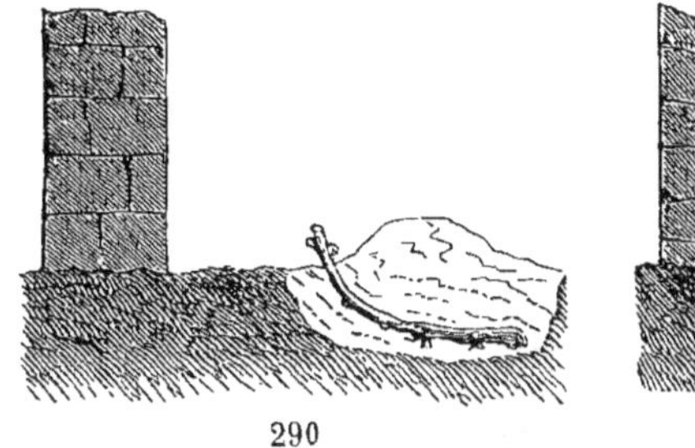
290

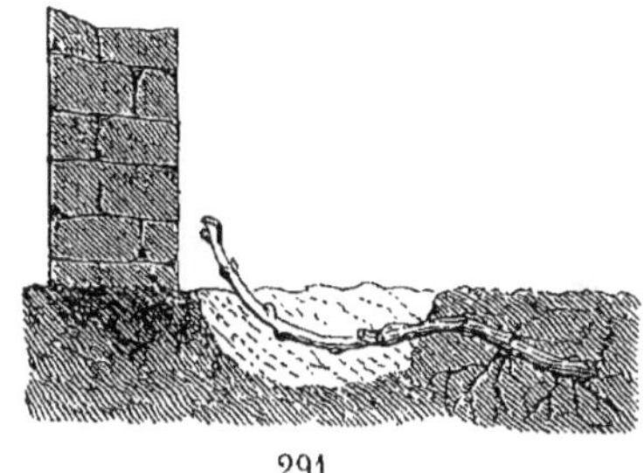
291

leux; puis on défonce le sol à 60 et 80 centimètres, sur une largeur de 2 mètres : ce travail doit être fait quelques mois à l'avance et plutôt par un temps sec.

Une fois le terrain préparé, on couche la chevelée à 15 centimètres, au plus, de profondeur, en faisant sortir le sarment à 40 centimètres du mur; puis on le taille à deux yeux (*fig.* 290); on évite la sécheresse avec un paillis, ou, à défaut, un buttage. La plantation en espalier se fait de préférence à l'automne dans un sol sec, ou en février dans un sol humide.

L'année suivante, on couche le sarment le plus vigoureux à la même profondeur, jusqu'à 8 centimètres du mur; plus rapproché de ce mur, une partie du chevelu se forme dans les fondations où il ne peut s'étendre; de plus, il est bon que la base du cep soit un peu aérée (*fig.* 291).

Nous avons dit plus haut qu'il ne fallait pas faire de trop longs couchages : 30 centimètres sont suffisants pour concentrer la séve et former des racines vigoureuses sur cette longueur. Après ce premier couchage, qui se fait la seconde année, on ne doit plus en faire d'autres ; on ruinerait les anciennes racines.

VIGNES EN CEP.

Des ouvrages spéciaux traitant de la conduite des vignobles, nous nous contenterons de parler de la formation du cep échalassé, lequel se rencontre communément dans les jardins.

Le cep (*fig.* 296) consiste en une courte tige nommée souche, qui se divise proche de terre en trois, quelquefois quatre, et plus

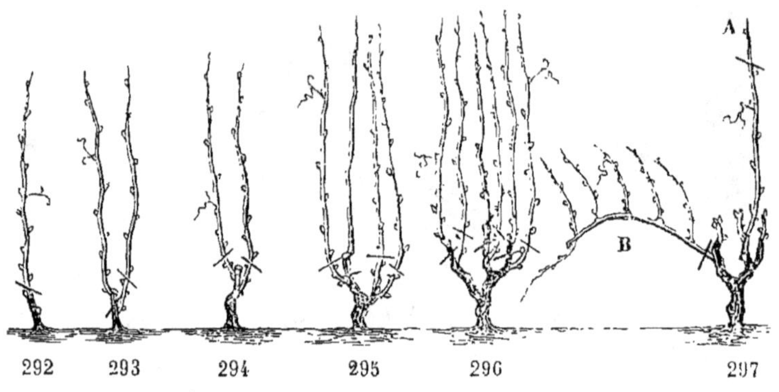

292 293 294 295 296 297

rarement cinq coursons (cornes), formant le vase ; ils se terminent par un bout de sarment de l'année précédente, supportant de deux à quatre sarments fructifères.

On a pour but, avec cette forme, de réduire la vigne dans son développement et de la maintenir rapprochée de terre. Aussi doit-on éviter le trop de longueur des coursons, en taillant sur le premier sarment bien constitué et aoûté de la base, celui qui a les yeux arrondis, prononcés et peu écartés. On évitera les sarments gourmands venus sur le vieux bois, car ils sont stériles pendant deux végétations, à moins qu'ils ne soient taillés en long-bois, les yeux éloignés de leur base étant fructifères. On évitera de même les sarments *gras*, qui sont allongés et mal aoûtés, plus aplatis que ronds, étranglés vers l'empatement, et garnis d'yeux peu apparents, et éloignés les uns des autres. La taille sera faite, comme pour toutes les productions fruitières, sur un œil à fruits, c'est-à-dire sur un œil arrondi.

Le cep est garni de coursons selon sa vigueur ; cependant, dans les contrées tempérées, il est avantageux de ne pas aller au delà de trois, surtout pour les ceps de chasselas : le bois et les fruits seront mieux constitués et plus aérés.

Formation du cep. *Première année, plantation* (*fig.* 292). — La vigne est taillée à deux yeux, hors de terre; il s'y développe deux sarments qui doivent végéter librement, accolés à un échalas, et sans être trop serrés.

Deuxième année (*fig.* 293). — On rabat sur le sarment le plus vigoureux, lequel est taillé à deux yeux, non compris celui de l'empatement. Pendant la végétation, on accole à un échalas, on ébourgeonne les brindilles, les vrilles et les ramilles anticipées ; on rogne à un 1 mètre et plus.

Troisième année (*fig.* 294). — Si le cep a poussé modérément, on taille, comme l'année précédente, sur un sarment ; et sur deux yeux, s'il est vigoureux. On forme les coursons avec les deux sarments, on les taille à deux bons yeux. Mêmes soins pendant la végétation que l'année précédente.

Quatrième année (*fig.* 295). — Les quatre sarments sont taillés à deux yeux. Si on ne veut former que trois coursons, on supprimera entièrement le sarment le plus faible.

Cinquième année et suivantes (*fig.* 296). — Le nombre des coursons n'est plus augmenté ; on rabat chaque année sur le sarment le mieux constitué et le plus rapproché de la souche ; pourvu qu'il ne soit pas sorti du vieux bois.

Nous avons supposé ici une variété de vigueur moyenne; pour les variétés vigoureuses, on fait les tailles à trois yeux, le premier œil étant alors infertile.

Arcure du sarment, *sautelle, long-bois* (*fig.* 297). — On profite quelquefois de la vigueur du cep, en conservant à la taille un sarment B supplémentaire, qui est taillé à 80 centimètres et incliné en arc, l'extrémité étant attachée à un échalas ou à un cep voisin. Cette sautelle donne des bourgeons fertiles sur toute sa longueur ; par suite de ce principe que, *sur un sarment parfaitement aoûté, plus les yeux sont éloignés de la base, plus ils sont disposés à fructifier.*

On ne conserve la sautelle qu'une année ; on la supprime à la taille rez le cep, ou mieux, avant la chute des feuilles ; car cette forte plaie, faite en février, laisse couler une quantité considérable de séve. On choisit sur le cep et sur un courson opposé, un nouveau sarment A, qui est à son tour taillé à 80 centimètres, et arqué en sautelle.

Pendant la végétation, on supprime sur la sautelle les bourgeons infertiles, puis on rogne les autres à trois feuilles au-dessus de la grappe, pour refouler la séve vers le cep, et hâter la maturité du raisin.

Il faut être prudent dans l'application de l'arcure ; trop multipliée, elle ruinerait en peu d'années les vignes de vigueur moyenne. On ne l'applique que sur les ceps déjà formés et bien constitués.

Ceps défectueux. — Les vignes qui ont perdu leurs sarments, soit par la grêle, soit par accidents, seront rabattues sur la souche ; celles à un seul courson, s'il est allongé à l'excès, seront rétablies par le recouchage. Celles à deux coursons seront rétablies à trois coursons, en profitant d'un sarment de côté qui sera taillé un peu long, pour rejoindre peu à peu les deux autres. Les ceps de mauvaise qualité, âgés ou ruinés, seront rajeunis par le provignage.

VIGNES EN CORDONS.

Les premières vignes appliquées contre une muraille furent établies comme ornement sur la façade de nos maisons ; ces vignes furent nécessairement dirigées en cordons pour garnir l'entre-deux des fenêtres ; de là l'origine de la forme en T appliquée à la vigne. Plus tard, quand on se mit à cultiver la vigne le long des murs du jardin, on la conduisit par habitude en cordons, quoiqu'il fût possible, sur ces murs pleins, d'appliquer une forme plus simple, puisque la vigne peut y être dirigée en tous sens.

On voit que la vigne en cordons horizontaux n'est pas une forme fondée sur le raisonnement et sur le mode de végéter particulier à la vigne, mais une disposition particulière ayant pour but de garnir la façade d'une maison; aussi cette forme est-elle loin d'être sans défauts; on voit, il est vrai, les cultivateurs de Thomery l'établir d'une manière admirable, mais ailleurs, les beaux modèles de cette forme sont assez rares. Elle est surtout convenable pour les murs élevés ; pour les murs ordinaires, elle sera avantageusement remplacée par une forme plus simple et plus prompte. A Thomery même, les meilleurs arboriculteurs la réduisent dans ses dimensions, et établissent à côté d'elle des formes moins compliquées.

Formation de la vigne en cordons. *Première année, première taille* (*fig.* 298). — Après la plantation, la crossette, ou la chevelée, sera taillée à deux yeux hors de terre, elle est alors à 40 centimètres du mur. Elle doit végéter librement la première année, ne supprimant que les vrilles; on s'appuie sur ce principe, que plus il y a de végétation, plus il se forme de racines, et plus la reprise est assurée. Un seul sarment conservé sur ce plant ne suffit pas comme végétation. De plus, si ce sarment vient à se briser, on n'a pas la ressource de tailler sur le second.

Deuxième taille (*fig.* 299). — Des deux sarments obtenus, on choisit le plus vigoureux, quand même ce ne serait pas celui de l'extrémité ; on rabat, dans ce dernier cas, le sarment G, qui se trouve au-dessus.

Couchage du jeune sarment. — On couche le sarment pour favoriser la formation de nouvelles racines qui se développent sur le jeune bois. On fait une petite tranchée de 15 centimètres de profondeur, à partir de la vigne jusqu'au mur ; on couche le sarment jusqu'à 8 centimètres du mur, puis on le taille également à deux yeux. (Si la vigne avait peu poussé, on remettrait le couchage à l'année suivante.) Pendant la végétation, les yeux donnent deux sarments vigoureux, on les laisse végéter librement sans les rogner; plus ils ont de longueur et par conséquent de vigueur, mieux la vigne sera constituée. On pince à deux feuilles les ramilles anticipées de la base; on supprime complétement les autres ainsi que les vrilles.

Troisième taille. — La taille est la même que la précédente : on conserve le sarment le plus vigoureux, on rabat le second G, puis on taille l'autre à 30 centimètres. A cette hauteur, on peut déjà former le T du premier cordon du bas. Les yeux

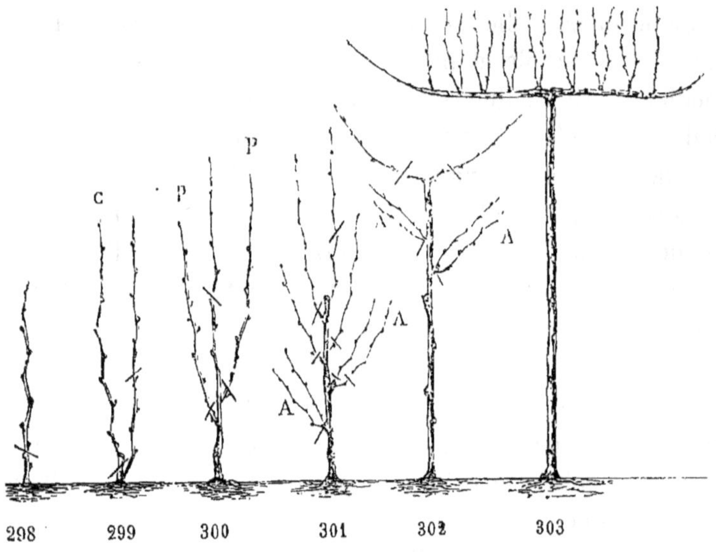

donnent trois sarments vigoureux et fertiles; on les palisse verticalement, puis on les rogne, assez tardivement, à 1 mètre et plus. Les ramilles sont pincées à deux feuilles et les vrilles supprimées.

Quatrième taille (*fig.* 300). — Chaque année on allonge la tige de la hauteur d'un cordon (50 centimètres) : cette longueur est convenable, si les sarments sont vigoureux. C'est ainsi que pratique M. Rose Charmeux, à Thomery. Quelques arboriculteurs ont conseillé de n'allonger la tige que de 25 centimètres chaque année, et attribuent toutes sortes d'avantages à ce procédé; il est vrai qu'une tige établie avec une sage lenteur sera mieux constituée, mais mettre dix ans pour former 2^m,50 de tige avec un végétal qui donne des pousses de 5 mètres et plus dans l'année, ne nous semble pas logique; à ce compte, le cordon supérieur ne serait pas établi avant dix-sept ans! Contentons-nous de gagner 2^m,50 en cinq années, ce qui ne paraîtra à personne un défaut de sagesse. Il est vrai que si on avait le tort grave de faire des tailles d'une longueur exagérée pour former la tige, on n'obtiendrait qu'une tige grêle, mal constituée, et un espalier sans vigueur; pour éviter ce défaut, on ne doit pas chicoter cette tige et mettre un temps tel pour l'établir, qu'il y ait de quoi dégoûter l'arboriculteur le plus patient.

Cinquième taille (*fig.* 301). — On conserve le sarment le plus vigoureux, quelle que soit sa position, pour continuer la tige; puis les sarments inférieurs sont taillés à deux yeux pour former des productions fruitières latérales; on rogne à 1 mètre et plus, puis on pince les ramilles anticipées et on supprime les vrilles.

On continue de même chaque année à gagner 50 centimètres, tout en formant sur la tige des productions fruitières latérales; la conservation de ces productions est indispensable pour assurer la bonne constitution de la tige; en effet, une tige établie en ne conservant que le sarment terminal serait maigre et mal constituée. On ne supprime ces productions latérales qu'au moment où elles s'épuisent par suite de leur position inférieure. Les supprimer pour donner de la force au sarment terminal, serait une erreur, puisque ce sarment prend une force suffisante à cause de sa position.

Formation du T (*fig.* 302). — La tige une fois constituée et arrivée à la hauteur voulue, on forme les deux cordons opposés. Plusieurs procédés sont usités; ceux qui consistent à se servir de deux yeux, en recourbant sur le deuxième, ont l'inconvénient de former des cordons inégaux, celui qui est formé par l'œil terminal prenant toujours trop de force.

Le procédé le plus parfait est celui imaginé par M. Rose Charmeux. En juin, on supprime l'extrémité du bourgeon sur un œil placé à niveau du cordon futur, ainsi que la ramille anticipée accolée à cet œil (*fig*. 304). On favorise la végétation du bourgeon qui s'y développe.

A la taille suivante, le sarment sorti du pincement est taillé presque sur l'empatement, sur deux yeux de sa base (*fig*. 305).

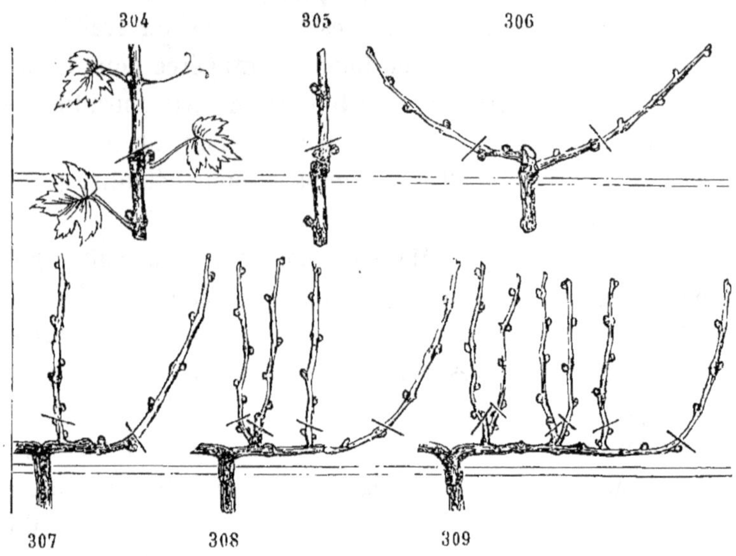

Il en sort deux sarments de force égale, qui sont palissés obliquement et forment les deux cordons (*fig*. 306).

Formation du cordon. — Une fois le T formé, on supprime toutes les productions fruitières A, qui se trouvent sur la tige, dans le but de concentrer la séve sur les cordons (*fig*. 302). Il s'agit alors d'établir un cordon et de l'augmenter chaque année d'une production fruitière placée à sa partie supérieure. En établir plus d'une chaque année affaiblirait la seconde production, la rendrait peu durable et laisserait bientôt le cordon dénudé.

En général, les productions fruitières se trouvent distantes entre elles de 15 centimètres environ. On doit donc chaque année tailler à 15 centimètres le sarment terminal du cordon.

La première taille se fait à trois yeux à partir de la tige. L'œil terminal pris en dessous, ou à défaut, de côté, est le plus convenable pour continuer le cordon en ligne droite et former également une bonne production fruitière placée immédiatement au-dessus (*fig.* 307).

Pendant la végétation, on palisse obliquement le sarment terminal ; on le rogne à 75 centimètres environ ; puis on pince à deux feuilles ses ramilles anticipées. Le sarment de dessus, qui forme la première production fruitière, est conduit comme nous l'avons dit plus haut, à l'article *production fruitière*. Les bourgeons qui se développent en dessous sont supprimés à l'époque de l'ébourgeonnement ou à la taille suivante, si on veut profiter de leurs fruits ; dans ce cas, on les pince à une feuille au-dessus de la grappe.

Les années suivantes (*fig.* 308 et 309), on gagne chaque année une production fruitière. Quand le cordon a atteint $1^m,35$ on ne l'allonge plus que de quelques centimètres. Si, avant de gagner cette longueur, on s'aperçoit que le cordon s'affaiblit, on ne gagne qu'un courson en deux ans, en taillant à 8 centimètres le sarment terminal.

Quand le cordon s'allonge trop, vieillit ou s'affaiblit, on le rapproche sur un sarment développé à la base d'une production fruitière vigoureuse, qui se trouve placée à moitié de la longueur du cordon; ou près de la tige, si on veut renouveler complétement le cordon. On a eu soin, pendant la végétation de ce sarment, de l'incliner obliquement, pour qu'il soit plus disposé, à la taille, à former le cordon. La vigne en cordon, une fois établie, présente la figure 303.

On doit éviter de se servir des yeux de l'empatement du sarment pour continuer la tige et les cordons, ou pour former les productions fruitières.

Cordons superposés, dits a la Thomery. — Cette forme offre d'assez grandes difficultés d'exécution. Les pieds de vigne sont espacés de 40 centimètres, puis on forme cinq cordons sur un mur de 3 mètres; le premier à 30 centimètres de terre, le second et les suivants espacés entre eux de 50 centimètres et le dernier à 50 centimètres du chaperon. Chaque cordon a deux fils de fer; un pour soutenir le cordon qui circule immédiatement au-dessus, l'autre placé à 25 centimètres au dessus, qui soutient les sarments.

Originairement, les cordons superposés garnissaient successivement la hauteur du mur; le premier pied de vigne formait

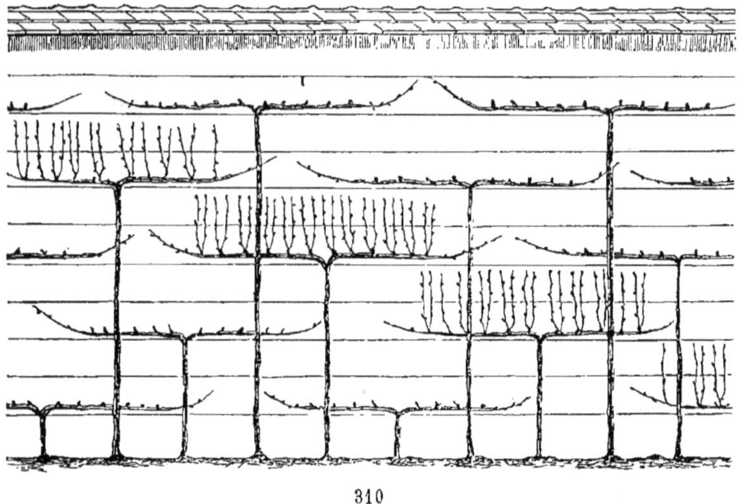

310

son cordon à 30 centimètres de terre; le second, à 50 centimètres au-dessus, et ainsi de suite jusqu'au cinquième. Alors on reprenait une nouvelle série de cinq cordons à partir de la base. On garnissait, de cette façon, le mur d'une manière convenable, mais on a ensuite remarqué que cette disposition avait l'inconvénient d'établir des cordons trop superposés pendant leur jeunesse, et que les supérieurs nuisaient aux inférieurs. M. Rose Charmeux a eu l'idée de les intercaler de deux en deux lignes (*fig*. 310), c'est-à-dire que, si le premier pied forme le cordon sur la première ligne de la base, c'est le troisième pied qui gagne la seconde ligne; le cinquième pied, la troisième ligne ; le septième pied, la quatrième ligne ; et le neuvième pied, la cinquième ligne. Une série de pieds numéros pairs, 2, 4, 6, 8, etc., occupent l'intervalle laissé entre la première série.

Cette disposition a l'avantage d'entre-croiser les cordons, de façon que les cordons en formation ne soient pas immédiatement établis les uns sur les autres.

De tout ceci, on voit que ce n'est pas une petite affaire de former une pareille treille, il faut du temps et du savoir-faire. L'avantage de cette forme est d'établir la vigne avec une sage lenteur et de la rendre par conséquent mieux constituée.

Ses inconvénients sont : d'être d'une grande difficulté d'exécution ; aussi voit-on peu d'espaliers, si ce n'est à Thomery, convenablement établis sous cette forme ; elle est lente à établir, et présente des tiges verticales dénudées ; ces tiges ne sont pas indispensables, puisque la vigne se garnit facilement de productions fruitières, à partir du collet des racines.

Cette forme exige l'établissement de cordons horizontaux. Nous avons dit que toute branche horizontale tend à dépérir : il en est de même pour la vigne, quoique à un moindre degré que pour les autres espèces fruitières. Il est vrai qu'elle développe des sarments horizontaux et même inclinés, avec une vigueur extrême ; mais ensuite le cordon de vigne horizontal est plus vite épuisé à cause de cette direction ; les productions fruitières placées sur sa longueur sont faibles, excepté celles qui se trouvent immédiatement au-dessus de la tige.

Un fait qui démontre que cette forme est défectueuse, c'est que, à demi formée, sa production diminue, au lieu d'augmenter ; le maximum du produit est obtenu quand la tige est complétement formée et qu'on s'occupe de former les cordons. Aussi, dans l'intérêt de la production, les cultivateurs de Thomery retardent-ils la formation des cordons et leur donnent-ils peu de longueur.

VIGNE VERTICALE.

Cette forme est plus simple que la précédente, mais elle présente cet inconvénient, que, par suite de la direction verticale, la séve se porte vers l'extrémité et abandonne les productions fruitières inférieures ; aussi, en réalité, une vigne verticale n'est-elle productive qu'à son extrémité, sur 75 centimètres de longueur environ, ce qui fait qu'un mur de 3 mètres n'est productif que sur 75 centimètres de surface. Il est vrai que pour racheter ce défaut, les 75 centimètres de l'extrémité des tiges donnent une fructification magnifique, mais les productions fruitières inférieures et latérales sont le plus souvent épuisées et ne donnent que de petites grappes. La vigne verticale ne convient donc que pour des murs d'une faible élévation.

On a cherché à garnir plus régulièrement la muraille avec des productions fruitières convenables, en rapprochant les tiges, et en leur donnant une hauteur inégale. Ainsi, au lieu d'espacer les tiges de 70 centimètres, espace voulu pour palisser les productions latérales, on les met à 40 centimètres seulement. La moitié des tiges ne dépasse pas la moitié du mur et garnit sa partie inférieure ; l'autre moitié, au contraire, garnit la moitié supérieure et n'a que des tiges dénudées sur la moitié inférieure du mur.

Ce système se rapproche beaucoup d'un mode particulier de conduite usité chez les maraîchers de Paris, pour garnir les murs peu élevés. Ils couvrent ces murs de tiges presque verticales irrégulières et assez rapprochées; puis, quand une tige âgée a atteint l'extrémité de la muraille, ils la suppriment rez terre, et la remplacent par une nouvelle tige qu'ils ont eu soin de faire développer à sa base par le recouchage de quelques vieilles tiges. On ne conserve que les meilleures productions fruitières de l'extrémité de chaque tige; les inférieures sont supprimées à mesure qu'elles s'épuisent.

Cette méthode ne forme pas un espalier régulier, mais nous sommes certain qu'avec elle on obtiendra une belle et abondante production ; il est vrai que les tiges ne sont pas régulièrement espacées et que les sarments sont parfois palissés en passant sur une tige voisine ; mais elle a l'avantage d'être d'une exécution facile et de renouveler continuellement les tiges ; renouvellement qui s'accorde avec le mode de végéter particulier à la vigne, et duquel on n'a pas tenu assez compte dans l'établissement des formes perfectionnées.

Pour établir cette forme, on plante à 40 centimètres, puis on monte chaque année les tiges en taillant quelques-unes courtes (à 20 centimètres), les autres longues (à 50 centimètres), pour les maintenir à une hauteur inégale ; les tiges courtes garnissant le bas du mur ; les longues, la partie supérieure. Quand les tiges commencent à s'élever et que la partie inférieure du mur se dégarnit de bonnes productions fruitières, on recouche de temps en temps quelques sarments vigoureux, qui filent dans les entre-deux des tiges, regarnissent leur base et les remplacent quand elles s'épuisent en atteignant l'extrémité du mur.

Avec ce mode de conduite de la vigne, l'espalier se trouve constamment rajeuni au grand avantage de la production. Une forme plus régulière serait-elle plus productive? Nous en doutons, après avoir vu les résultats respectifs; car il ne faut pas oublier que les raisins venus à la partie supérieure d'une tige verticale sont préférables à ceux venus sur la longueur d'un cordon.

On établit quelquefois des demi-murs garnis de vignes : cette méthode n'est pas avantageuse. L'expérience a démontré que la vigne n'y est pas assez aérée et que sa fructification est irrégulière. Il en est de même des murs de terrasses, toujours froids et humides : la vigne y donne peu de résultats.

VIGNE EN OBLIQUE.

Une étude des inconvénients des formes précédentes nous a amené à établir en 1853 une vigne en oblique avec cordons, supérieurs seulement. Elle consiste en une rangée de pieds espacés entre eux de 50 centimètres, dirigés obliquement, et garnis, à partir de leur base, de productions fruitières à sarments verticaux, occupant l'espace qui se trouve entre chaque cordon (*fig.* 311).

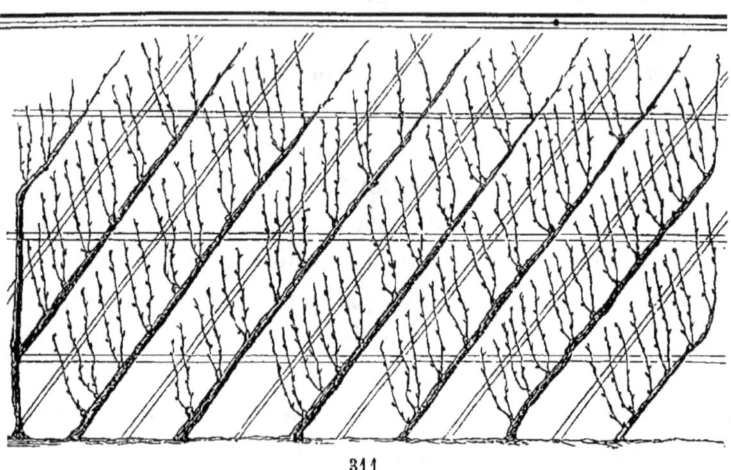

311

Le treillage est établi exprès pour cette forme: les lattes sont obliques, espacées entre elles de 25 centimètres, et supportées par des traverses horizontales espacées de 60 centimètres environ.

On plante ou on recouche la vigne, en l'espaçant de 50 centimètres; quand elle est arrivée au mur, on l'incline, puis on la taille à trois yeux (20 centimètres), et sur un œil en dessous de la partie inclinée. A la végétation, il se développe trois sarments: le terminal continue le cordon oblique dans le même sens. Il sera taillé à 1 mètre et plus, pour qu'il soit fortement constitué; celui en dessus est palissé verticalement, pour former la première production fruitière; il est rogné à 50 centimètres. Celui en dessous est coupé à deux feuilles au dessus de la grappe, puis supprimé rez tige à la taille, puisque cette forme ne conserve pas de productions fruitières en dessous.

Chaque année on taille tous les sarments terminaux, sur un œil en dessous, à 30 centimètres de longueur, pour obtenir deux productions fruitières en dessus. On peut en gagner facilement deux, puisqu'elles sont en dessus et qu'il n'y a pas de productions fruitières en dessous.

Pendant la végétation, on palisse obliquement le sarment vertical, on le rogne à 1 mètre et plus, puis on pince à deux feuilles les ramilles anticipées. Les productions fruitières en dessus seront palissées verticalement et rognées à 50 centimètres, celles du dessous seront, comme nous l'avons dit, coupées à deux feuilles au dessus de la grappe, et supprimées après la fructification; si elles étaient stériles, elles seraient retranchées complétement à l'ébourgeonnement.

On voit que la taille annuelle de la tige est faite plus courte que celle de la tige en cordons horizontaux; en effet, les productions qui se trouvent sur cette tige sont supprimées après deux ou trois végétations, tandis que les productions de la vigne en oblique doivent être parfaitement constituées, pour se conserver durables et productives.

Quand la vigne a atteint deux mètres environ de longueur, il est bon de tailler plus court, si on craint l'épuisement des productions fruitières inférieures. Une fois arrivé à 70 centimètres du faîte du mur, on n'allonge plus la tige que de quelques centimètres, en évitant de former de nouvelles productions fruitières.

Quand la vigne prend de l'âge, on la raccourcit de moitié, sur un bon sarment développé sur le corps de la tige; ce sarment est incliné dans le sens de l'ancienne tige, et la continue. Ce raccourcissement à moitié du cordon concentre la séve sur les productions fruitières inférieures, et leur donne une nouvelle vigueur.

La forme en oblique, dont les résultats sont maintenant constalés, est prompte et facile à établir. La taille est des plus simples, puisqu'elle consiste à allonger chaque année le cordon de 30 centimètres, et à ne conserver que des productions fruitières en dessus. Cette forme est d'un aspect agréable, le mur étant en peu de temps complétement couvert de feuilles; elle ne demande pas, comme la vigne en cordons, l'établissement de tiges dénudées, lentes à établir, et d'un aspect désagréable; elle n'exige pas non plus la formation du T, si rarement constitué dans nos jardins d'une manière convenable.

Les coursons de la vigne en oblique étant tous placés en dessus, avec sarments verticaux, la séve a donc une tendance à les favoriser, même ceux de la base.

Nous recommandons vivement cette forme pour les murs ordinaires, ainsi que pour les contre-espaliers.

VIGNE EN CORDONS ANNUELS.

Si un pied de vigne vigoureux est taillé très-long, tous les yeux se développent en bourgeons fructifères; aussi, à l'époque de la fructification, ces bourgeons seront chargés de grappes superbes; mais l'année suivante, par suite de cette fertilité exagérée, la vigne est épuisée, et ne présente que des cordons affaiblis et dénudés.

L'arboriculteur habile ne se laisse pas tenter par cette production exceptionnelle, gagnée aux dépens des années suivantes; cependant il profitera dans certains cas de l'excès de végétation. Ainsi on voit les vignerons conserver des longs-bois sur les pieds les plus vigoureux.

A la vue de la fructification exceptionnelle d'une vigne taillée momentanément longue, on reconnaîtra que pour elle, comme pour d'autres espèces d'arbres fruitiers, la plus belle et la plus abondante fructification se rencontre sur les parties jeunes et vigoureuses. Cette observation a donné l'idée de renouveler chaque année une partie de la charpente de la vigne. Ainsi, on a prôné dans ces derniers temps une méthode qui consiste à établir chaque année un nouveau bois, supportant toute la fructification, et à le remplacer tous les ans par de nouveaux sarments taillés en long-bois; mais cette méthode, bonne dans certains cas et anciennement pratiquée dans certaines contrées, a été poussée jusqu'à l'abus, au grand détriment des récoltes à venir.

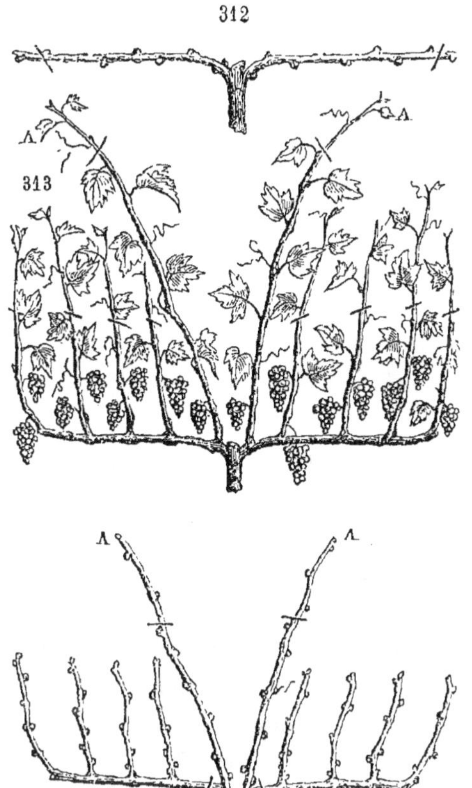

Nous n'avons pas encore vu la vigne en cordons annuels appliquée aux espaliers, si ce n'est chez un amateur habile, M. Basporte, d'Essonnes, qui, il y a dix ans, a soumis à un système analogue et parfaitement raisonné, un espalier de 80 mètres de longueur. Les résultats qu'il a obtenus sont admirables; aussi son espalier, pour la beauté et l'abondance de ses produits, n'est-il surpassé par aucune autre culture.

La vigne est établie en cordons superposés, selon la méthode de Thomery; seulement les cordons sont annuels. Une fois les T constitués, on incline horizontalement les deux sarments, puis on les taille sur cinq yeux, non compris ceux de l'empatement, mais y compris ceux du dessous. Cette longueur est suffisante; plus longue, la vigne serait affaiblie, et ne donnerait que de faibles sarments de remplacement (*fig.* 312).

Pendant la végétation, on palisse verticalement les sarments fructifères, on les pince à trois feuilles au-dessus des grappes ; puis on supprime les vrilles, ainsi que les ramilles anticipées (*fig.* 313).

Tous les bourgeons fructifères étant conservés, on doit relever ceux du dessous, pour qu'ils puissent être palissés verticalement en dessus.

On choisit en même temps deux sarments vigoureux A les plus rapprochés de la tige ; on les palisse un peu inclinés ; ils seront, dans ce cas, plus faciles à abaisser à la taille suivante, pour remplacer le cordon. On les laisse végéter librement assez tard pour les obtenir vigoureux, puis on les rogne à 1 mètre et plus.

Deuxième taille (*fig.* 314). On remplace les cordons B qui ont fructifié, par de nouveaux cordons A. On supprime les premiers rez les nouveaux cordons, on palisse ceux-ci horizontalement à leur place, puis on les taille de même à cinq yeux. Les tailles d'hiver suivantes, ainsi que les opérations d'été, sont faites de même chaque année.

En résumé, cette conduite de la vigne est simple et rationnelle, puisqu'elle se base sur le renouvellement annuel des cordons sur la tige qui les supporte ; mais avec cette méthode, il ne faut pas oublier que l'on n'évitera l'épuisement que par une taille et des pincements raisonnés. Nous engageons vivement à l'expérimenter. Les pratiques décrites ci-dessus ont du reste été longuement étudiées par M. Basporte ; nous-même l'étudions tout particulièrement depuis plusieurs années. Nous l'avons appliquée sur des cordons de vigne usés : les résultats obtenus ont dépassé notre espérance.

VIGNES EN BERCEAUX.

Excepté dans le midi de la France, la vigne en berceaux donne des raisins verdâtres et de qualité médiocre, puisque, se trouvant en dessous, ils sont naturellement privés de lumière.

La conduite de la vigne en berceaux est fatigante, l'entretien est dispendieux; de plus (et ceci compte pour beaucoup dans notre pays) ces berceaux ne sont plus de mode, ce qui les rend de jour en jour plus rares. Cependant, dans les petits jardins, ils donnent de l'ombre sans occuper le sol comme le font les arbres d'agrément.

On ne place plus maintenant les cordons de vignes au faîte de l'espalier, pour garnir l'espace entre les arbres fruitiers et le mur : ces cordons nuisent à ces arbres, en les privant d'air et de lumière.

Il est souvent avantageux de faire traverser le mur par des vignes plantées d'un côté pour former des cordons sur la partie opposée. Cette méthode convient pour les murs élevés, et permet d'utiliser des murs exposés au midi avec des vignes plantées au nord. Elles ont, dans certains sols, l'avantage de moins souffrir de la sécheresse que celles plantées contre un mur au midi.

RAJEUNISSEMENT DE LA VIGNE.

La durée d'un pied de vigne est pour ainsi dire infinie, puisqu'il a la faculté de se rajeunir en repoussant du collet des racines. Mais une vigne soumise à la taille s'épuise assez promptement, la séve refusant de circuler dans les coudes et les plaies formées par ces tailles accumulées. De plus, les coursons qui résultent du vieux bois s'allongent en excès et deviennent difformes. Il faut donc profiter de cette facilité de rajeunissement de la vigne, pour reformer les espaliers épuisés. On doit même ne pas attendre cet épuisement et rajeunir quand la production diminue.

La vigne se rajeunit complétement par le recouchage. Ce procédé donne d'excellents résultats: la première année, la vigne recouchée végète avec une vigueur prodigieuse et donne de fort belles grappes.

On enlève 15 à 20 centimètres de terre de l'espalier sur deux mètres de largeur, en évitant d'offenser les racines; puis on couche la vieille vigne, en raccourcissant le vieux bois, qui serait inutile à la formation de nouvelles tiges; les tiges une fois couchées, on les ramène sur elles-mêmes, pour que les sarments qui sortiront de terre puissent être rapprochés du mur. On fait en sorte qu'il y ait une certaine longueur du jeune bois couchée, pour qu'il s'y développe de nouvelles racines.

A mesure que la vigne est couchée, on la recouvre avec des terres neuves mélangées de gadoues et curures de fossés, puis on répand un fumier pailleux sur toute la surface du sol.

On rajeunit également la vigne en profitant des sarments qui se développent à sa base; on les marcotte pour qu'ils puissent former de nouvelles racines.

Si la tige de la vigne en cordons est saine, on rajeunira les cordons à leur base ou à leur moitié, en profitant d'un sarment vigoureux qui s'est développé sur la tige ou le cordon ; on incline ce sarment pendant la végétation, puis on rabat le cordon sur lui.

La terre d'un vieil espalier de vigne finit, dans certains sols, par être fatiguée de supporter si longtemps une même espèce : il est bon de regarnir le mur par des arbres nouveaux, des pêchers, par exemple.

MALADIES DE LA VIGNE.

Avant qu'une terrible affection vînt ravager nos vignobles, la vigne se faisait remarquer par sa belle végétation et sa rusticité; si quelques ceps étaient parfois atteints de chlorose ou de gerçure, ces cas étaient limités aux sols par trop contraires, et produits le plus souvent par une mauvaise culture. En effet, il faut que la vigne soit d'une constitution bien vivace, pour qu'elle puisse supporter les tailles accumulées faites sur son bois et souvent sans ménagement.

Gerçure. — Sur certains ceps, l'écorce se durcit , se gerce ;

la feuille devient rugueuse et le fruit se flétrit avant la maturité: ces ceps sont viciés dans leurs racines. Les vignerons les marquent pour les remplacer. Un sol contraire à la vigne peut produire cette maladie ; elle est plus commune sur les pieds provignés. En effet, le long-bois enterré finit par se désorganiser, et, dans certains cas, cause la ruine du cep. Nul autre remède sur les ceps qui offrent encore des ressources, que de renouveler la couche de terre jusqu'aux racines par des terres neuves, curures de fossés, etc.

Brulure, rougeau. — Les feuilles prennent une teinte rouge pourpre, nuancée de jaune, et tombent de bonne heure; la grappe est sujette à la coulure ou elle se dessèche. Cette maladie est la suite d'épuisement causé par la sécheresse ou par l'excès de fructification de l'année précédente. Remède : déchaussement du pied attaqué et apport de terres neuves.

Exostoses. — Il se forme souvent sur les ceps des bourrelets monstrueux et contournés qui gênent la circulation de la séve. On rajeunit le cep par le provignage, ou, s'il est encore jeune, on le rabat rez terre.

Oïdium tuckeri. — On ne sait que trop les ravages que produit cette affection. Au printemps, quand les bourgeons ont atteint 50 centimètres environ, on les voit se couvrir subitement d'une poussière grisâtre, qui est remplacée par des taches noirâtres ; la peau du raisin devient rugueuse, perd la faculté de se dilater et se fend ; la pulpe se racornit et le grain se dessèche avant la maturité.

On doit détruire le cryptogame avant son développement parfait, qui s'accomplit en peu de jours.

Deux procédés sont efficaces pour combattre l'oïdium : l'emploi du soufre et le rajeunissement de la vigne par le recouchage.

Un bon soufrage se fait en trois fois et à doses modérées : 25 kilogrammes à l'hectare dans les vignobles, 2 kilogrammes pour 100 mètres superficiels d'espaliers. Le soufrage doit être fait aussitôt l'apparition de la maladie et même préventivement ; plus tard, le mal est fait et le soufre n'y peut rien.

Le premier soufrage est préventif : il se fait sur les vignes qui ont été attaquées les années précédentes, et quand les bourgeons ont atteint 25 centimètres. Le deuxième soufrage, qui est le plus important, se fait quand la vigne est en fleur. Le troisième, quand le grain est noué et dans le cas où la maladie s'est franchement déclarée.

On projette le matin ou le soir par un temps sec une légère poussière de fleur de soufre sur toutes les parties de la vigne. Le soufflet à réservoir est le meilleur instrument, il projette le soufre légèrement et également partout. Il faut éviter de soufrer en excès et par un plein soleil : les grains se couvriraient de taches violettes et seraient en partie désorganisés.

La fleur de soufre, employée à propos, donne de bons résultats, mais ils seront plus assurés si la vigne est saine et vigoureuse. En 1854, nous avions dans notre jardin de Paris un espalier de 60 mètres, tellement attaqué, qu'il avait été laissé depuis deux ans sans culture. Un recouchage complet avec fumure en couverture donna des résultats excellents ; la vigne établie en oblique couvrait l'automne suivant tout le mur d'un feuillage superbe, et des grappes magnifiques garnissaient la base de chaque pied sans que le soufrage eût été employé.

L'Érinée de la vigne, ou mieillée ; affection qui est produite également par un champignon parasite, se présente sous forme de taches rousses et irrégulières placées sur la face inférieure des feuilles. Le soufre la combat efficacement.

Ortiage, ou cloque, causée par les variations de température au printemps.

En hiver, le verglas est funeste aux ceps, la neige les préserve des grandes gelées. Les gelées tardives sont désastreuses ; la vigne en espalier peut être garantie par des auvents ; quelques personnes ont obtenu de bons résultats, en arrosant avec de l'eau les ceps gelés avant le lever du soleil.

On peut également allumer des feux avec de la paille ou de l'herbe sèche : la fumée qui s'en dégage forme un rideau favorable ; certaines substances (telles que le goudron de gaz), projetées sur de la paille un peu humide et allumée, produisent une telle fumée, que nous croyons que quatre ou cinq feux pareils couvriraient d'un rideau épais un vignoble ou jardin d'une grande étendue. Un peu de dépense et de soins peuvent produire, dans ce cas, de grands résultats.

La taille très-tardive a été souvent conseillée, mais elle est bien affaiblissante. Si le long-bois est gelé, on le rabat sur les yeux de sa base.

La grêle détruit non-seulement la récolte présente, mais celle qui la suit; certaines vallées y sont plus exposées; on en connaît qui sont grêlées deux années sur cinq. Si le jeune bois est détruit, il vaut mieux rabattre le cep rez le sol, que de le raccourcir sur le vieux bois : on obtient alors, du collet, des sarments superbes au lieu de brins souvent chétifs. La pluie et les brouillards prolongés font couler la fleur.

INSECTES ET OISEAUX NUISIBLES A LA VIGNE.

Un certain nombre d'insectes sont le fléau de nos vignobles et espaliers :

Attelabe de la vigne, Ulberc (*Rinchites populi*), charançon vert, à reflets métalliques, de la classe des rouleurs de feuilles; paraît au printemps quand les bourgeons ont 20 centimètres environ. Il enroule la feuille et y pond; il en sort des larves qui rongent les bourgeons et les grappes. On enlève les feuilles enroulées; l'insecte parfait fait le mort et se laisse tomber à terre, au moindre bruit; on secoue le matin le cep sur un couvercle de carton ou un entonnoir de fer blanc.

Eumolpe de la vigne (*Eumolpus vitis*), écrivain, gribouri, petit hanneton brun et noir, qui attaque les bourgeons et les feuilles, et forme sur celles-ci des dessins imitant l'écriture. Sa larve est également funeste. Mêmes moyens de destruction.

Altise bleue de la vigne (*Altica oleracea*). Cet insecte fait de grands ravages dans les vignobles du Midi; il perce les feuilles de petits trous, celles-ci se flétrissent, ce qui cause le dépérissement du cep. Mêmes moyens de destruction.

PYRALE DE LA VIGNE (*Pyralis vitis*), ver blanc ou ver de l'été. Larve vert-jaunâtre, qui attaque les bourgeons naissants, feuilles et grappes. A la mi-juillet, elle se change en chrysalide dans une feuille enroulée ; quinze jours après, il en sort un petit papillon jaune, qui dépose ses œufs sur la surface lisse des feuilles ; en août, les œufs éclosent, il en sort des larves qui descendent sous la vieille écorce pour y passer l'hiver. On détruit cette larve en arrosant le cep en hiver avec de l'eau bouillante répandue avec une théière le long du cep sans craindre de nuire aux yeux de la vigne ; ce procédé efficace est usité dans le centre de la France.

Nous avons commencé l'année dernière à expérimenter l'emploi de l'eau bouillante pour détruire les insectes qui s'attachent à l'écorce du poirier, du pommier, etc., et nous engageons vivement toutes les personnes qui ont des arbres attaqués à faire de même, nous pensons que pour le tigre, le kermès, etc., ce procédé sera des plus énergiques.

TEIGNE DE LA VIGNE (*Cochylis omphaciella*), ver rouge, des plus redoutables, ayant deux générations. Il attaque la grappe au printemps et le grain en automne ; son papillon, jaune pâle, à bande brune, paraît en avril au crépuscule ; il dépose ses œufs sur les bourgeons et les jeunes grappes. Les larves éclosent à la floraison, attaquent les grappes et non les feuilles ; fin juin, elles enveloppent la grappe de fils soyeux, et se tranforment en chrysalide ; il se développe alors une seconde génération qui attaque le grain déjà gros ; puis l'insecte se réfugie sous la vieille écorce et passe l'hiver à l'état de chrysalide. L'eau bouillante détruit également ces larves, qui sont logées sous l'écorce en hiver.

COCHENILLE DE LA VIGNE (*Coccus vitis*), insecte à peu près de la forme d'une cloporte et de couleur brune. Il s'attache aux sarments et aspire la séve. On le détruit par l'eau bouillante ou en frottant les sarments avec un linge rude.

Les hannetons, à l'état parfait, dévorent les feuilles, et les racines, à l'état de larves. Faire passer des enfants le matin, avec un sac, pour enlever les hannetons engourdis sur les feuilles.

Les guêpes et mouches font un tort considérable aux espaliers : on couvre le raisin avec une toile claire de tenture ou des sacs quand il est presque mûr. On pose le long des espaliers des fioles ou verres à boire à demi remplis d'eau mieillée. Par un jour de soleil, on détruit de grandes quantités de guêpes en plaçant au pied de l'espalier des terrines en parties remplies d'eau et de lait. On retire de temps en temps les guêpes mortes avec une passoire.

On a soin, si on découvre un guêpier, de le détruire la nuit avec de l'eau bouillante, en le bouleversant immédiatement avec un bâton.

Les oiseaux : grives, merles, moineaux, etc., détruisent le raisin. On en diminue le nombre avec quelques coups de fusil, s'ils sont en excès ; mais il ne faut pas oublier que les trois quarts de l'année ces oiseaux purgent le jardin d'insectes nuisibles ; ce sont des serviteurs que l'on nourrit un ou deux mois dans l'année ; les insectes détruits par eux auraient fait bien d'autres dégâts ; certains jardins, où les oiseaux étaient constamment détruits, sont devenus peu productifs par la grande multiplicité des insectes.

Les épouvantails ne font qu'un effet momentané. On éloigne les moineaux de l'espalier en tendant quelques fils de coton blanc, ou bien en attachant à un bâton un peu incliné des morceaux de verre liés par le milieu ; agités par le vent, le choc du verre contre le bois fait un bruit qui éloigne les oiseaux.

DESCRIPTION

DES

MEILLEURS RAISINS DE TABLE

QUI ATTEIGNENT LEUR MATURITÉ AU NORD DE LA LOIRE.

C'est par milliers que se comptent les variétés cultivées dans les vignobles, mais quelques-unes seulement sont considérées comme raisins de table. Celles-ci doivent avoir la pulpe charnue et savoureuse, et mûrir convenablement chaque année; on fera bien d'y ajouter, à cause de leur beauté, quelques belles variétés du Midi. Celles qui atteignent leur maturité sous le climat de Paris sont plus nombreuses qu'on ne le pense généralement. Un amateur éclairé cultive à Chelles, près Paris, une superbe collection de 1,200 variétés de raisins; un grand nombre, même parmi celles d'Espagne, y viennent en parfaite maturité. Ce fait doit engager à mettre plus de diversité dans leur choix, sans pourtant oublier que le chasselas doit former la base d'une plantation. Les muscats n'étant pas généralement goûtés, on se contentera de quelques pieds des meilleures variétés : on se lasse du reste assez vite de leurs fruits, d'une saveur trop relevée.

VARIÉTÉS PRÉCOCES.

MAURILLON, Madeleine noire (Juillet).

Variété précoce et des plus fertiles. Sarments peu vigoureux et tachés de brun ; yeux peu écartés. Feuilles vert clair des deux côtés, de forme arrondie, et largement serretées; grappes nombreuses, petites, allongées; grains petits, peu serrés; peau épaisse, noire et fleurie; pepins gros; chair peu juteuse et de peu de saveur.

Cette variété, noircissant avant la maturité, paraît mûre quand elle est encore immangeable; aussi n'a-t-elle, comme précocité, que le faible mérite de servir d'ornement au dessert; plus tard, elle a une saveur douce, mais peu relevée.

PRÉCOCE DE SAUMUR (Juillet-Août).

Cette précieuse variété a le mérite d'être précoce et excellente; elle est nouvelle et peu connue; sa vigueur est moyenne; la grappe est assez grosse, le grain est blanc-verdâtre, peu charnu, juteux et d'une saveur des plus agréables.

MALINGRE (Août).

Variété estimable obtenue, vers 1840, par M. Malingre, jardinier à Neuilly, près Paris. Grappes moyennes, allongées; grains petits, ovales, jaune pâle et peu charnus; pulpe juteuse, sucrée et agréablement parfumée. Comme toutes les variétés précoces, elle doit être placée en espalier et au midi.

CAILLABAS (Août).

Parmi toutes les variétés de vignes collectionnées en 1800, à la pépinière du Luxembourg, celle-ci s'est distinguée par son mérite et sa précocité. Elle est fertile; les grappes sont petites, allongées; les grains, moyens et rouge clair.

PRÉCOCE DE KIENZHEIMS (Août).

Excellente variété, d'origine allemande. Grappes assez fortes et serrées; grains de la grosseur du chasselas, ovales, arrondis; peau fine, jaune-verdâtre, colorée de roux; pulpe peu charnue, juteuse, douce et agréable.

VARIÉTÉS DE MATURITÉ MOYENNE.

CHASSELAS DORÉ (Fin Août à Mars).

Cette variété est pour ainsi dire la seule qui paraisse sur nos tables ; elle doit cette préférence à une réunion de qualités qui la rendent supérieure à nos meilleures variétés.

Nous avons dit que le chasselas était inconnu du temps de C. Mollet, jardinier de Henri IV. Il est cité pour la première fois par Merlet, en 1665. M. Guillemot, bibliophile distingué, nous a affirmé avoir lu que cette variété aurait été expédiée du Piémont, par l'ambassadeur de Louis XIII. Ce qui donne du poids à cette assertion, c'est que le chasselas n'était pas cité avant cette époque. Nous l'avons souvent rencontré dans les vignobles des Alpes et particulièrement dans le Bugey.

Variété moyenne. Sarments forts, allongés, roux canelle et légèrement striés ; feuilles lisses, vert clair, à cinq lobes, profondément échancrées, serreture peu aiguë ; grappes moyennes, lâches ou serrées, légèrement rameuses et supportées par un long pédoncule ; grains ronds, vert et jaune doré, croquants ; peau fine, mangeable ; pulpe charnue, sucrée et exquise.

Quoique sucré, le chasselas n'a aucune qualité vinifère ; il est de tous les raisins celui qui supporte le mieux les terres fortes, humides et les expositions les moins convenables. En espalier, il peut réussir dans les contrées où le raisin ne mûrit pas en cep.

On connaît quelques sous-variétés du chasselas obtenues de semis ; mais le chasselas commun, convenablement traité, ne diffère en rien du chasselas renommé de Fontainebleau, qui n'est en réalité que le chasselas ordinaire bien cultivé.

On conserve quelquefois, comme curiosité, le cioutat à feuilles lacinées, variété médiocre de chasselas aux feuilles decoupées comme celles du persil.

CHASSELAS ROSE, CHASSELAS ROYAL (Septembre).

Variété de chasselas d'excellente qualité, moins parfaite, il est vrai, que le doré, mais qui tranche agréablement avec lui ; cette variété est plus tardive de quelques jours. Grappe moyenne, un peu allongée et peu serrée ; grains ronds, moyens, croquants ; peau un peu moins fine, rose nuancé ; pulpe charnue, douce et agréable.

CHASSELAS ROSE DE FALLOUX (Fin Août).

Superbe variété précoce du chasselas rose, obtenue par le docteur Bretonneau, de Tours. Elle est très-fertile ; la grappe est moyenne et peu serrée ; le grain est rond, gros, rose clair vineux ; le bois et la feuille sont pareils à ceux du chasselas doré.

CHASSELAS VIOLET (Courant de Septembre).

Variété de chasselas à grains moins gros que les précédentes. Elle se distingue par la teinte violette que prennent la rafle et les grains dès la floraison. Grains moyens, arrondis, rose violacé, striés de violet et teintés de vert ; pulpe croquante, assez sucrée, excellente, quoique un peu inférieure au chasselas rose. On cultive aussi un chasselas rouge, également de bonne qualité.

CHASSELAS MUSQUÉ, MUSCAT FLEUR D'ORANGE (Septembre).

Variété estimable et trop peu répandue ; elle est peu fertile. Sarments allongés et effilés ; grappe grosse et serrée ; grains moyens, mais moins arrondis que ceux du chasselas doré ; peau vert, terne foncé, croquante, épaisse ; pulpe douce, hautement relevée et musquée ; deux pepins par grains. Cette variété demande un sol sec et le midi.

GROS COULARD, Froc Laboulaye (Fin Août).

Superbe variété, fertile et des plus vigoureuses; sa qualité est parfaite les années chaudes. Le jeune plant est sujet à la coulure; aussi, pour avoir de belles grappes, doit-on greffer sur une souche déjà forte. Ce procédé permet, sous notre climat, d'obtenir de fort beaux fruits des variétés du Midi.

FENDANT ROUX, Tokai des jardins (Septembre).

Variété excellente, cultivée plus particulièrement dans le Midi. Elle est fertile. Feuilles à cinq lobes et légèrement serretées; grappes grosses ou moyennes, et un peu longues; grain moyen, rond et peu serré; pulpe croquante et de la saveur du chasselas.

SCHIRAS (Septembre).

Variété qu'il ne faut pas confondre avec un sirrah cultivé dans nos vignobles du Midi. Elle provient de pepins envoyés de Syrie au Jardin-des-Plantes, et remis au pomologiste Léon Leclerc, qui en obtint le schiras en 1830. C'est, entre toutes les variétés à grains allongés, celle qui mûrit le mieux sous le climat de Paris. Grappes longues, ailées; grains allongés, noir violacé; peu de chair, mais excellente saveur. Elle réussit mieux en contre-espalier, étant susceptible de couler à l'espalier.

MUSCAT NOIR DU JURA (Fin Août).

Un des meilleurs muscats connus, des plus précoces, et préférable au noir ordinaire; il est très-fertile. Le feuillage est côtelé et de grandeur ordinaire; la grappe est moyenne et serrée; grains ronds, moyens, noir foncé; pulpe délicate, juteuse et parfumée.

MUSCAT ARROYA (Septembre).

Excellente variété, introduite des Hautes-Pyrénées à la pépinière du Luxembourg ; elle s'y fait remarquer par ses bonnes qualités et sa maturité constante sous le climat de Paris. Sarments de longueur médiocre, striés et tiquetés de noir ; feuilles moyennes, peu découpées et assez courtes ; grains serrés, noir-bleuâtre et moins foncés que ceux du muscat noir ordinaire ; pulpe peu charnue et fortement musquée.

MUSCAT ROUGE (Septembre).

Variété fertile et de vigueur moyenne. Sarments jaune canelle rougeâtre, et finement striés ; feuilles découpées en cinq lobes, et largement serretées ; grappe longue, serrée, et de grosseur moyenne; grains moyens, arrondis, nuancés du rose au pourpre foncé ; peau ferme ; pulpe charnue, incolore, musquée et savoureuse. Les grains ne contiennent le plus souvent qu'un pepin. Elle mûrit facilement. On cultive également le muscat violet, variété de bonne qnalité, mais inférieure aux précédentes.

MUSCAT BLANC (Fin Septembre).

Variété délicieuse, productive, et plus vigoureuse que le chasselas, mais ses grains trop serrés la rendent susceptible de pourriture ; aussi mûrit-elle difficilement sous notre climat; on doit, pour cette cause, retrancher une forte partie des grains et l'extrémité de la grappe. Un châssis vitré, placé en août, lui est des plus avantageux. Sarments de grosseur moyenne et peu coudés; feuilles vert foncé, divisées en cinq parties très-prononcées; grappe allongée, non ailée et pointue; grains presque ronds, assez gros ; peau fine, jaune ambré ; pulpe croquante, blanc-bleuâtre, d'une saveur relevée, musquée et exquise.

MUSCAT D'ALEXANDRIE, PASSE-LONGUE MUSQUÉE (Octobre).

Magnifique variété d'apparat, qui ne mûrit, sous notre climat, que les années chaudes, et si elle est placée à bonne exposition. Elle est recherchée pour sa beauté. Si elle ne mûrit pas, elle est avantageusement utilisée pour les conserves et la pâtisserie. Sarments forts, de couleur blond canelle ; yeux écartés ; feuilles assez fines, vert clair, longuement pétiolées, profondément découpées, et à serreture aiguë. Belles grappes rameuses et peu serrées ; grains gros, ovales, vert-bleuâtre, tournant au jaune terne à parfaite maturité ; chair croquante, verdâtre, juteuse, sucrée et agréablement musquée. Le fruit imparfaitement mûr prend un goût musqué à la cuisson. Un ou deux pieds de cette vigne, placés contre une maison, en plein midi, produisent un charmant effet.

ASPIRAN GRIS (Mi-Septembre).

Variété d'une grande délicatesse, et parfaite pour la table et le vin. Elle est surtout cultivée dans le Bas-Languedoc, où elle tient le rang que le pineau tient en Bourgogne pour la production des vins fins. On la croit originaire d'un village de l'Hérault, nommé Aspiran. Grappe moyenne et peu serrée ; grains ovales, arrondis, rouge violacé et fleuris ; chair croquante, sucrée, fine et délicieuse. Elle perd un peu de son mérite au nord de la Loire.

CORINTHE BLANC.

Charmante variété, remarquable par la petitesse de ses grains. Sarments moyens ; feuilles assez grandes, vert clair, finement serretées et duveteuses en dessous ; grappe moyenne et allongée ; grains serrés sans excès, petits, jaune ambré fleuri ; chair fondante, douce et agréable. Le corinthe fait bon effet dans un dessert, et se mange à même la grappe ; la variété rose est un peu moins estimée.

FINTINDO (Septembre).

Variété à gros grains, d'origine italienne, qui ressemble au frankenthal, et mûrit parfaitement sous le climat de Paris. Grappes très-fortes et rameuses ; rafle très-mince ; grains gros, arrondis, violet foncé ; pulpe fondante, sucrée, très-juteuse ; peau fine ; pepins gros et allongés.

GROS GUILLAUME.

Une des plus belles variétés à gros grains, qui a souvent servi de modèle pour les tableaux de nos premiers peintres de genre ; introduite à la pépinière du Luxembourg, elle y a mûri parfaitement. Grappe forte et bien fournie de grains d'un beau volume ; ils sont ovale prononcé, diminuant vers l'attache ; peau épaisse, bleu-noirâtre et abondamment fleurie ; pulpe verdâtre, sucrée, douce et agréable ; deux ou trois petits pepins.

FRANKENTHAL (Septembre).

Cette magnifique variété est, après le chasselas, le raisin le plus cultivé comme raisin de table ; elle est originaire d'Allemagne, d'où on l'expédie en quantité sur les marchés de Londres ; elle est communément cultivée dans les serres du nord de l'Europe.

Sarments droits et forts, striés de lignes rouges ; yeux peu écartés ; feuilles grandes et fortes, vert foncé ; serreture inégale et aiguë ; grappe assez grosse, ailée et peu serrée ; grains ronds, légèrement ovales ; peau épaisse, pourpre brun, et noirâtre à la maturité ; pulpe légèrement croquante, juteuse, sucrée et agréable. Plus tardif de vingt jours que le chasselas, le frankenthal se conserve fort longtemps.

ŒILLADE, Boudalès (Septembre-Octobre).

Variété originaire des Hautes-Pyrénées, qui mûrit à bonne exposition sous le climat de Paris ; c'est une belle et bonne variété d'apparat. Elle est robuste, très-féconde et très-fertile. La grappe est forte, superbe, et peu serrée ; grains ovales, fermes et d'un beau violet ; peau fine ; pulpe croquante, fraîche, agréable et très-sucrée. Le grain est supendu par une rafle mince et longue. Il ne faut pas confondre cette variété avec le bordelas, ou verjus, variété à grosses grappes, dont on met un pied en espalier en plein nord, pour fournir la cuisine de verjus pour les sauces.

GROS GROMIER DU CANTAL (Octobre).

Superbe variété à grains énormes et rose violacé ; elle prend un assez beau développement en espalier, et sert d'ornement au dessert. Grappe assez grosse, élargie à la base ; grains très-gros, ronds, assez serrés, rose vineux ; peau ferme ; pulpe verdâtre, sucrée et peu relevée.

Un amateur, formant collection, peut encore cultiver au nord de la Loire : le malvoisie blanc, la panse jaune, le poulsard, le gros damas, la jouannen charnue, ou madeleine blanche à bordeaux, le chasselas de Candolle, celui de Duhamel, la douzanelle, le terret verdal ; ces deux derniers sont de délicieuses variétés du Midi. Le pedro ximenes, excellente variété espagnole, mûrit parfaitement à Paris.

Les variétés américaines cultivées en France sont : le catawba et l'isabelle ; elles sont à petits grains noirs avec saveur de cassis prononcée ; leur superbe feuillage et leur magnifique végétation les rendent (surtout l'isabelle) propres à garnir les berceaux.

CHOIX DES MEILLEURES VARIÉTÉS

POUR UN JARDIN AU SUD DE PARIS ET DANS UN SOL ASSEZ CHAUD ET BIEN EXPOSÉ.

2 Maurillon hâtif.
4 Précoce de Saumur.
2 Malingre.
2 Caillabas.
60 Chasselas doré.
4 — rose.
2 — — de Falloux.
4 — musqué.
2 Muscat arroya.
3 Muscat noir du Jura.
2 Muscat blanc.
2 Fendant roux.
2 Fintindo.
10 Frankenthal.
2 Corinthe blanc.
2 Œillade.
2 Gros guillaume.
1 Muscat d'Alexandrie.
1 Gros Gromier du Cantal.

DANS UN SOL FROID OU AU NORD DE PARIS.

Maurillon noir.
Précoce de Saumur.
Caillabas.
Précoce de Kiezheims.
Chasselas doré.
Muscat arroya.
Schiras.
Frankenthal en serre ou sous châssis.

LE FIGUIER.

Le figuier est originaire des rives de la Méditerranée, et plus particulièrement de la Grèce et de l'Afrique. Il fut introduit, dit-on, dans les Gaules par les Phocéens. L'empereur romain Julien cite avec intérêt l'industrie des habitants de Paris, qui cultivaient déjà le figuier et le préservaient des gelées en l'enveloppant de paille. On sait avec quel talent cette culture est conduite de nos jours à Argenteuil, près Paris.

La végétation du figuier est continuelle dans les pays chauds; sous notre climat, les premiers froids font tomber les feuilles et les fruits qui n'ont pas encore atteint leur maturité, les gelées le détruisent souvent jusqu'à la souche. On doit le préserver soit en l'enveloppant de paille, soit en enterrant ses branches. Ces pratiques forcent à maintenir les tiges dans des proportions réduites. Il n'en est pas ainsi dans le Midi et dans l'Ouest; le figuier n'y gelant pas, on l'abandonne à lui-même.

Les sols et expositions qui conviennent à la vigne sont également favorables au figuier, principalement les sols légers, terres de décombres, fonds de carrières abandonnées, terrains accidentés et même en forte pente. Il réussit surtout dans les cours pavées; il y est vigoureux et extrêmement productif. Les sols calcaires et granitiques lui sont particulièrement favorables. Il végète vigoureusement dans les sols froids et argileux, mais il y est infertile et sujet aux chancres. Le levant est l'exposition la plus favorable, quoiqu'il vienne bien au midi et au couchant; son bois supporte mal l'espalier, car il veut être complétement aéré; le fruit tombe s'il est privé d'air.

Le figuier se multiplie habituellement de drageons, marcottes et boutures; il se développe chaque année à sa base une quantité de drageons qui sont séparés de la touffe à l'âge de deux ans et mis de suite en place.

La marcotte se fait de préférence en panier : on recourbe en mars une pousse de deux ans, puis on enterre sa partie courbe; ayant soin de ne pas supprimer l'extrémité du rameau, on la détache en octobre du pied mère.

La bouture se fait avec un rameau bien constitué; en le détachant, on conserve un bout du bois de deux ans à sa base; les rameaux verdâtres sont mauvais, ils se dessèchent trop facilement. On préfère toujours former le sujet en place, parce que le figuier a le bois mou, ce qui rend sa reprise difficile.

VÉGÉTATION DU FIGUIER.

Cette espèce forme naturellement la touffe, puisqu'il se développe au collet des racines une quantité de drageons; si une forte tige s'est formée, le nombre des drageons diminue et la séve est absorbée par la tige qui forme alors un arbre assez élevé. Ce fait se rencontre plus communément dans le Midi, où l'absence des gelées permet au figuier de prendre de fortes dimensions.

Les bourgeons de l'année supportent les figues sur toute leur longueur. Ces figues se forment successivement à mesure que le rameau s'allonge; celles du bas sont plus tôt formées et mûrissent naturellement les premières, elles ont atteint toute leur grosseur quand celles de l'extrémité du rameau sont encore du volume d'un pois: ce développement successif des figues donne lieu à un fait remarquable; c'est que toutes les figues n'atteignent pas leur complet développement avant les premiers froids, surtout quand le figuier se trouve sous notre climat, où les figues venues les premières sur les bourgeons de l'année ne mûrissent que les années chaudes ; nous serions même le plus souvent privés de figues, sans le fait singulier que voici : celles qui se trouvent à l'extrémité du rameau sont peu développées par suite de leur formation tardive, quand les premiers froids arrêtent la séve du figuier; elles possèdent alors la faculté de se conserver sur le rameau et de reprendre leur développement au printemps. Toutes les figues au contraire qui ont atteint un certain développement se désorganisent par l'effet des gelées ou de l'humidité froide de l'hiver.

Les figues qui ont passé l'hiver mûrissent chez nous en juillet et prennent le nom de figues-fleurs : ce sont les seules qui mûrissent et atteignent tout leur développement. Dans le Midi, au contraire, ces figues-fleurs sont moins nombreuses et moins estimées que celles d'automne. Celles-ci, qui se trouvent sur les rameaux de l'année, atteignent leur maturité complète, à peine s'il reste quelques figues en bouton à l'extrémité des rameaux, qui passent l'hiver par suite de leur peu de dévéloppement et donnent l'été suivant une petite récolte de figues-fleurs. Cette singulière faculté que possède la jeune figue de passer l'hiver, s'explique par ce fait que la figue n'est pas un fruit proprement dit, mais un réceptacle ou support charnu qui contient les graines. On ne peut mieux la comparer qu'au disque charnu qui supporte les graines du soleil des jardins (héliante) ; ceci explique pourquoi, au contraire des autres arbres fruitiers, la greffe, la taille et la suppression des fruits du figuier ne produisent aucun effet sur la grosseur de ceux qui sont conservés. On remarque même que, *plus le figuier est couvert de fruits, plus ils sont gros*, *et plus leur développement est assuré*. De même, plus ses rameaux sont forts, plus ils sont fertiles, les brindilles et menus rameaux étant le plus souvent infertiles.

Conduite du rameau a fruits du figuier. — Sous notre climat, on soumet le rameau à fruits du figuier à une conduite, à peu de chose près, semblable à celle du rameau à fruits du pêcher, et cela dans le but de ne pas trop allonger ce rameau et de dégager les figues. Cette conduite est basée sur le remplacement.

(*Fig.* 315, rameau à fruits, première végétation). Ce rameau se développe sur les parties latérales de la tige ; les yeux de sa base sont simples et n'ont pas de figues accolées. Au-dessus du tiers inférieur, se trouvent les figues d'automne ; elles sont

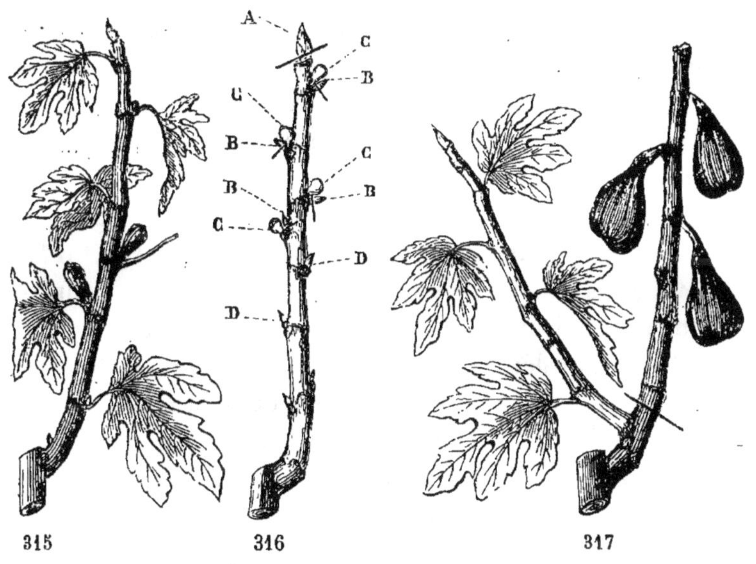

315 316 317

nombreuses et accolées à chaque œil au nombre de une ou deux, et diminuent de grosseur à mesure qu'elles se trouvent placées vers l'extrémité de la tige.

Les premiers froids arrêtant la végétation du rameau, les figues qui dépassent le volume d'un pois tombent avant l'hiver ; on doit avoir soin de les détacher à la chute des feuilles ; car, si elles pourrissaient sur la tige, il se formerait un chancre sur cette tige.

Au mois de mars suivant, le rameau a des yeux à bois à sa partie inférieure (*fig.* 316), puis les yeux D qui se trouvaient accolés aux figues d'automne tombées avant l'hiver ; plus haut et jusqu'à l'extrémité, il se trouve des yeux à bois B, accompagnés chacun d'une, plus rarement de deux figues-fleurs C ;

elles sont alors de la grosseur d'un pois; puis le rameau se termine par un œil à bois A.

La conduite de ce rameau à fruits est simple : elle consiste à *ne laisser que les figues sur le rameau, à partir de la première figue de la base ; il faut pour cela supprimer tous les yeux à bois qui se trouvent au-dessus de cette première figue de la base.*

Fin mars, on supprime l'œil terminal du rameau avec la serpette ; puis, quelques jours après, on supprime avec l'ongle les yeux à bois qui accompagnent les figues, quand on peut les distinguer de celles-ci. Cette opération se nomme œiltonnage à Argenteuil.

Par suite de la suppression des yeux à bois, les figues se trouvent placées sur un bout de rameau dénudé (*fig.* 317). La séve, alors refoulée, fait développer en rameaux de remplacement un ou deux yeux de la base, sur lesquels on rabat le bout de rameau dénudé qui supportait les fruits ; cette suppression se fait en août, après la récolte des figues.

Ainsi, par le retranchement des yeux, on a dégagé les figues d'un feuillage nuisible, tout en obtenant un rameau de remplacement à la base de celui qui a fructifié; le dégagement des fruits assure leur maturité ; de plus, ce remplacement du rameau fait qu'il ne s'allonge pas outre mesure chaque année, ce qui serait un inconvénient grave sous notre climat, où la nécessité de garantir les arbres des gelées fait qu'ils ne doivent pas prendre trop de développement.

S'il y avait à la base du rameau plusieurs bourgeons de remplacement, on ne conserverait que le plus fort, qui est généralement le plus fertile; les autres seraient supprimés avec le rameau qui a fructifié.

Les rameaux qui ne doivent pas servir au remplacement sont couverts de figues d'automne qui mûrissent quelquefois; on peut hâter leur maturité, en pinçant ces rameaux en juillet, au-dessus des trois ou quatre plus belles figues.

On comprend qu'il faut se garder de pincer et raccourcir les rameaux à fruits qui doivent servir au remplacement : on détruirait les figues-fleurs qui se trouvent à leur extrémité ; de plus, ce pincement fait pendant la végétation ferait grossir les boutons des figues-fleurs qui resteraient sur le rameau. On sait que, si elles sont trop grosses, elles tombent aux premiers froids.

Les rameaux infertiles seront taillés sur les premiers yeux de leur base, à 10 centimètres de longueur environ.

La figue violette, variété plus vigoureuse, ne sera pas conduite si rigoureusement : on risquerait de la faire couler. On laisse se développer à côté d'un des fruits, et vers l'extrémité, un seul bourgeon latéral, qui servira d'appel de séve et sera pincé à deux ou trois feuilles.

Pendant leur accroissement, les figues sont sujettes à tomber à demi formées ; jusqu'à la mi-mai, elles s'allongent peu et restent ternes, puis elles s'allongent subitement et prennent une belle teinte lisse et foncée ; une fois arrivées à ce développement, on n'a plus à craindre leur chute ; avant cette époque, on évitera tout ce qui peut la provoquer.

On ne doit pas labourer ni arroser le figuier avant le 1er juin : jusqu'à cette époque, les labours font couler la figue; il en est de même des arrosements, surtout quand ils sont trop copieux.

En juin, quand les figues se sont allongées, on donne un labour ; puis on fait un auget au pied de la touffe; on multiplie alors les arrosements ; les figues mûrissent successivement. On doit les cueillir de grand matin, à la rosée ; la veille de la récolte, on jette quelques seaux d'eau au pied de la touffe : le lendemain, les figues, au lieu d'être jaunâtres et flasques, sont fermes, savoureuses, d'un beau vert, et ne s'écrasent pas dans le panier.

On hâte quelquefois la maturité des figues en mettant, quinze jours avant cette époque, une petite goutte d'huile d'olive posée avec une paille fine sur l'œil de la figue au moment ou cet œil rougit.

Quelque temps avant la maturité, on retranche les feuilles qui sont trop rapprochées des figues : elles les privent d'air et les froissent par leur rude contact.

CONDUITE DE LA TIGE DU FIGUIER.—*Première année* (*fig.* 318). Un drageon se développe de la souche; il doit être fort et bien aouté pour former une belle tige.

Deuxième année (*fig.* 319). Le drageon de l'année précédente est laissé entier; son œil terminal le continue en se développant en rameau; les yeux latéraux donnent deux ou trois rameaux.

318 319 320 321

Troisième et quatrième année (*fig.* 320). L'œil terminal de la tige est laissé intact; les rameaux latéraux sont traités comme nous l'avons dit à l'article rameaux à fruits ; leurs yeux terminaux sont supprimés, ainsi que ceux qui accompagnent les fruits; les rameaux stériles sont taillés à 10 centimètres.

Quand la tige a atteint 2 mètres (*fig.* 321), on ne cherche plus à l'allonger ; on traite alors son rameau terminal comme une production fruitière ordinaire; jusqu'à cette longueur, on ne retranchait pas l'œil terminal de cette tige.

La tige du figuier commence à produire à quatre ans ; vers dix ans, elle prend trop de force et ses productions fruitières latérales commencent à s'épuiser ; on renouvelle alors la touffe avec les drageons qui se développent sur le collet des racines.

A la base des tiges, il se développe quelquefois des gourmands vigoureux, verdâtres et stériles ; on les supprime s'ils ne sont pas convenablement placés pour former une production fruitière ; on se garde de les couper rez la tige, on laisse un chicot de quelques centimètres qui sera supprimé l'année suivante : le bois du figuier étant mou, la plaie se dessécherait sur une certaine longueur et formerait un chancre.

Une tige de figuier ne doit pas se diviser : cette division aurait l'inconvénient de former des branches touffues et de longueur inégale. Il est préférable que toutes les tiges soient sorties de terre dans la même année.

Conduite des cépées du figuier. — On suit, à Argenteuil, deux modes de conduite de la cépée (touffe) du figuier : la cepée à une touffe inclinée d'un seul côté (*fig.* 325), et celle à quatre touffes se dirigeant dans tous les sens ; ce dernier mode est plus compliqué et vicieux, en ce sens que l'extrémité des branches se froissant avec les cépées voisines, le rude feuillage du figuier noircit le fruit et le fait tomber. Les figuiers établis sur une seule touffe inclinée dans le même sens sont plus avantageux et d'une formation plus simple.

On forme une figuerie dans un carré de jardin bien exposé ; on y plante au printemps ou à l'automne, dans un sol sec, une dizaine de touffes espacées entre elles de 3 mètres 50 centimètres ; les lignes étant distantes de deux mètres, on donne au terrain un bon défoncement de 60 centimètres, puis on plante deux jeunes sujets par touffe, en les espaçant de 25 centimètres (*fig.* 322).

Les racines du figuier aiment la chaleur et l'air : aussi doit-on planter peu profondément. On fait un bassin en bordure avec un ados de terre pour les arrosements ; cette méthode est préférable à celle qui consiste à planter les figuiers dans un trou ; on met un paillis l'année de plantation, puis on arrose abondamment pour faciliter la reprise.

Deuxième année (*fig.* 323). Fin mars, on recèpe le figuier rez terre. Cette opération fait sortir des racines plusieurs sarments vigoureux, on en choisit huit des plus beaux et d'égale longueur pour former la cépée (*fig.* 324) ; un plus grand nombre de tiges formerait une cépée trop touffue. (*Fig.* 325, cépée formée.)

Chaque année, du 1er au 15 novembre, on enterre la cépée ; on fait deux fosses parallèles, profondes de 30 centimètres, on lie les tiges par quatre, on les couche doucement dans ces fosses, qu'on recouvre en formant un ados de terre pour éloigner les eaux pluviales. On a soin de retirer complète-

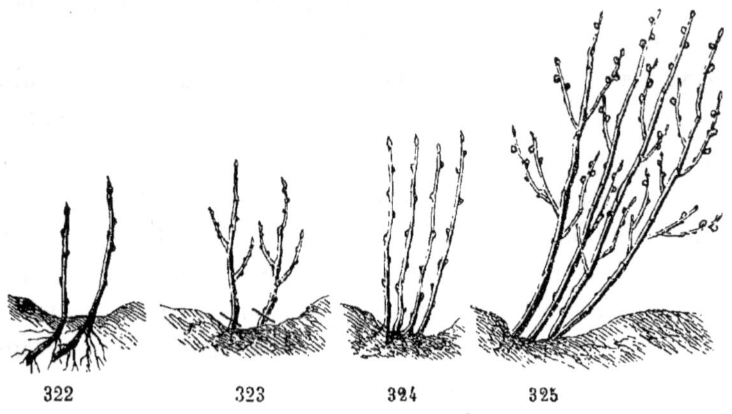

322 323 324 325

ment sur les tiges les feuilles et fruits d'automne qui ne sont pas tombés : ils occasionneraient la pourriture des rameaux en contact; la terre doit être également exempte de feuilles et paillis.

Le relevage du figuier se fait à partir du 25 février jusqu'au 5 mars, selon le temps ; les figuiers relevés trop tard ont une fructification moins belle et plus tardive; on choisit un temps couvert pour cette opération.

Par suite des couchages annuels, les cépées sont fortement inclinées ; cette inclinaison est favorable, la figue est moins exposée aux vents et profite de la réverbération du sol.

Figuiers empaillés. — On place souvent un figuier dans l'angle d'un mur au midi, puis on l'empaille chaque hiver ; mais cette opération est moins bonne que celle qui consiste à enterrer les tiges; souvent, par suite de l'humidité, l'extrémité des rameaux est détruite.

On dépaille par un temps couvert, de crainte de l'action nuisible du soleil qui frappe subitement les tiges étiolées.

Les cendres de bois et eaux de vaisselle répandues au pied du figuier donnent d'excellents résultats. Cet arbre est rustique, mais il est parfois couvert de chancres; on les enlève jusqu'au vif, puis on entoure les plaies d'onguent de Saint-Fiacre.

Les insectes nuisibles au figuier sont le kermès (*coccus*); cet insecte brun a l'apparence d'un cloporte, il se colle sur la tige et l'épuise en aspirant la séve. Un autre insecte du genre psyle fait tomber la figue encore jeune.

CHOIX DES MEILLEURES VARIÉTÉS DE FIGUES.

Dans le Midi, les variétés de figues cultivées sont innombrables; celles à fruits blancs sont préférées aux noires et violettes. Sous notre climat, on ne cultive que les suivantes :

Figue blanche ronde. — Bonne et productive sous le climat de Paris; elle est grosse, turbinée, à chair blanche, et mûrit en juillet; feuilles moins découpées que celles des autres variétés.

Figue blanche longue. — Plus grosse; d'une maturité plus tardive et moins fertile.

Figue angélique. — C'est une bonne et belle variété; feuilles étroites et très-peu découpées. Figues très-belles, pyriformes; peau jaune fortement tiquetée de points verdâtres; chair blanche teintée de rose. Cette variété est peu productive en été, mais les figues d'automne sont abondantes et mûrissent assez bien sous notre climat.

Madeleine. — Fruit oblong, peau grisâtre, chair blanche excellente; l'arbre est fertile et communément cultivé en Touraine.

Figue violette. — Feuilles moyennes, fortement découpées et à bordure crénelée ; fruit turbiné, violet foncé ; chair blanche teintée de rouge ; cette figue est plus tardive que la blanche, et lui est inférieure en qualité.

Figue violette de Bordeaux. — Variété très-fertile, à fruit allongé, violet foncé ; chair violacée, assez bonne, mais moins savoureuse que la blanche ronde, qui est la plus communément cultivée.

LE GROSEILLIER.

Trois espèces de groseilliers sont cultivées pour leurs fruits : le groseillier à grappes (*ribes rubrum*), le cassis (*ribes nigrum*) le groseillier épineux (*ribes uva crispa*). Ce sont des arbrisseaux indigènes et rustiques, leurs fruits sont agréables, rafraîchissants et surtout recherchés pour confitures et liqueurs.

Ces arbustes sont le plus souvent conduits dans nos jardins d'une façon déplorable et n'offrent que des tiges décrépites, hérissées de productions fruitières épuisées. Cependant les groseilliers ont la faculté de renouveler leurs tiges avec les drageons qui partent de leurs pieds, faculté précieuse si on sait l'utiliser.

Si on examine les différentes tiges qui se trouvent sur le groseillier, on reconnaît que celles d'un an sont blanchâtres et sans divisions, elles n'ont que des feuilles à leur première végétation. La deuxième année, ces tiges donnent quelques belles grappes sur le groseillier à grappes, et une quantité de fruits sur le groseillier épineux. La troisième année, la tige qui s'est divisée les donne en plus grande abondance et plus gros ; à quatre ans et plus, la tige forme fouillis et donne des produits plus faibles et moins beaux.

La nature indique donc quelle doit être la taille du groseillier : *supprimer chaque année les tiges, après leur troisième végétation, et les remplacer par de nouvelles tiges qui se développent au pied de la touffe.*

Avec ce mode de conduite, la touffe est plus vigoureuse et plus rapprochée de terre, les grappes sont plus belles, plus longues, plus fournies et d'une cueillette plus facile. Un arpent conduit d'après ce système par un amateur distingué des environs de Paris, a donné un produit de plus du double de celui des champs de groseilliers voisins. La beauté des fruits était telle que les confiseurs venaient acheter la récolte à l'avance, et la payaient un tiers plus cher par panier.

GROSEILLIER A GRAPPES.

Cet arbrisseau a une végétation vigoureuse, supporte tous les sols et les expositions les moins favorables, même celles qui se trouvent fortement ombragées ; cette rusticité permet d'utiliser des parties de terrains où d'autres plantations seraient improductives. Mais on ne peut pas comparer les produits de pareilles plantations avec ceux obtenus, dans un bon sol parfaitement aéré, des touffes régulièrement conduites.

Le seul mode de conduite du groseillier qui soit en rapport avec son mode de végéter est de l'établir en cépée constamment rajeunie : les tiges en boule et les pyramides de groseilliers finissent en peu d'années par faire fouillis, puisque ces formes ne sont pas établies selon le principe du rajeunissement des tiges ; aussi doivent-elles être considérées comme formes de fantaisie propres à orner les jardinets.

Les yeux qui se trouvent sur le jeune bois du groseillier sont simples, et contiennent en même temps les bourgeons et les fleurs accolées. Si les yeux se trouvent à l'extrémité d'un rameau, ils se développent à bois, rameaux ou brindilles ; s'ils se trouvent sur une portion du rameau moins favorisée, ils donnent une rosette de feuilles quelquefois accompagnée d'une grappe ; cette rosette forme une petite lambourde qui fructifie la seconde année ; elle se compose d'un œil terminal à bois, entouré de plusieurs boutons à fleurs, contenant chacun une grappe.

Les yeux simples qui se trouvent sur les parties d'une tige peu favorisée par la séve, et plus particulièrement ceux qui se trouvent le long des rameaux et brindilles latérales nés l'année précédente, sont à fruits et donnent une grappe solitaire, le plus souvent accompagnée de quelques feuilles ; l'œil terminal d'un rameau ou brindille est généralement accompagné de deux ou trois yeux rapprochés qui donnent une rosette de grappes.

On voit que sur le groseillier les yeux fructifient à la seconde ou à la troisième végétation du jeune bois qui les supporte ; il faut donc favoriser le plus possible le développement de ce jeune bois.

Conduite d'une tige de groseillier. — Un drageon se développe sur le collet des racines, ses yeux sont garnis d'un feuille

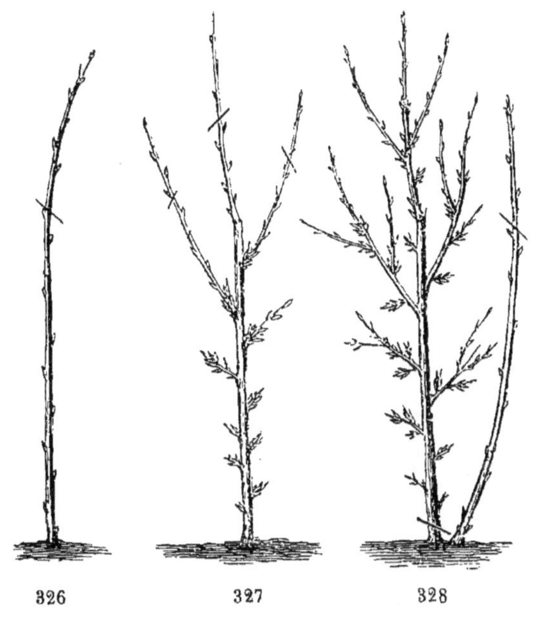

326 327 328

et son écorce est blanchâtre (*fig.* 324). On ne conserve que les drageons les plus vigoureux, puis on les taille très-long, à 50 centimètres.

Deuxième année (*fig.* 327). Le drageon forme une tige, les yeux de l'extrémité donnent des rameaux et brindilles, ceux en dessous donnent des rosettes de feuilles qui deviendront lambourdes; quelques yeux contiennent des grappes, ceux surtout du groseillier à fruits blancs.

Troisième année (*fig.* 325). La tige a des rameaux à bois à son extrémité, des brindilles plus bas et des lambourdes ensuite; tous les yeux qui se trouvent sur cette tige contiennent des grappes, excepté les yeux terminaux, qui sont à bois. Il faut donc se garder de trop rabattre les rameaux latéraux et les brindilles : ce serait sacrifier inutilement une partie de la fructification. On se contente de tailler à 15 centimètres les rameaux et brindilles qui dépassent cette longueur. Ceux qui sont plus courts seront laissés entiers, car ils donneront de belles grappes à leur extrémité.

Après la troisième végétation de la tige, on la rabat rez terre (*fig.* 328), puis on la remplace par un nouveau drageon sorti de la touffe. On peut conserver cette tige une année de plus, mais, dans ce cas, la fructification est moins belle et les drageons qui partent de la souche sont plus rares et moins vigoureux.

Formation d'une cépée de groseilliers. — Le groseillier se multiplie avec une extrême facilité ; le moindre bout de rameau, la moindre racine enterrée se développe et forme un nouveau sujet.

On le multiplie rarement de graines ; cependant, par ce procédé, on obtient souvent des variétés de choix ; on forme aussi de beaux sujets qui, à cinq ans, sont en pleine fructification ; celle-ci est égale en beauté et quantité à celle d'une bouture du même âge, et la touffe est plus belle. La facilité de multiplication par drageons, boutures et marcottes, fait qu'on néglige les semis.

Le *drageon* est enlevé sur le collet des racines, taillé ensuite à 30 centimètres et mis en place ou en pépinière pendant deux ans, si on ne veut pas occuper inutilement le terrain pendant ce temps. Ce sujet est d'une reprise facile, on le taille à trois yeux hors de terre.

Pour les sujets qui ne seront pas renouvelés constamment par leurs drageons et qui devront conserver leur tige, on préfère la bouture. Cette bouture est un rameau de deux ans, enterré à 20 centimètres de profondeur et taillé court. La bouture, drageonnant moins que les sujets venus de drageons, forme un sujet convenable et promptement fertile. Cependant, le drageon doit être préféré pour former la cépée.

On marcotte souvent le groseillier épineux, ce qui est facile, puisque les tiges s'inclinent vers la terre.

La greffe en écusson peut être employée avec succès pour multiplier les variétés épineuses, dites anglaises à gros fruits, dont on ne possède que peu de sujets.

La plantation du groseillier se fait à 1 mètre 50 centimètres entre les touffes; on plante deux drageons par touffe, en les

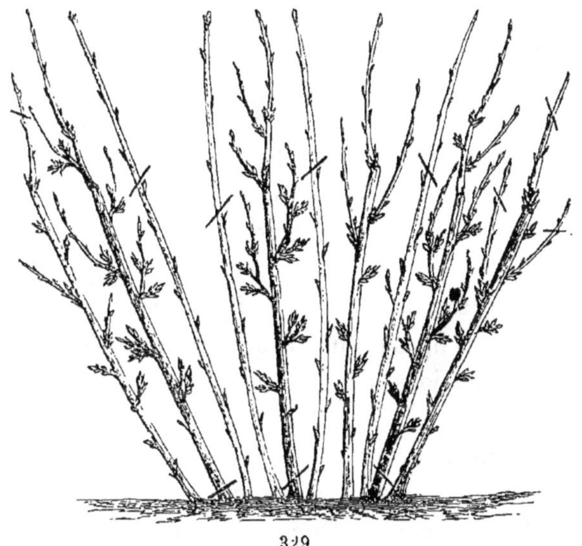

329

espaçant à 15 centimètres; on taille à quelques yeux hors de terre. La deuxième année ou la troisième, si le plant a poussé faiblement, on le recèpe complétement rez terre. Cette opération fait développer une quantité de beaux drageons vigoureux, préférables aux faibles tiges ramifiées qu'on aurait conservées sans ce recépage.

On choisit, en juin, sur la touffe, huit drageons vigoureux et convenablement espacés; puis on supprime les autres.

Chaque année, on forme huit nouvelles tiges et on les supprime quand elles ont terminé leur troisième végétation. Une touffe complétement formée (*fig.* 329) se trouve composée de huit drageons de l'année, huit tiges d'un an déjà fructifères et huit tiges ramifiées complétement fertiles. Ce nombre sera moindre si la touffe est faible ; plus forte, cette touffe serait trop épaisse et par conséquent peu aérée.

Touffe mal conduite. — S'il se trouve sur une touffe de groseillier des tiges trop âgées et des tiges plus jeunes, on supprime peu à peu celles qui sont âgées, puis on gagne chaque année huit nouvelles tiges. De cette façon, la tige se trouve complétement rajeunie en deux ou trois années.

CASSIS.

On cultive dans un jardin quelques pieds de cassis pour faire une liqueur avec leurs fruits. Cet arbrisseau a le bois plus fort que le groseillier à grappes et ne donne des fruits que sur les yeux qui se trouvent sur le bois de l'année précédente, sans en excepter l'œil terminal. Si on l'établit en cépée, les fruits seront plus beaux ; mais comme il drageonne peu, on fera bien de laisser les tiges jusqu'à la quatrième année, en formant quelques ramifications sur elles avec des rameaux latéraux taillés très-longs.

Le cassis demande un sol sec et une exposition chaude pour donner des fruits savoureux et propres à produire une liqueur parfumée. Aux environs de Dijon, des centaines d'hectares sont cultivés en cassis ; on lui réserve même les meilleurs coteaux, car on a reconnu que les sols qui donnaient les meilleurs vins étaient ceux qui produisaient les meilleurs cassis. Ces fruits utilisés pour la liqueur se vendent à un assez haut prix chez les distillateurs de Dijon, ce qui permet de leur réserver les meilleurs sols.

GROSEILLIER ÉPINEUX DIT A MAQUEREAU.

Ce fruit est peu estimé en France; il n'en est pas de même en Angleterre où le climat lui est très-favorable; aussi y est-il l'objet de soins particuliers. Des semis multipliés ont introduit dans les cultures des milliers de variétés dont les noms bizarres et les caractères peu tranchés ne nous permettent pas de les comprendre dans nos classifications; quelques-unes sont fort belles et excellentes; on les désignera simplement selon les caractères du fruit.

Le groseillier abandonné à lui-même ne donne que de faibles produits, difficiles à récolter à cause de la multiplicité des branches épineuses. Les drageons seuls, ou les forts rameaux venus à la base du vieux bois, se garnissent, à la deuxième végétation, d'une guirlande de gros fruits, isolés ou accouplés sur le même pédoncule.

Avec le fruit, il paraît fréquemment, sur le même œil, un bourgeon feuillu qui se développe en rameau, et le plus sousouvent en courte ramille. Cet œil est accompagné de un à trois aiguillons, qui finissent par tomber, quand la branche prend de l'âge. Les brindilles, ou lambourdes, qui se développent sur la tige de deux ans, fructifient à leur tour et se divisent en faibles productions, qui finissent par s'épuiser. La taille sera la même que celle du groseillier à grappes; seulement, les drageons seront taillés un peu plus longs.

Un terrain frais et fertile convient particulièrement au groseillier épineux. Ses drageons s'inclinant vers la terre, on fera bien, pour les belles variétés, de les attacher, dans toute leur longueur, à des petits tuteurs piqués au pied et inclinés obliquement dans le sens du drageon. Ces tuteurs forment une touffe évasée et rendent la cueillette plus facile. Cependant ils ne sont pas d'une nécessité absolue, et conviennent plutôt pour les petits jardins.

Certaines chenilles et larves d'insectes attaquent le groseillier et dévorent son feuillage, surtout celui du groseillier épineux, qui est parfois complétement dévoré par les larves vert clair du *tenthredo ribis*, mouche à scie. On saupoudre la touffe avec de la chaux en poudre, ou, à défaut, avec de la cendre. On peut également passer vivement sous les touffes fortement attaquées une poignée de paille allumée.

Le groseillier à grappes est également attaqué par les larves du *tenthredo capræ*, par les pucerons (*aphis ribis*), et par plusieurs espèces de chenilles.

CHOIX DES MEILLEURES VARIÉTÉS.

LE GROSEILLIER COMMUN A FRUITS ROUGES est la variété la plus cultivée et la plus méritante pour la table et les conserves. Elle fructifie surtout sur les lambourdes.

LE GROSEILLIER A FRUITS BLANCS est plus fertile et produit particulièrement sur les yeux du bois de l'année précédente.

GROSEILLIER A FRUITS COULEUR DE CHAIR. — Grains petits et d'une jolie couleur rose, même qualité que le rouge. On connaît également une petite groseille rousse, moins acide et estimée des confiseurs.

GROSSE BLANCHE TRANSPARENTE. — Longues grappes fort belles, grains perlé blanc, peu acides.

GROSEILLIER DE HOLLANDE A LONGUES GRAPPES. — Variété extraordinaire par la beauté et la longueur de ses grappes. Les grains sont gros, rouge clair, peu serrés, acides et d'assez bonne qualité.

GROSEILLE-CERISE. — Variété des plus vigoureuses ; bois et feuillage foncé, grappe forte, assez serrée, grains très-gros, rouge foncé, acides et peu sucrés.

CASSIS A FRUITS NOIRS. — Son fruit sert à faire le ratafia de ce nom. Il existe une variété peu méritante, à fruits blancs, ou plutôt d'un jaune terne.

CASSIS ROYAL DE NAPLES. — Origine inconnue : belle variété,

mise dans le commerce par A. Leroy, célèbre pépiniériste d'Angers. Rameaux forts et largement marbrés ; feuilles grandes ; grappes courtes ; fruits de bonne qualité, doux et agréables à manger ; grains plus gros ; feuilles et fleurs plus précoces ; maturité plus tardive.

Groseillier épineux. — Les variétés anglaises sont innombrables. Nous avons cultivé une collection de ces variétés portant des noms tels que crown-bob, wellington-glory, etc. Nous nous sommes ensuite contenté de les désigner par la couleur et la forme du fruit. Nous citerons, parmi les meilleures, les grosses rouges rondes et longues à fruits lisses ou hérissés ; les grosses vertes longues et rondes à fruits lisses ou hérissés ; les jaunes ambrées et les violettes, généralement de moins bonne qualité, surtout ces dernières, qui sont souvent insipides.

LE FRAMBOISIER.

Le framboisier est, comme le groseillier, relégué le plus souvent dans les plus mauvais coins du jardin, où on l'abandonne à lui-même ; ses tiges accumulées y sont privées d'air, aussi ne donnent-elles que quelques fruits sans parfum et en partie avortés ; cependant, convenablement traité, il peut encore donner de bons produits dans les sols un peu ombragés ; mais ce n'est que dans un sol propice, frais, substantiel sans être froid et parfaitement aéré, que le framboisier donnera ses fruits en abondance et hautement parfumés.

La culture du framboisier est des plus simples, sa conduite doit se baser sur le mode de végéter qui lui est propre. Ses tiges sont bisannuelles, elles sortent des racines au printemps, atteignent dans l'année 2 mètres en moyenne, fructifient l'année suivante et meurent ensuite en hiver. Quelques variétés donnent des fruits en automne, à l'extrémité des tiges de l'année ; on les dit de deux saisons.

Conduite d'une tige. — *Fig.* 330, A, un drageon se développe sur le collet des racines ; B, il est droit, lisse, blanchâtre et garni de feuilles sur toute sa longueur. C, au printemps suivant on le taille à 80 centimètres, à la moitié environ de sa longueur ; on le taille plus court s'il est faible. D, à 80 centimètres, les tiges donnent de beaux fruits et en abondance. Une taille plus longue ne donne que des productions affaiblies; plus courte, les fruits sont peu aérés, moins nombreux et salis par la terre. Après la fructification de la deuxième année, les tiges E se dessèchent jusqu'à rez le sol et sont remplacées par les drageons qui se sont développés à leur pied l'année de fructification.

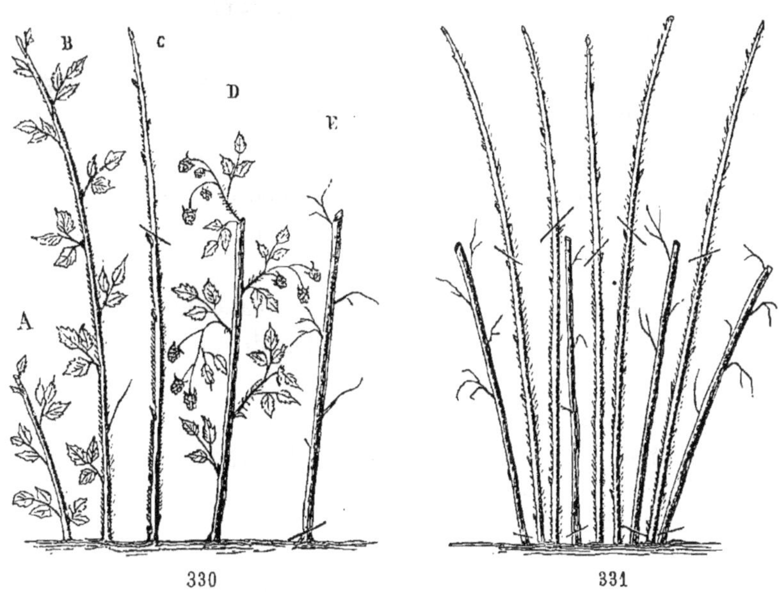

330 331

PLANTATION. — En arboriculture, les modes de conduite les plus simples et les meilleurs sont ceux qui s'accordent le mieux avec la végétation du sujet. Ainsi, le framboisier forme naturellement la touffe; il sera de préférence conduit sous cette forme. On plante le framboisier sur un labour à plat et en lignes espacées de 1 mètre 33 centimètres, les pieds étant espacés de 1 mètre dans la ligne. On met deux sujets par touffe, on les incline dans un auget de 15 centimètres de profondeur, puis on le taille à 30 centimètres. On multiplie le framboisier par division des touffes, chaque tige formant un sujet.

Quand la touffe est établie, il se développe chaque printemps à son pied un grand nombre de drageons, dont on ne conserve que six des plus vigoureux, puis on supprime les autres, fin mai. Une touffe complète présente, à la taille d'hiver, six tiges de l'année, qui sont taillées à 80 centimètres, et six tiges sèches, qui sont supprimées rez terre (*fig.* 331).

On plante quelquefois le framboisier en lignes continues supportées par des lattes ou fils de fer horizontaux : cette méthode est défectueuse et les supports sont inutiles. Une ligne continue est mauvaise, soit pour la vigne, soit pour le framboisier ; elle porte obstacle aux rayons du soleil et à la circulation de l'air. Un cep ou touffe reçoit, au contraire, le soleil de tous côtés ; de plus, il est inutile d'attacher le framboisier à un support ; sa tige est ferme et droite, à son point de départ, elle supporterait plutôt le tuteur que d'être supportée par lui.

Une litière de feuilles sèches répandue au pied des framboisiers produit d'excellents effets ; elle maintient la fraîcheur du sol et favorise la grosseur des fruits. Une plantation de framboisiers épuise le sol ; aussi doit-on la détruire au bout de sept à huit ans, quand ses produits diminuent, et la remplacer par une autre culture.

Une punaise des bois attaque parfois les framboises et leur communique une odeur désagréable.

CHOIX DES MEILLEURES VARIÉTÉS.

On estime peu celles qui sont en cône allongé ; les rouges ont plus de parfum que les jaunes ; celles-ci ne sont cultivées que pour varier. Le parfum de la framboise faisant son principal mérite, les fruits de deuxième récolte sont peu estimés et ne valent pas le plus souvent la peine d'être cueillis ; on ne cultive ces variétés que dans le cas où leurs fruits d'été sont méritants. Parmi les meilleures variétés sorties des framboisiers communs et des Alpes, on distingue :

Belle de Fontenay ou Victoria. — Tiges naines, rougeâtres, aiguillons courts et peu nombreux, fruits rouges superbes, coniques ; donne deux récoltes.

Double bearing. — C'est la plus belle des variétés bifères ;

sa fructification ne s'arrête qu'aux gelées; fruits gros, ronds, rouges; elle est très-productive.

Fastolf. — Superbe variété anglaise obtenue par le major Lucas en 1827, à Filby house Yarmouth. Tiges vigoureuses, branchues, brun-jaunâtre; aiguillons fins; feuilles cotonneuses en dessous; fruits très-gros, coniques, presque arrondis, de bonne qualité.

Merveille des quatre saisons a fruits blancs.—Variété au feuillage étoffé; fruits blanc-jaunâtre, coniques, superbes et savoureux. Il existe une variété du même nom à fruits rouges, qui lui est inférieure.

Jaune d'Anvers. — Très-fertile et estimée; tiges grêles, chamois grisâtre; aiguillons serrés; feuilles vert clair; fruits gros, coniques, jaunes, excellents et agréablement parfumés. La variété à fruits jaunes dite du Chili lui est inférieure.

ESPÈCES FRUITIÈRES QUI NE SE TAILLENT PAS.

AMANDIER.

Cet arbre prend de grandes dimensions et veut végéter librement. Il ne doit être planté sous notre climat que dans les sols chauds, sablonneux et calcaires ; son produit est faible, sa fleur, trop hâtive, étant très-sensible aux gelées. L'amandier à coque tendre est la seule variété cultivée sous le climat de Paris.

COGNASSIER.

Cet arbuste donne son fruit à l'extrémité des pousses de l'année précédente : on se contente de lui donner une forme arrondie en demi-tige, dans sa jeunesse, et d'élaguer les branches qui forment fouillis ; on éloigne cet arbre des habitations, à cause de l'odeur forte de son fruit. On choisit de préférence le cognassier de Portugal, à saveur douce, et le cognassier d'Angers ; ces deux variétés, surtout la dernière, sont propres pour les gelées de coings.

NÉFLIER.

Se greffe sur aubépine et se met dans un coin inutile du jardin ; il ne se taille pas ; ses fruits sont placés à l'extrémité des rameaux de l'année précédente ; on le conduit en demi-tige à tête arrondie. La variété à gros fruits est préférable.

RÉCOLTE ET CONSERVATION DES FRUITS.

Vainement, par une taille raisonnée, obtiendrait-on des fruits de choix, si on négligeait les soins propres à les conserver et à les obtenir à leur point parfait de maturité. Les fruits doivent être cueillis par un temps sec, le matin après la rosée ; les figues seules seront cueillies à six heures pendant la rosée, elles seront plus fermes. Les fruits rouges d'été gagnent à être cueillis au point parfait de maturité ; un peu plus tôt s'ils doivent servir pour conserves. On les tient dans un cellier frais et non éclairé.

Les abricots, pêches, poires et pommes d'été, deviennent pâteux s'ils achèvent leur maturité sur l'arbre, on les cueill avant cette maturité pour qu'ils puissent l'achever au fruitier. Les prunes doivent être cueillies complétement mûres ; quelques variétés gagnent même à se flétrir sur l'arbre. La pêche cueillie verte se gâte au fruitier sans mûrir.

Les poires d'automne et celles d'hiver sont cueillies quand elles ont atteint toute leur grosseur, quand elles sont colorées et lorsque la peau prend une teinte vert-jaunâtre au point d'attache du pédoncule. Plus leur maturité est tardive, plus on retardera la récolte ; les doyennés d'hiver, bon-chrétien, bergamottes-esperen, etc., seront cueillis presque à la chute des feuilles. Il est facile de voir les bons effets de cette récolte tardive par la bonne mine des fruits qui, parfois, sont oubliés sur l'arbre.

Il est mauvais de cueillir tous les fruits de garde d'un jardin le même jour, et à époque fixe. On se hâte, les fruits sont froissés ; étant ou trop mûrs ou trop verts, ils ne se conservent pas et se pourrissent dans le fruitier, ceux cueillis trop tôt se flétrissent sans mûrir.

Il vaut mieux récolter chaque matin un ou deux paniers de fruits, en choisissant les plus colorés, ceux qui annoncent par leur teinte qu'ils ne gagnent plus à rester sur l'arbre. Il faut surtout se garder de cueillir en une fois tous les fruits d'un poirier, prunier et abricotier, puisqu'il se trouve sur l'arbre des fruits mûrs et des fruits verts. Les fruits de la partie supérieure d'une pyramide mûrissent plus tôt et sont toujours plus colorés. On garnit de feuilles recouvertes d'une serviette un panier large et peu profond. On se sert en outre d'un petit panier garni de papier et muni d'un crochet de fer pour le suspendre à l'échelle ; on le tient de la main gauche, on cueille les fruits un à un, puis on les place dans ce petit panier, qui, une fois rempli, est déversé fruit par fruit dans le grand panier.

332

Pour cueillir une poire, on la saisit d'une main, on appuie l'index sur le point d'attache de la queue, on lève le coude, et le fruit se détache sans efforts. Si les poires sont groupées, on se sert des deux mains, empêchant ainsi la chute d'un fruit avec la main gauche, pendant qu'on détache l'autre fruit avec la droite. Très-souvent si on détache un fruit d'un bouquet, les autres tombent à terre.

La récolte des fruits se fait au moyen d'une échelle de 3 à 4 mètres, très-légère et très-étroite, soutenue par un chevalet, maintenu par trois traverses. Celle du haut dépasse l'échelle. Les échelons sont de 25 centimètres de largeur, écartés entre eux de 33 centimètres, aplatis, renflés et larges de 5 centimètres pour ne pas fatiguer la plante des pieds. Cette échelle est excellente pour la taille des grandes pyramides (*fig.* 332).

On se sert également d'un tabouret pour les arbres peu élevés.

CONSERVATION DES FRUITS.

Le fruit n'a de mérite que si sa maturité arrive à l'époque normale propre à la variété. S'il mûrit trop tôt, il est cotonneux (ce fait se présente pour les fruits piqués des vers ou venus sur des arbres malades). S'il mûrit trop tardivement, il n'a conservé aucune qualité. On a pu, par divers procédés, retarder de beaucoup la maturité de certains fruits, mais leur chair n'avait aucune saveur. Il faut donc avoir pour but d'obtenir des fruits atteignant parfaitement leur limite de maturité normale.

Les conditions pour qu'un fruit puisse se conserver sont : que le milieu dans lequel il se trouve ne pèche ni par excès ni par défaut de chaleur et d'humidité, et qu'il soit privé de la lumière qui hâterait cette maturité ; de plus, on doit faire en sorte que l'air qui l'environne ne soit pas renouvelé, le fruit dégageant de l'acide carbonique favorable à sa conservation.

Une chambre froide située au nord, entourée d'autres chambres à droite et à gauche, n'ayant de fenêtres que d'un côté ; placée au rez-de-chaussée, si la maison est construite sur un sol sec, ou au premier, si le sol est humide : telles sont les conditions pour un bon fruitier ; mais la plus importante, c'est qu'il soit *placé dans un corps de bâtiment habité* et assez loin des pièces à feu. Des rideaux ou volets intérieurs toujours fermés, hors le temps de la visite, garantiront de la lumière et du froid.

Dans une cave saine et à une température basse, les fruits se conservent bien, mais ils ont peu de qualité. Les habitants de Montreuil, qui fournissent Paris de fruits superbes jusqu'en mai, ont leurs fruitiers dans une chambre froide au premier étage. Pendant les grandes gelées, on met dans ce fruitier une petite terrine remplie de poussier allumé ; il faut le lendemain laisser la porte ouverte pendant la visite, de crainte d'asphyxie.

La nécessité journalière de visiter et voir tous les fruits d'un seul coup d'œil fait que l'on doit préférer les tablettes de bois superposées, couvertes de sable fin, placées le long du mur ou mieux au milieu de la chambre ; on doit rejeter les tiroirs, boîtes, etc.; le maniement de ces tiroirs secoue les fruits et les froisse.

On doit surtout éviter de toucher et essuyer les fruits. A leur entrée au fruitier, ils ont quelquefois une température plus basse que l'air environnant, et se couvrent alors d'humidité comme le ferait une carafe d'eau froide apportée dans une pièce chaude; on ne rangera ces fruits humides que quand ils seront ressuyés.

On a proposé d'enlever l'excès d'humidité d'un fruitier en y plaçant du chlorure de calcium, sel absorbant le double de son poids d'eau. On comprendra que ce procédé ne peut produire d'effet sérieux; les murs et le sol humide du fruitier dégageant continuellement de l'humidité dans l'air de la pièce, ce dégagement serait d'autant plus considérable que l'air du fruitier deviendrait momentanément plus sec.

On place les fruits sur les tablettes, debout, sans qu'ils se touchent; il faut éviter de les poser sur le bois, ils se tachent au point de contact; de plus la planche de sapin leur communique son odeur résineuse. Le sable fin et sec est excellent, les fruits se flétrissent moins que sur le bois ou le papier.

On fait un choix des plus beaux fruits tardifs, puis on les enveloppe de papier gris ; ils se conservent parfaitement et restent lisses ; de plus, la privation de lumière leur fait prendre une belle couleur d'or, surtout la pomme de calville.

Les raisins venus à la partie supérieure de l'espalier sont

d'une conservation plus facile. On cueille les grappes par un temps sec, puis on les étend sur des tablettes, sur de la fougère, ou du papier. On fait de temps en temps une visite pour retrancher les grains pourris. Un procédé de conservation connu depuis quelques années, donne d'excellents résultats, il consiste à cueillir la grappe avec son sarment, en conservant à celui-ci deux yeux en dessous et trois yeux en dessus de cette grappe. On plonge le bout de sarment dans une fiole ou bouteille pleine d'eau : la grappe se conserve fraîche jusqu'en mars.

Les fruits qui doivent voyager sont mis, lits par lits, dans du regain de foin; la paille ne vaut rien. Les fruits délicats sont enveloppés de papier. Les fruits rouges, les abricots, prunes et raisins, sont mis en panier, et par petites quantités, ou bien dans des caisses plates garnies de papier.

NOTES OMISES DANS LA PREMIÈRE PARTIE.

POIRIER.

Si le poirier est surchargé de boutons à fleurs, et si sa végétation est peu vigoureuse, on ne conservera qu'un seul bouton à fleurs, prêt à fleurir, au lieu de deux, sur chaque production fruitière.

PYRAMIDES AGÉES ET DÉFECTUEUSES. — Elles présentent souvent des branches trop nombreuses, fortes et vigoureuses dans le haut, faibles et moins longues dans le bas. On rétablit l'équilibre en retranchant rez la tige les fortes branches du haut, en ne conservant que les faibles; puis on retranche les branches faibles du bas, en ne conservant que les fortes. L'arbre perd ainsi un tiers de ses branches : celles qu'il conserve sont alors parfaitement équilibrées et plus aérées; elles seront ensuite plus fertiles et mieux constituées.

DURCISSEMENT DE L'ÉCORCE RUGUEUSE DU POIRIER. — Cette écorce sert de retraite aux insectes et gêne la circulation de la séve. On l'enlève avec la serpette ou une raclette de peintre bien aiguisée. Il faut se garder de mettre un enduit quelconque sur la tige après cette opération.

Nous avons conseillé l'emploi des bouts de bois pour écarter de la tige les branches des pyramides : le jeune bois du sureau est parfait pour cela ; il est rigide, et ses extrémités taillées en biseau ne blessent pas l'écorce.

DESTRUCTION DES CHENILLES ET PUCERONS LANIGÈRES SUR LES ARBRES A HAUTE TIGE.

De tous les moyens de destruction, celui qui nous a donné les meilleurs résultats, c'est l'emploi du feu; la flamme d'une torche de résine allumée, passée vivement sous le feuillage, est plus efficace que celle de la paille allumée, et son emploi est plus prompt et plus facile; l'opération étant faite promptement, le feuillage ne souffre pas des atteintes du feu.

VOCABULAIRE

DES

TERMES USITÉS EN ARBORICULTURE.

AILE. Côté d'un arbre en espalier.

AISSELLE. Point d'attache de la feuille sur le rameau.

AOUTÉ. Se dit d'un rameau dont le bois est mûr et parfaitement constitué.

ARCURE. Courbure d'un rameau dont l'extrémité s'incline vers la terre. Cette direction le fait fructifier, mais le ruine promptement.

BASSINAGE. Arrosement en pluie fine sur les feuilles des arbres en espalier. Ses résultats sont douteux, excepté s'il s'agit de favoriser le coloris des fruits.

BIFURCATION. Point où se divisent deux branches.

BOUQUET DE MAI. *Voyez* lambourde du pêcher.

BOURGEON. En botanique, c'est l'œil ou gemma, en arboriculture, c'est la pousse herbacée qui sort de l'œil. Elle conserve le nom de bourgeon jusqu'à son parfait aoûtement (en août) et prend alors le nom de rameau ou brindille.

BOURRELET. Renflement de la tige ou des branches produit par une maladie, une incision ou par la greffe; si le bourrelet est trop fort, il gêne la circulation de la séve.

BOURSE. Support charnu et renflé qui se trouve au point d'attache du fruit; on retranche la bourse en partie à la taille, car elle est chancreuse à son extrémité.

BOUTON. Œil parfait contenant la fleur prête à fleurir.

BOUTURE. Portion de jeune bois détachée et à demi enterrée pour former un jeune sujet.

BRANCHE. Portion de la charpente de l'arbre qui sort de la tige; elle est destinée à supporter les productions fruitières.

BRANCHE A FRUITS. Terme impropre donné aux productions fruitières du pêcher, une branche étant la partie qui supporte les productions fruitières, et non pas la production fruitière elle-même.

BRANCHE CHIFFONNE. Nom fautif de la brindille du pêcher.

BRINDILLE (branche chiffonne). Une des trois productions fruitières qui se trouvent sur les arbres. Elle est mince, garnie de boutons à fleurs et a l'aspect d'un brin d'osier.

BRULURE, ou durcissement de l'écorce; elle devient rugueuse, crevassée, et gêne la circulation de la séve : on doit écorcer l'arbre jusqu'à la vive-écorce.

CASSEMENT. Transformation de rameaux à bois inutiles en productions fruitières; ce qui forme une quatrième production fruitière créée par l'arboriculteur. Il consiste à casser, fin mai, les rameaux inutiles à 8 centimètres environ. Le cassement d'hiver consiste à casser de même à la taille les rameaux qui n'ont pas été cassés en été.

CEP. Un pied de vigne.

CÉPÉE. Touffe du figuier, du groseillier, composée de plusieurs tiges, et formant buisson sortant des racines.

CHANCRE. Maladie de l'écorce.

CHEVELÉE (marcotte de la vigne). Sarment courbé vers la terre et à demi enterré; il s'enracine et forme un nouveau sujet enraciné.

CHEVELU. Racines minces et divisées qui se développent sur les fortes racines; elles périssent le plus souvent par suite de la transplantation.

CISELLEMENT. Action de supprimer avec des ciseaux le bout de la grappe et les grains trop serrés.

COCHONNET. Nom vulgaire donné par les cultivateurs de Montreuil à la lambourde du pêcher.

COGNASSIER. Espèce fruitière sur laquelle on greffe le poirier pour en obtenir des arbres moins forts et plus fertiles.

COLLET. Bourrelet à fleur de terre qui sépare la tige de la souche des racines.

CONTRE-ESPALIER. Arbres en contre-espalier, c'est-à-dire établis sur treillage de l'autre côté de l'allée qui longe le mur. Cette conduite prend du temps, donne de l'ombre et exige des supports; la pyramide dégagée des branches en excès est préférable, donne peu d'ombre et n'exige pas de supports.

CORDON. Branche de la vigne avec production fruitière en dessus.

COULURE. Les fleurs coulent à la floraison par suite des intempéries, d'un labour ou arrosement fait mal à propos au pied de l'arbre, à l'époque de la floraison.

COURSON. Portion de vieux bois qui se trouve à la base des productions fruitières; il est produit par l'accumulation des tailles annuelles, on le raccourcit ou le supprime s'il est possible.

CROCHET. Taille en crochet, consistant à tailler deux rameaux à une longueur inégale, un très-court et l'autre très-long, pour favoriser celui-ci sans dénuder la branche.

CROSSETTE. Portion de sarment ayant conservé une partie du vieux bois à sa base; elle s'enracinera plus facilement si elle est enterrée comme bouture.

DARD. Une des trois productions fruitières qui se trouvent sur les arbres fruitiers; c'est l'épine des arbres sauvages, qui a perdu sa pointe sur les variétés cultivées. Le dard est lisse, il a 6 ou 8 centimètres de longueur et se termine par un bouton à fleur.

DOUCIN. Variété de pommier peu vigoureuse, qui sert de sujet pour greffer sur elle nos meilleures variétés de pommes; elle fait des arbres moins forts que le franc, mais plus forts que le paradis.

DRAGEONS. Tiges herbacées, qui sortent des racines des arbrisseaux formant touffe, tels que figuier, groseillier, framboisier. Elles sont parfaites pour renouveler les tiges âgées.

ÉBORGNER. Enlever les yeux à bois inutiles à l'époque de la taille; cette opération se pratique seulement sur le figuier, elle est mauvaise pour les autres arbres, car on n'est pas sûr que les yeux détruits n'auraient pas été utiles.

ÉBOURGEONNEMENT. Consiste à retrancher au printemps les bourgeons inutiles et mal placés. Cette opération doit être raisonnée pour ne pas supprimer mal à propos des productions convenables.

EFFEUILLEMENT. Action de dégager les fruits en supprimant les feuilles en excès qui les privent de lumière.

EMPATEMENT. Taille sur l'empatement. *Voyez* épaisseur d'un écu.

ENTAILLE. Plaie horizontale faite au-dessus d'un œil placé sur le vieux bois pour le forcer à donner une branche.

ÉPAISSEUR D'UN ÉCU (taille à l'). Taille sur l'empatement d'un rameau à bois inutile, qui tient la place d'une production fruitière. On conserve soigneusement le bourrelet de l'empatement : il s'y trouve des sous-yeux qui pourront plus tard donner des rameaux ou productions fruitières. Cette taille ancienne est remplacée avantageusement par le cassement.

ÉPAMPREMENT. *Voyez* effeuillement.

ÉVENTAIL. Forme propre à l'espalier, convenable pour le cerisier, prunier et abricotier.

ÉVENTÉ. Se dit d'un œil sur lequel on a fait une coupe trop rapprochée, ce qui l'affaiblit.

FAUX BOURGEON. *Voyez* ramille anticipée.

FAUX RAMEAU. *Voyez* gourmand.

FRANC. Arbre sur franc, se dit d'un arbre greffé sur un sujet de sa propre espèce venu de semis.

FLÈCHE. Rameau vertical qui termine la tige d'un arbre, elle n'existe plus sur ceux à *tête arrondie*.

GOURMAND. Rameau de mauvaise nature qui se développe sur le vieux bois. Les arbres bien conduits ne doivent pas avoir de gourmands.

GREFFE EN COURONNE. Faite avec une portion de rameau introduite sous l'écorce d'un arbre coupé.

GREFFE EN ÉCUSSON. Greffe qui se fait en août avec une languette d'écorce supportant un œil.

GREFFE EN FENTE. Greffe faite avec un bout de rameau introduit dans une tige fendue.

HABILLAGE DES RACINES. Action de raccourcir ou supprimer, à la plantation, les racines froissées ou desséchées.

HAUTAINS. Vignes très-élevées, qui, dans le Midi, grimpent le long des branches d'un arbre.

INCISION VERTICALE. Se fait avec la serpette sur l'écorce durcie d'une tige ou branche faible pour favoriser la circulation de la séve.

LAMBOURDE. Une des trois productions fruitières qui se trouvent sur l'arbre; elle est courte, ridée et fructifère, mais se trouve promptement épuisée.

LIGNEUX. Qui a les fibres du bois.

LONG-BOIS (sautelle). Sarment taillé très-long sur un cep, puis supprimé après avoir fructifié.

MARCOTTE. Jeune branche courbée et à demi enterrée, pour qu'elle puisse s'enraciner et former un nouveau sujet.

NOUÉ. Se dit d'un jeune fruit bien constitué et qui tient bien sur l'arbre.

OBLITÉRÉ. Œil affaibli par une cause quelconque, une taille trop rapprochée faite sur lui, etc.

ŒIL OU GEMMA. Point vital qui se trouve à la base d'une feuille et qui donne en se développant toute les parties de l'arbre. Les botanistes lui donnent le nom de bourgeon. L'œil se nomme bouton quand il contient les fleurs.

ŒIL LATENT. Œil plat, qui se trouve à la base des rameaux et productions fruitières à bois lisse. Cet œil se développe difficilement; il faut éviter de tailler sur lui.

ŒIL STIPULAIRE. (*vulgairement* sous-yeux). Yeux qui sont accolés à l'œil principal; ils sont destinés à le remplacer s'il vient à périr.

ŒIL ADVENTICE. Œil inattendu qui se forme et se développe accidentellement sur le vieux bois et donne le plus souvent des gourmands.

ONGLET. Portion de rameau desséchée qui a été conservée mal à propos au-dessus d'un œil; elle doit être supprimée.

PAILLIS. Couverture de fumier garantissant le pied de l'arbre de la sécheresse.

PALMETTE SIMPLE. Forme excellente pour les espèces à gros fruits; elle consiste en une tige avec branches latérales superposées.

PALMETTE DOUBLE. Palmette dont la tige est divisée en deux tiges parallèles.

PALISSAGE. Action d'attacher les branches contre le treillage.

PARADIS. Variété de pommier d'une faible végétation; excellent pour former des arbres réduits, en greffant sur elle nos bonnes variétés.

PÉDONCULE. Queue du fruit.

PÉTIOLE. Queue de la feuille.

PINCEMENT. Consiste à couper l'extrémité d'un rameau en végétation pour arrêter momentanément son accroissement. Il a pour but de diminuer la vigueur d'un rameau trop fort ou d'une production fruitière qui tend par excès de vigueur à se transformer en rameau à bois.

PROVIGNAGE. Marcotte faite en place pour renouveler un cep de vigne épuisé.

PRODUCTIONS FRUITIÈRES. Ce sont les supports du bouton à fleur, elles sont au nombre de trois, la lambourde, le dard et la brindille; on y ajoute une quatrième production, le cassement, créé par l'homme avec les rameaux inutiles. Sur les arbres à noyau, les rameaux de vigueur moyenne étant couverts de fleurs, se nomment rameaux à fruits et forment la production fruitière, s'ils sont taillés courts.

PYRAMIDE. Forme réduite consistant en une tige garnie de branches latérales, qui diminuent de longueur à mesure qu'elles s'avancent vers la pointe.

QUENOUILLE. Pyramide mal conduite dans sa jeunesse; elle finit par avoir ses plus fortes branches au milieu de l'arbre, ce qui ruine les branches de la base.

RAMEAU. Pousse vigoureuse qui se trouve à l'extrémité de la charpente de l'arbre, et sert à la former ou la continuer.

RAMEAU A BOIS. Sert à former le bois.

RAMEAU A FRUITS. Rameau faible, garni de fleurs, qui forme la production fruitière du pêcher.

RAMEAU INUTILE. Rameau latéral, qui tient la place d'une production fruitière. Il doit être supprimé ou, mieux, transformé par le cassement en production fruitière.

RAMEAU UTILE. Celui qui sert à former la charpente de l'arbre, tige et branches.

RAMILLE ANTICIPÉE. Faux bourgeon qui se développe sur le bourgeon et en même temps que lui.

RAPPROCHER. Tailler une branche sur le vieux bois.

RAVALER. Retrancher entièrement une branche rez la tige.

REBOTTÉ. Jeune arbre manqué, taillé ensuite très-court, pour lui former une nouvelle tige.

RECEPER. Couper l'arbre rez terre ou un peu au-dessus de la greffe, pour qu'il puisse former une nouvelle charpente.

RECOUCHAGE. Vieille vigne complétement enterrée pour reformer une nouvelle tige avec ses sarments terminaux.

REMPLACEMENT. Principe de conduite des productions fruitières. Il consiste à remplacer chaque année les productions qui ont fructifié, par d'autres qui doivent fructifier.

RIDES. Replis circulaires qui se trouvent sur le point d'attache des productions, et qui contiennent des yeux disposés à fructifier.

ROGNAGE. Suppression en été de l'extrémité d'un sarment, pour favoriser son aoûtement et, par suite, la maturité du raisin.

SARMENT. Rameau de la vigne.

TAILLE. Coupe du bois.

TAILLE. Terme générique qui désigne l'art de conduire les arbres fruitiers.

TAILLE EN VERT. Suppression des productions inutiles pendant l'été.

TAILLE EN TOUTE PERTE. Mode de conduite consistant à épuiser, par excès de fructification, des arbres plantés provisoirement entre des arbres bien conduits.

TÊTE DE SAULE. Touffe de bourgeons qui se développe sur les branches mal conduites.

TABLE DES MATIÈRES

DE LA DEUXIÈME SÉRIE.

QUATRIÈME PARTIE.

CINQUIÈME PARTIE.

SIXIÈME PARTIE.

Paris. — Imprimerie Divry et Ce, rue N.-D. des Champs, 49.

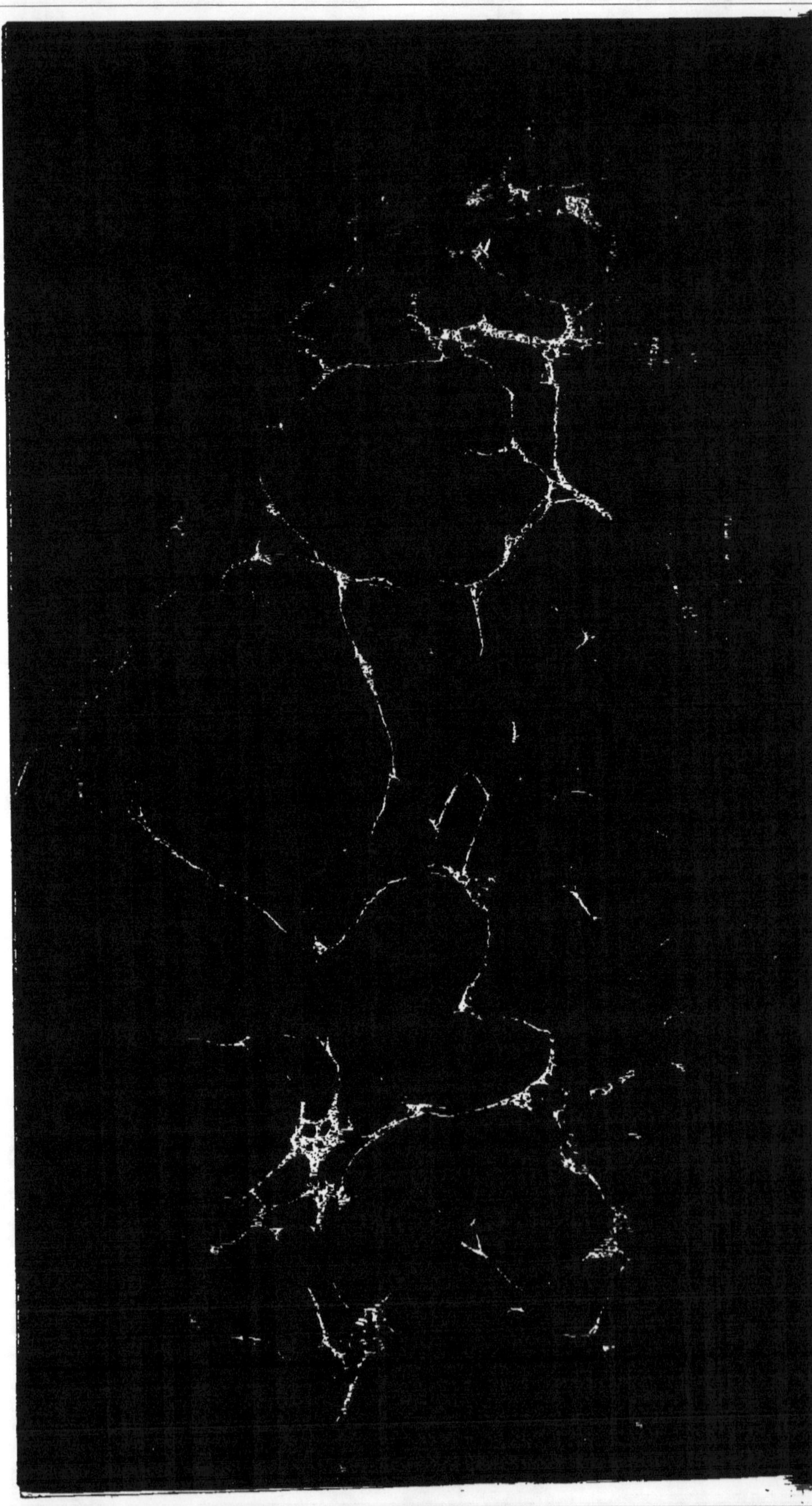

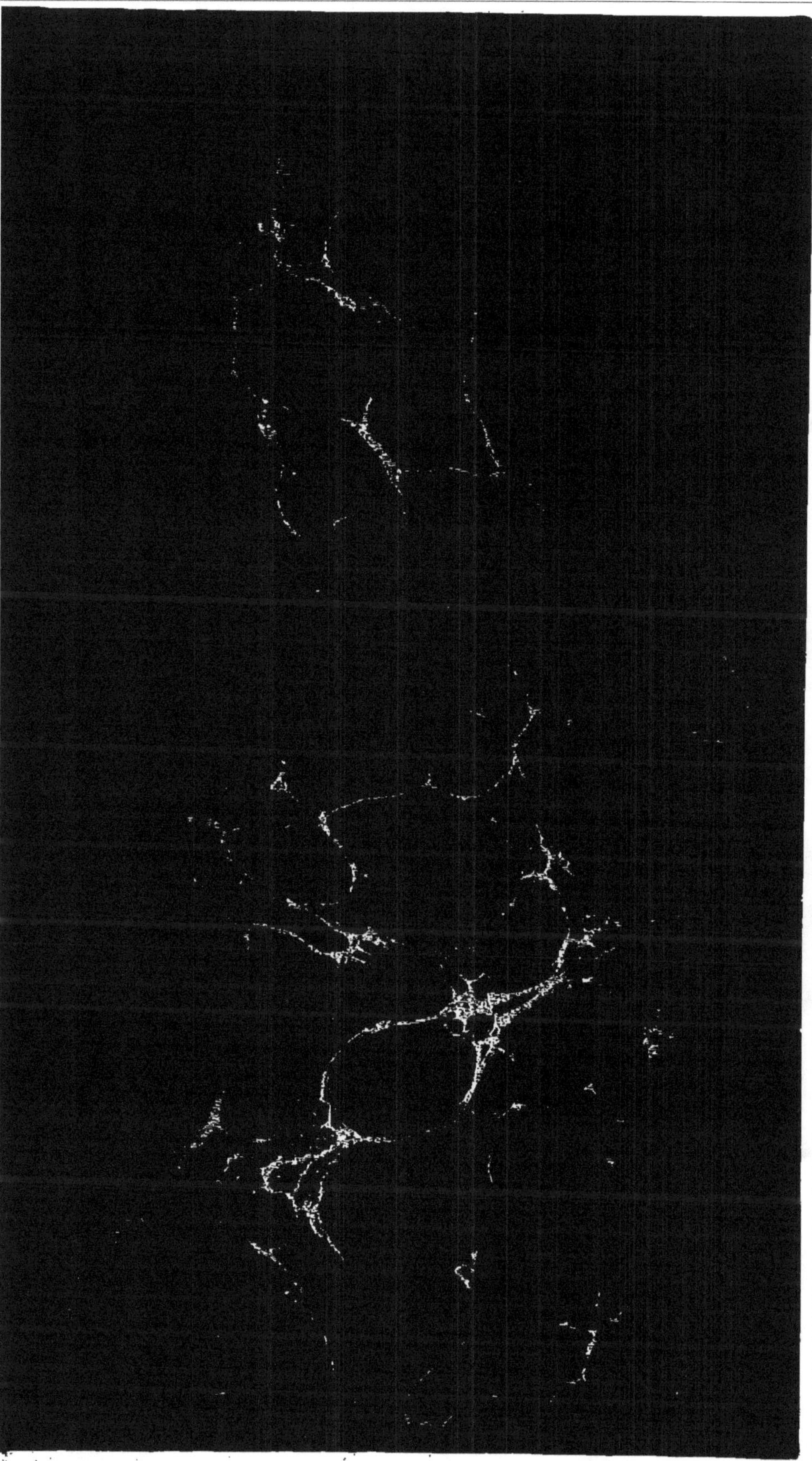

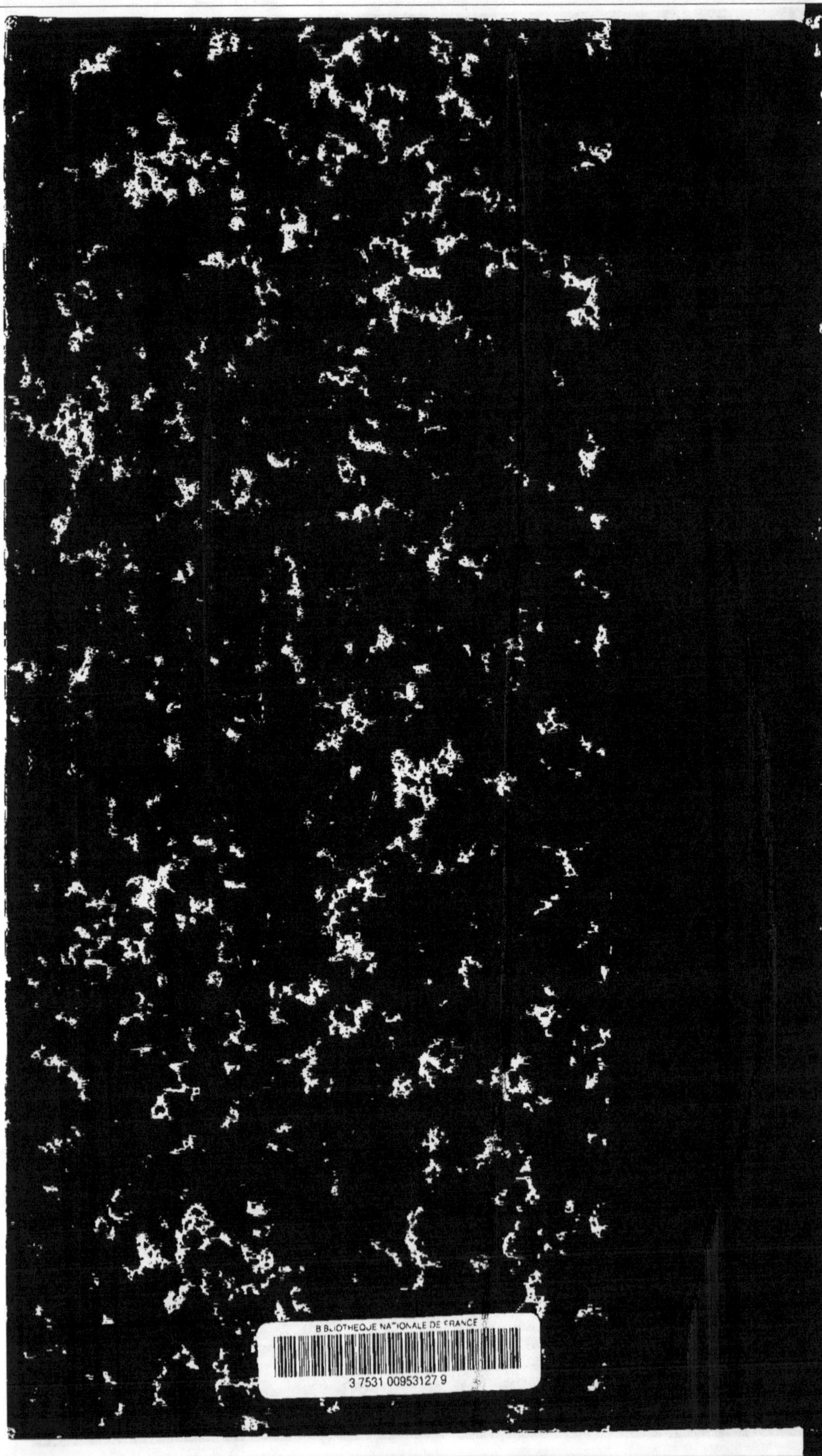
BIBLIOTHEQUE NATIONALE DE FRANCE
3 7531 00953127 9

www.ingramcontent.com/pod-product-compliance
Lightning Source LLC
Chambersburg PA
CBHW060410200326
41518CB00009B/1311

* 9 7 8 2 0 1 9 5 7 1 4 2 9 *